普通高等教育"十一五"国家级规划教材

数据结构教程

主编 施伯乐

编著 孙未未 汪 卫 张玥杰 陈彤兵 何震瀛

Data Structures

复旦大学出版社

前言
FOREWORD

数据结构是计算机科学和技术中的一门基础课程,是学习操作系统、数据库、编译原理、算法分析等课程的基础。数据结构课程的前导课程是程序设计和离散数学。本书选择用C++语言描述数据结构和算法实现,因此要求学生掌握面向对象的设计方法,以及用C++语言编写程序的能力。本书第1章中介绍了学习本书所必需的C++语言和面向对象方法的基础知识,如果学生在前导程序设计课程中学习的是C语言,则可以从1.3节开始学习,否则可以跳过这部分内容。在学习树和图有关的数据结构知识时,学生如果已经修学过离散数学课程会更容易理解,否则需要教师在上课时补充必要的基础知识。为减少与后续"算法分析"课程的重复,在算法性能分析时,本书原则上不进行形式化证明,不证明较难的结果。

随着技术的不断进步,数据结构的内容也在不断更新和扩展。作为教材,不可能详细介绍每种数据结构的最新研究进展,但我们在每章最后都有一节"进阶导读",增加进阶和最新研究成果的介绍,并列出参考文献,用于引导学有余力的学生进一步学习和本章内容相关的数据结构知识。这些内容都是本书作者建议读者去了解的,我们鼓励勤于钻研的学生做较深入的自学。

虽然本书选择用C++语言描述数据结构和算法实现,但数据结构的思想和方法,并不和某种特定的语言绑定,书中介绍的数据结构和算法都可以方便地改用Java、C#、C语言等实现。

针对目前很多教材中程序代码偏多的问题,我们着重对数据结构核心思想和理论基础进行介绍。在教材中将着重对各种不同数据结构和方法优缺点的分析,以及对算法流程的介绍和分析,让学生能够对数据结构的基本理论有更深入的理解,这将对学生提高理论水平、把握课程在整个学科中的地位以及与其他课程的关联性,从而对学科有一个大局观念发挥重要的作用。同时,我们在写作中也尽量避免在书中出现大段代码,更多地结合例子来讲算法思路。

在很多高校的教学体系中,数据结构是最后一门对学生的编程能力进行专门培养的课程。为了提高学生的动手能力,本教材一方面采用从问题分析到模块设计的整个过程进行论述的方法,以提高学生的分析能力,另一方面每章提供一批编程题目以备学生训练之用。考虑到各高校对上机实验课程设置和要求差异很大,本教材不包括对实验课程的具体编排。

本书内容的选取遵照教育部硕士研究生入学统考考试大纲和复旦大学计算机学院数据结构课程大纲进行,覆盖了线性表、树、图、堆、查找和索引、排序等经典内容,具体包括如下10章内容:

第1章基础。本章是开始学习数据结构的基础,内容包括数据结构和抽象数据类型的概念;程序性能分析的方法,通过对程序时间复杂度和空间复杂度分析来评价数据结构和算法的优劣,使用"大O"描述法;C++语言和面向对象方法基础(本内容适合没有系统学习过C++编程的读者学习)。

第2章线性表。线性表是最简单也是最常用的一种数据结构,包括顺序表示和链式表示两种方式。作为对基本数组和链表的扩展,还介绍了稀疏矩阵、循环链表和双向链表等数据结构。第3章和第4章介绍的串、栈和队列,在本质上都是线性表,由于它们有各自鲜明的特点,因此分别独立成章介绍。

第3章串。先介绍串基本概念及定义、表示和实现方法,然后介绍一些常用的串匹配算法,包括BF、KR、KMP、BM算法。

第4章栈和队列。栈是一种后进先出的顺序表,队列是一种先进先出的顺序表。本章介绍了栈和队列的基本操作、分别用数组和链表实现的方法、应用举例以及STL中的实现。

第5章递归和广义表。本章介绍了递归的思想、递归程序改造成非递归程序的几种方法、广义表基础。

第6章树、二叉树和森林。本章介绍了树、二叉树、森林的基本概念、表示和操作,包括二叉树的各种遍历操作、线索化二叉树,以及用树这种数据结构来实现堆和霍夫曼编码。

第7章查找与索引。本章首先介绍了基于顺序表的顺序查找、折半查找、插值查找和斐波那契查找,然后重点介绍了几种用于查找的树结构,包括二叉查找树、B—树和B+树,Tier树以及散列结构。

第8章图。本章在介绍了图的基本概念、存储结构之后，介绍了图的遍历、求连通分量、求生成树、求最短路径、拓扑排序和关键路径等算法。

第9章排序和第10章外部排序，分别介绍基于内存的内排序和基于磁盘等外存的外排序。在内排序中，除了简单的几种排序方法之外，介绍了归并排序、快速排序、堆排序、希尔排序、基数排序等5种不同的排序方法，并做了综合对比，最后介绍了STL中实际采用的排序技术。外排序因为存储介质特性不同，所采用的方法和内排序完全不同。第10章分磁盘文件外排序和磁带文件外排序两类，分别介绍了基本的排序方法。

作者所在的教学团队，以施伯乐教授为带头人，自20世纪80年代开始编写数据结构课程的教材，分别在1988年和1995年由复旦大学出版社出版，被复旦大学和其他兄弟高校选为计算机科学与技术等专业的教材，读者反馈良好，曾获上海市优秀教材一等奖和华东地区优秀教材一等奖等奖项。经过10余年的使用，教材的配套课件、实验和题库等教学手段得到了进一步的完善，主编及教材的主要编写者一直在从事该课程的教学工作，积累了相当多的教学心得和修订素材。在本版中，我们希望融入新的教学理念，补充部分新内容，编写出更适合目前计算机科学与技术专业本科教学需求的新版数据结构教材。

本书的编写工作由复旦大学首席教授施伯乐主持，确定了本书编写大纲和写作风格，并最后统稿；汪卫、孙未未、张玥杰、陈彤兵和何震瀛执笔编写。由于作者水平和时间所限，书中难免有错误和疏漏之处，希望读者不吝指正。在本书的编写和出版过程中，得到了复旦大学出版社的大力支持，尤其是本书责任编辑黄乐老师的高效工作给了我们很大帮助，在此表示衷心感谢！

编　者

2010年年底

目录 CONTENTS

第1章 基础	1

- 1.1 什么是数据结构 …… 1
- 1.2 程序性能分析 …… 2
  - 1.2.1 程序性能的衡量标准 …… 2
  - 1.2.2 程序的事后测试 …… 2
  - 1.2.3 时间复杂性的计算方法 …… 4
  - 1.2.4 空间复杂性的计算方法 …… 4
  - 1.2.5 计算复杂性的表示方法 …… 5
  - 1.2.6 两种代价计算方法的比较 …… 6
- 1.3 从抽象数据类型到C++语言描述 …… 7
- 1.4 C++基础知识 …… 7
  - 1.4.1 C++中的类和对象 …… 8
  - 1.4.2 C++的输入和输出 …… 11
  - 1.4.3 C++中的变量和常量 …… 13
  - 1.4.4 C++中的函数 …… 14
  - 1.4.5 C++中的动态存储分配 …… 18
  - 1.4.6 C++中的继承 …… 18
  - 1.4.7 C++中的多态性 …… 20
  - 1.4.8 其他 …… 20
- 1.5 进阶导读 …… 22

习题 23

第2章 线性表 24

2.1 线性表及其基本运算 24
    2.1.1 线性表的定义与特点 24
    2.1.2 线性表的基本运算 25
2.2 数组 26
    2.2.1 数组的定义和特点 26
    2.2.2 数组的类定义 26
    2.2.3 数组的顺序存储方式 28
    2.2.4 稀疏矩阵 32
2.3 线性表的顺序表示——顺序表 36
    2.3.1 顺序表的定义和特点 36
    2.3.2 顺序表类定义 36
    2.3.3 顺序表的插入 37
    2.3.4 顺序表的删除 38
    2.3.5 顺序表的应用实例——用顺序存储的线性表表示多项式 39
2.4 线性表的链式表示——链表 44
    2.4.1 线性链表的逻辑结构与建立 44
    2.4.2 线性链表的类定义 45
    2.4.3 线性链表的插入与删除 46
    2.4.4 线性链表的应用实例——用线性链表表示多项式 49
    2.4.5 几种变形的线性链表 51
    2.4.6 双向链表 54
2.5 进阶导读 56
习题 57

第3章 串 59

3.1 串的定义 59
3.2 串的逻辑结构和基本操作 60

3.3 串的存储结构 61
    3.3.1 串的数组存储表示 61
    3.3.2 串的块链存储表示 61
3.4 串的实现 62
    3.4.1 串的自定义类 62
    3.4.2 串的实现 63
3.5 串的模式匹配算法 66
    3.5.1 BF 算法 67
    3.5.2 KR 算法 68
    3.5.3 KMP 算法 70
    3.5.4 BM 算法 72
3.6 进阶导读 76
习题 76

第 4 章 栈和队列   78

4.1 栈 78
    4.1.1 栈的基本操作 78
    4.1.2 用数组实现栈 79
    4.1.3 用链表实现栈 81
    4.1.4 栈的应用实例 82
4.2 队列 92
    4.2.1 用数组实现队列 92
    4.2.2 循环队列 93
    4.2.3 双向队列 95
    4.2.4 用链表实现队列 96
    4.2.5 队列的应用举例 97
4.3 进阶导读 98
习题 99

第 5 章 递归和广义表   100

5.1 递归的概念 100

5.2 递归转化为非递归　　102
5.3 广义表　　106
　　5.3.1 广义表的概念与存储结构　　106
　　5.3.2 广义表递归算法的实现　　108
5.4 进阶导读　　110
习题　　110

第6章　树、二叉树和森林　　111

6.1 基本概念　　111
6.2 树的存储结构　　113
6.3 树的线性表示　　113
6.4 树的遍历　　114
6.5 二叉树　　116
6.6 二叉树的存储表示　　120
6.7 二叉树的各种遍历　　121
6.8 线索化二叉树　　124
6.9 堆　　130
6.10 计算二叉树的数目　　133
6.11 二叉树的应用：霍夫曼树和霍夫曼编码　　136
6.12 进阶导读　　140
习题　　140

第7章　查找与索引　　142

7.1 查找与索引的概念　　142
7.2 基于顺序表的查找　　143
　　7.2.1 顺序表　　143
　　7.2.2 顺序查找　　144
　　7.2.3 有序顺序表上的查找操作　　145
7.3 二叉查找树　　147
　　7.3.1 二叉查找树的结构　　147
　　7.3.2 二叉查找树上的查找　　149

7.3.3　基于二叉查找树的遍历　　　150
　　　7.3.4　最优二叉查找树　　　153
　　　7.3.5　动态二叉查找树　　　160
　7.4　B—树和B+树　　　166
　　　7.4.1　B—树的结构　　　166
　　　7.4.2　B—树的查询　　　167
　　　7.4.3　B—树的插入　　　168
　　　7.4.4　B—树的删除　　　170
　　　7.4.5　B+树　　　172
　7.5　Trie 树　　　173
　　　7.5.1　Trie 树的定义　　　173
　　　7.5.2　Trie 树的查找　　　174
　　　7.5.3　Trie 树的插入和删除　　　175
　7.6　Hash 查找　　　177
　　　7.6.1　Hash 函数　　　177
　　　7.6.2　解决冲突的方法　　　179
　　　7.6.3　Hash 查找的讨论　　　180
　7.7　进阶导读　　　181
习题　　　182

第8章　图　　　184

　8.1　图的基本概念　　　184
　8.2　图的存储结构　　　187
　　　8.2.1　邻接矩阵　　　187
　　　8.2.2　邻接表　　　189
　8.3　图的遍历与求图的连通分量　　　194
　　　8.3.1　深度优先查找法　　　194
　　　8.3.2　广度优先查找法　　　195
　　　8.3.3　求图的连通分量　　　197
　8.4　生成树与最小(代价)生成树　　　197
　　　8.4.1　普里姆(Prim)算法　　　198
　　　8.4.2　克鲁斯卡尔(Kruskal)算法　　　200
　8.5　最短路径　　　201

8.5.1 求某个顶点到其他顶点的最短路径		202
8.5.2 求一对顶点之间的最短路径		205
8.5.3 传递闭包		207
8.6 拓扑排序		210
8.7 关键路径		213
8.8 进阶导读		219
习题		219

第9章 排序　　222

- 9.1 问题定义　　222
- 9.2 基本排序方法　　223
  - 9.2.1 插入排序　　223
  - 9.2.2 冒泡排序　　224
  - 9.2.3 选择排序　　225
- 9.3 归并排序　　226
- 9.4 快速排序　　229
  - 9.4.1 基本算法　　229
  - 9.4.2 性能　　230
  - 9.4.3 快速排序的一些改进策略　　232
  - 9.4.4 重复值　　233
- 9.5 堆排序　　235
  - 9.5.1 堆及其基本操作　　235
  - 9.5.2 堆排序　　238
- 9.6 希尔排序　　241
- 9.7 基数排序　　242
- 9.8 内部排序方法的比较　　245
- 9.9 进阶导读——<algorithm>中的sort()函数　　246
- 习题　　247

第10章 外部排序　　249

- 10.1 外部存储设备　　249

		10.1.1 磁带存储设备	249
		10.1.2 磁盘存储设备	250
10.2	外排序的基本过程		251
10.3	磁盘文件的外排序方法		251
10.4	磁带文件的外排序方法		254
		10.4.1 平衡合并排序	256
		10.4.2 多阶段合并排序	256
10.5	进阶导读		262
习题			262

第 1 章 基 础

> 数据结构是计算机科学和技术中的一门基础课程,是学习操作系统、数据库、编译原理、算法分析等课程的基础。数据结构课程的前导课程是程序设计和离散数学,后续相关课程有算法分析等。

1.1 什么是数据结构

本书是一本学习数据结构的教材,那么首先的一个问题是:什么是数据结构?

数据结构(data structures)指的是数据之间的相互关系,即计算机中存储和组织数据的形式。通常可以用一个二元组<D, R>来表示,或写成 DS=<D, R>,其中 D 是数据集合,R 是 D 中数据元素之间所存在的关系的集合。对于数据集合 D,如果 D 中的数据元素之间存在着不同的关系集合,如 R1 和 R2,那么 DS1=<D, R1>,DS2=<D, R2>是两个不同的数据结构。数据集合中的数据元素可以由若干数据项组成。数据结构就是根据各种不同的数据集合和数据元素之间的关系,研究如何表示、存储和操作(查找、插入、删除、修改)这些数据的技术。

通常情况下,精心选择的数据结构可以带来最优效率的算法。这也是评价数据结构优劣的标准。本章将随后介绍相关的评价标准和评价方法。

在将现实世界的问题转化为计算机世界的实现的过程中,为了帮助消除现实世界和计算机世界在问题表示上的巨大差别,先将问题转换为概念世界中的逻辑模型,然后再由此在计算机世界中实现。抽象数据类型就是这样一种逻辑模型,强调对该数据类型的操作接口,将数据结构的具体实现封装隐藏于受限接口后方。

最终,数据结构要以程序设计语言来实现。本书选择 C++语言作为描述工具,因为 C++中体现了抽象数据类型强调的抽象和封装等思想。本章将在 1.3 节和 1.4 节介绍抽象数据类型和 C++语言的基础知识。

1.2 程序性能分析

1.2.1 程序性能的衡量标准

在程序中算法和数据结构相互配合,而程序的性能是衡量一个程序好坏的重要指标,一般需要从时间复杂性和空间复杂性两个指标对程序的性能进行评价。所谓**时间复杂性**(time complexity)是一个算法执行时所需要消耗的时间,而**空间复杂性**(space complexity)是指程序在执行过程中相关的数据结构和变量所占据的内存和磁盘上的空间。影响一个程序性能的因素有很多,主要包括:

(1) 使用的算法和数据结构的合理性;
(2) 运行程序的计算机硬件环境;
(3) 编程语言和编程环境;
(4) 程序的质量和技巧的使用。

本书将着重从数据结构和算法的角度对程序的性能进行分析。程序性能的评估方法分为复杂性分析和事后测试两种途径,其中前者是通过对程序中语句的执行代价和次数进行分析,预测程序的执行代价。后者是通过在程序中加入相应的函数获取程序执行所需的时间和空间代价。

1.2.2 程序的事后测试

在程序的后期测试中可以在代码的相应位置添加时间或空间的获取函数来得到程序执行实际消耗的时间和空间代价。例如,我们可以通过增加 time()函数来获得某段程序执行的开始和终止时间。程序 1-1 给出了一个 a 和 b 两个矩阵相乘的程序,它将 $a[N][N]$ 和 $b[N][N]$ 两个 $N \times N$ 矩阵相乘,最终的结果放在 $c[N][N]$ 中返回给用户。

程序 1-1 矩阵乘法
```
void matrix_multi(int a[N][N], int b[N][N], int c[N][N])
{
    int i, j, k;
    for (i = 0; i < N; i++)
        for(j = 0; j < N; j++)
            c[i][j] = 0;
    for (i = 0; i < N; i++)
        for(j = 0; j < N; j++)
            for (k = 0; k < N; k++)
                c[i][j] = a[i][k] * b[k][j] + c[i][j];
}
```

读者可以针对不同的矩阵大小进行测试。为了获取程序执行的时间,在每次程序开始执行的地方记录程序执行的起始时间（利用 time 函数），在终止的时候记录其终止时间,这样就可以获得程序的具体执行时间。增加了 time 函数后的程序为：

程序 1-2 增加计时的矩阵乘法
```
void multi()
{
    int a[N][N], b[N][N], c[N][N];
    int i,j,k;
    k = 0;
    for (i = 0; i < N; i++)
        for (j = 0; i < N; i++)
            a[i][j] = k++;
    for (i = 0; i < N; i++)
        for (j = 0; i < N; i++)
            b[i][j] = k++;
    long start, stop;
    time(&start);
    matix-multi(a, b, c);
    time(&stop);
    long runtime = stop - start;
    cout << " time is " << runtime << endl;
}
```

通过设定不同的 N 的取值，我们可以获得测试的结果如表 1-1 所示。

表 1-1 矩阵乘法测试结果

N	10	20	50	100	200	500	1 000	1 500	2 000
运行时间(ms)	0.005	0.09	0.63	6	58	982	10 841	37 963	88 514

由于时间函数往往有精度的限制，同时机器也有快慢的差别。有时通过设置时间函数获得的时间值有可能低于时间函数的最小精度，例如假设 time() 函数的最小精度是毫秒,而程序的运行时间是微秒级，从而无法获得程序的具体运行时间。这时，可以采用重复运行同一段时间的方法来获得它的运行时间。例如表 1-1 中 N 取 10 时的计算时间就是通过多次重复获得的。

在程序执行过程中消耗的空间代价包括：
(1) 程序代码的存储空间；
(2) 程序中常量和变量的存储空间；
(3) 程序动态申请的空间。

前两部分的空间代价是常数，在程序运行之前就已经可以计算出来了，例如在上例中三个矩阵变量占据的空间分别为 $4 \times N \times N$、$4 \times N \times N$、$4 \times N \times N$。对于程序动态申请的空间，可以在程序每次向系统申请空间的时候，累计申请空间的大小，在释放空间时减去相应的空间的方法来获得。通过对累计值的监控，就可以获得程序执行所需要的最大空间开销。

1.2.3 时间复杂性的计算方法

一个程序运行所需要的时间包括程序导入的时间和程序中每条语句执行的时间。其中程序导入的时间基本上是固定的，但是程序运行的时间则不是固定的，不同的数据规模对应的程序的执行时间是不同的，从上节的例子中就可以看到这一点。程序的时间复杂性分析是一种事前分析的方法，通过对程序语句的执行次数进行分析，从而从整体上分析程序的时间复杂性。即在程序执行之前对程序的每条原子语句和执行次数进行计算以获得整个程序的执行代价。所谓原子语句是指该语句的执行代价是一个常数，例如在矩阵相乘的算法中，每条赋值语句和for语句的执行代价都是常数。但是调用矩阵相乘的程序的执行代价就不是常数，所以不是原子语句。可以通过对原子语句的执行次数进行累加的方式获得整个程序的执行代价，我们假设每条原子语句的执行代价分别为：C_1、C_2、C_3、C_4、C_5、C_6、C_7、C_8、C_9、C_{10}，表1-2列出了程序每条语句的执行次数。

表1-2 程序语句的执行代价及次数

程　　　　序	执行代价	执行次数
int i, j, k;	C_1	1
for (i=0;i<N;i++)	C_2	$N+1$
for(j=0;j<N; j++)	C_3	$N(N+1)$
c[i][j]=0;	C_4	$N\times N$
for (i=0;i<N;i++)	C_5	$N+1$
for(j=0;j<N; j++)	C_6	$N(N+1)$
for (k=0;k<N; K++)	C_7	$N\times N(N+1)$
c[i][j]=a[i][k]*b[k][j]+c[i][j];	C_8	$N\times N\times N$

从表1-2中可以计算出整个程序的复杂性是 $C_1+(N+1)C_2+N(N+1)C_3+(N\times N)C_4+(N+1)C_5+N(N+1)C_6+(N\times N(N+1))C_7+(N\times N\times N)C_8 = (C_7+C_8)N^3+(C_3+C_4+C_6+C_7)N^2+(C_2+C_3+C_4+C_5)N+(C_1+C_5)$。其中 C_1、C_2、$\cdots$、C_8 是常量，N 是表示数据量规模的变量。

1.2.4 空间复杂性的计算方法

一个程序运行所需要的空间包括程序代码本身的规模、初始的数据结构的大小和程序在执行过程中临时申请的空间三部分。其中前两部分基本上是固定的，所以空间复杂性分析主要是通过对第三部分程序执行过程中对临时申请的空间进行分析，这也是一种事前分析的方法，即在程序执行之前对程序每次申请和释放的空间进行统计。例如程序1-3：

程序1-3 简单链表示例
```
int A[100];
int i,tmp;
struct link
{
    struct link * next;
    int num;
};
struct link * head, * tail, * tmp;
i = 0;
while(i < 100)
    A[i] = i++ ;
head = tail = NULL;
i = 0;
while(i < 100){
    tmp = (struct link * )malloc(struct link);         ①
    tmp - > num = A[i++];
    tmp - > next = NULL;
    if(head == NULL)
        head = tail = tmp;
    else{
        tail - > next = tmp;
        tail = tail - > next;
    }
}
```

当程序1-3运行时,其所需要的空间主要包括三个部分:

(1) 程序本身的代码所需的空间;

(2) 程序的变量所需的空间,主要包括变量$A,i,j,\cdots$等变量对应的空间;

(3) 程序执行时向系统申请的空间,如程序每次运行语句①时均会向系统申请空间(在本程序运行时将向系统申请100个 sizeof(struct link)大小的空间)。

1.2.5 计算复杂性的表示方法

在1.2.3中我们给出了$N \times N$矩阵相乘的时间复杂性:$(C_7+C_8)N^3+(C_3+C_4+C_6+C_7)N^2+(C_2+C_3+C_4+C_5)N+(C_1+C_5)$,下面来看一下在这个表达式中起关键因素的数据有哪些?在上面这个表达式中包含N的0次、1次、2次和3次幂四个部分,下面通过一个例子说明在上述表达式中只有N的3次幂起关键作用。

假设有两个程序,其中程序1的时间复杂性是$0.1*N^3$,程序2的复杂性是$1000*N^2$,假设程序1运行的机器每秒钟执行1 000条指令,假设程序2运行的机器每秒钟执行100条指令,则随着N的变化可以看到两个程序的执行时间的变化是不同的。如表1-3所示。

表 1-3　程序 1 和程序 2 执行时间的变化比较

N	程 序 1	程 序 2
10	10^{-1}	10^3
100	10^2	10^5
1 000	10^5	10^7
10 000	10^8	10^9
10^5	10^{11}	10^{11}
10^6	10^{14}	10^{13}

从表 1-3 中可以看到，在大数据量的计算中，系数和机器速度均不是计算代价的核心因素，计算量的表达式中起关键作用的是 N 的次数。就像表 1-3 中当数据量超过 10^6 后程序 2 的计算时间要小于程序 1 的计算时间。在描述算法的复杂性的时候通常采用 "大 O" 描述法，其主要思想是利用复杂性中对计算量影响最大的部分来代表程序的计算量，所以对于上例中的时间复杂性表达式，其时间复杂性描述为 $O(N^3)$。读者将在进一步的算法课程中更多地了解计算复杂性的描述方法。

1.2.6　两种代价计算方法的比较

事前估计和事后估计这两种代价的计算方法在实际编程过程中都被广泛使用，但是两者存在很大的差别，对于复杂性计算的方法，可以更全面地分析程序的执行代价。例如，从最坏的情况对程序的代价进行估计；如果知道数据的分布情况，还可以对程序执行的平均代价进行估计。一般来讲这种方法难以获得程序的具体执行时间。而事后测试的方法可以获取程序每次执行所需的时间和空间，这种方法获得的结果是针对某特定的数据和情况获得的。要获得程序的整体执行效率，则需要经过多次反复的测试，并精心设计测试数据。为此在实际应用中，往往是通过将两者结合的方式对系统的性能进行分析。

下面举一个关键字查找的例子加以说明。

程序 1-4　在数组中查找关键字
```
int search(int A[N],int Key)
{
    int i = 0;
    while (A[i]! = key)
        i++;
    return i;
}
```

通过事前分析，可以得到该程序的最坏时间复杂性为 $O(n)$，最好复杂性为 $O(1)$，但是无法获得程序执行的具体时间。如果我们也可以根据算法使用的实际数据，结合实际的查找请求，获得程序执行的实际时间，但是事后估计的问题在于，你难以模拟出程序执行的最差时间,也难以获得在各种分布的情况下程序执行的代价。

1.3 从抽象数据类型到 C++ 语言描述

图 1-1 给出将现实世界的问题转化为计算机世界的实现的过程。人们将现实世界的问题在头脑中分析加工并抽象,转化为概念世界中的逻辑模型;然后再将概念世界中的逻辑模型转化为计算机世界的实现。抽象数据类型恰恰是对概念世界描述的一种手段,而用于描述抽象数据类型的代码是其在计算机世界中的表现。

图 1-1 问题求解的抽象过程

抽象数据类型是由基本的数据模型及定义在该模型上一组相关操作组成的。抽象数据类型仅与该数据类型的表示和逻辑操作有关,它是其逻辑特性的表示,与其在计算机内部的表示和实现细节无关。抽象数据类型的设计思想也决定了它的基本特征:

(1) 表示与实现分离是抽象数据类型的第一个特征。软件设计时,这种抽象方法是必要的,它可以使设计者在问题分析时先抓住反映问题本质的东西,而避免陷入非本质的细节。因此,在抽象数据类型设计的最初,设计者和使用者更多关注该抽象数据类型的外部使用特征,而无须关注其具体实现细节。

(2) 对数据和操作封装是抽象数据类型的第二个特征。抽象数据类型由其封装的数据成员和一组相关操作组成。而对于两个数据成员完全相同的数据类型,如果它们具有不同的操作(即有不同的语义),那么它们可形成不同的抽象数据类型。这点在第 4 章讨论的栈和队列两种结构上体现尤为明显:栈和队列是两种数据成员接近的顺序表结构,由于它们操作的语义不同,使它们成为两种完全不同的抽象数据类型。

在抽象数据类型的设计和使用中,我们往往更强调该数据类型的外部表现。这并不意味着抽象数据类型的实现完全处于可以被忽略的地位。对于现实应用的计算机实现,能否利用计算机程序设计语言很好地贯彻抽象数据类型的思想,仍是一个值得关注的重要话题。本书采用 C++ 语言(而不是 C 语言)作为数据结构的描述语言,主要考虑的也正是 C++ 更好体现了 ADT 的抽象、封装等思想。

接下来,本书在 1.4 节介绍 C++ 的部分基础知识,以使未学习过 C++ 的读者可以对 C++ 有初步了解,便于后继章节的学习。而对掌握 C++ 语言的读者,可以跳过这部分章节,直接从第 2 章开始。

1.4 C++ 基础知识

本节简要介绍若干 C++ 基础知识。

1.4.1 C++中的类和对象

C++中的类是用作描述抽象数据类型的工具,从以下两个方面很好体现了抽象数据类型的特点:第一方面,C++所倡导的表示和实现的分离;第二方面,类定义所完成的对具体数据结构的封装。而这两方面恰恰是抽象数据类型的精髓所在。

1. 类的定义

类(class)是一组对象的抽象,它通过封装该类对象的属性(数据成员)和行为(函数成员)实现抽象数据类型。除此之外,C++的封装特性还体现在对类成员的访问控制上。C++提供了三种级别的成员访问方式:公有(public)、私有(private)和保护(protected)。

对于在 public 域中声明的数据成员和函数成员,程序中其他类的对象或操作都能通过该类的对象访问它们。因此,这部分数据成员和函数成员在该类之外是可见的,构成了该类的对外接口。在 private 域和 protected 域中声明的成员只能由该类的对象和成员函数,以及被声明为友元(friend)的函数或类的对象才能直接访问。private 域中声明的成员不能被该类的派生类访问,protected 域中声明的成员可被该类的派生类访问。

程序 1-5 给出一个 Clock 类的定义,该类对现实世界中的时钟对象进行抽象。在该程序中,类的定义以 class 关键字开始,且名字为 Clock。在 public 域中,定义了 Clock 类的公有成员,即外部访问接口;private 域定义了类的私有成员,它们只能由 Clock 类的成员函数访问。注意到程序并未直接指定 Clock 类中的成员变量 m_nHour 的访问方式,根据 C++标准,它的访问方式为私有。

程序 1-5 Clock 类的定义

```cpp
//Clock.h
#ifndef __CLOCK__H__
#define __CLOCK__H__
#include <iostream>
using namespace std;

class Clock{                                            //类定义
    int m_nHour;                                        //私有域
public:                                                 //公有域
    Clock();                                            //构造函数
    Clock(int hour, int minute, int second);            //构造函数重载
    Clock(Clock& newClock);                             //拷贝构造函数
    ~Clock();                                           //析构函数
    void SetTime(int hour, int minute, int second = 0); //成员函数
    void SetTime(Clock& newClock);
    int inline GetHour(){return m_nHour;}               //内联函数
    int inline GetMinute(){return m_nMinute;}
    int inline GetSecond(){return m_nSecond;}
    Clock& operator = (Clock& cl);                      //运算符重载
    int operator == (Clock& cl);
private:
```

```cpp
    int m_nMinute, m_nSecond;
    friend istream& operator >> (istream& in, Clock& cl)  //友元函数
    {
        return in >> cl.m_nHour >> cl.m_nMinute >> cl.m_nSecond;
    }
    friend ostream& operator << (ostream& out, Clock& cl)
    {
        return out << cl.GetHour() << ":" << cl.GetMinute()
                   << ":" << cl.GetSecond() << endl;
    }
};
#endif //#define __CLOCK__H__
```

其他说明：使用C++进行系统开发时，类声明的代码被放置在头文件中，正如程序1-1所示的Clock类将类声明放置在Clock.h中；为防止该头文件被多次编译，在头文件的头尾放置#ifndef __CLOCK__H__、#define __CLOCK__H__和#endif。

2. 类成员函数的定义

在程序1-5的Clock类声明中给出若干成员函数接口的定义，这些接口具体实现的一般形式是：

返回值类型 类名::成员函数名(形参说明表)
{
    局部变量声明；
    语句序列；
}

其中，类名表示成员函数所属的类，::为域作用符，其余部分与普通函数完全相同。程序1-6给出Clock类的各成员函数的一个实现方案。

程序1-6 Clock类成员函数的实现方案

```cpp
//Clock.cpp
#include "Clock.h"

//构造函数,将Clock类的时、分、秒均设置为0
Clock::Clock()
{
    m_nHour = 0;   m_nMinute = 0;   m_nSecond = 0;
}

//重载构造函数,根据用户提供的时、分、秒设置Clock类的初始状态
Clock::Clock(int hour, int minute, int second)
{
    m_nHour = hour;   m_nMinute = minute;   m_nSecond = second;
}
```

```cpp
//重载构造函数,根据用户提供的Clock类的对象为当前对象设置初始状态
Clock::Clock(Clock& newClock)
{
    m_nHour = newClock.m_nHour;
    m_nMinute = newClock.m_nMinute;
    m_nSecond = newClock.m_nSecond;
}

//析构函数,释放当前Clock类的对象
Clock::~Clock(){}

//根据用户提供的时、分、秒设置Clock类的状态
void Clock::SetTime(int hour, int minute, int second)
{
    m_nHour = hour;   m_nMinute = minute;   m_nSecond = second;
}

//根据用户提供的Clock类的对象为当前对象设置状态
void Clock::SetTime(Clock& newClock)
{
    m_nHour = newClock.m_nHour;
    m_nMinute = newClock.m_nMinute;
    m_nSecond = newClock.m_nSecond;
}

//操作符重载,根据用户提供的Clock类的对象为当前对象设置状态
Clock& Clock::operator = (Clock& cl)
{
    m_nHour = cl.m_nHour;
    m_nMinute = cl.m_nMinute;
    m_nSecond = cl.m_nSecond;
    return *this;
}

//操作符重载,判断当前Clock类与用户提供的Clock类是否相等
int Clock::operator == (Clock& cl)
{
    if ((m_nHour == cl.m_nHour)&&(m_nMinute == cl.m_nMinute)
                    &&(m_nSecond == cl.m_nSecond))
        return 1;
    else
        return 0;
}
```

3. 类的使用

类声明后,即可对该类进行使用。使用时,先创建该类的对象,然后再通过该类定义中

第1章 基　础

的公有成员完成对这些对象的使用。例如,程序 1-7 给出了使用程序 1-5 和 1-6 提供的 Clock 类的简单代码。在创建 Clock 的对象 cl 时,其时、分、秒分别被赋为 12、15、0。

程序 1-7　Clock 使用示例
```cpp
#include "Clock.h"

void main()
{
    //定义 Clock 类的对象 cl,利用重载的构造函数直接设置 cl 的时、分、秒
    Clock cl(12,15,0);
    //输出 cl 的状态
    cout << cl;
}
```

1.4.2　C++的输入和输出

C++提供两种输入输出方式:键盘屏幕输入输出方式和文件输入输出方式。采用输入输出流后,程序可以方便地输入输出程序员自己定义类型的对象。

1. 屏幕键盘输入输出

C++的标准输入输出类在 iostream 中被声明。使用时,需要用#include 预编译指令将<iostream>连接进来。在输入输出标准类中,标准输出 cout 是 ostream 流类的对象,标准输入 cin 是 istream 流类的对象,错误输出 cerr 是 ostream 流类的对象。它们在 iostream.h 头文件中被声明为全局对象。使用标准 I/O 类,操作符<<用于输出数据,操作符>>用于读入数据。

程序 1-8 使用输入流从标准输入设备(键盘)上输入两个整型变量 i 和 j,并将它们打印到标准输出设备(屏幕)上。在输出语句最后输出的 endl 是标准 I/O 类提供的操作符,用于输出一个换行符并清空流。

程序 1-8　标准 I/O 流操作使用 demo
```cpp
#include <iostream>
using namespace std;

void main()
{
    int i,j;
    //输入 i 和 j
    cin >> i >> j;
    //输出 i 和 j
    cout << " i = " << i << " j = " << j << endl;
}
```

特别注意的是：

（1）类似 printf 中提供的格式输出的功能，需使用 ios 类提供的若干函数以及封装在 iomanip.h 中的操作符来完成。本书采用的输出方式一般为自由格式输出。具体有关格式输出的知识，读者可参见具体 C++文档和相关书籍。

（2）程序1-6重载了标准 I/O 类的操作符<<和>>，用于将 Clock 类数据的输入和输出绑定到系统的输入和输出上。有关函数重载的知识，本书将在后面给出。

2. 文件输入输出

类似标准 I/O 流类，C++可使用文件流类来进行文件输入输出。C++的文件流类被封装在 fstream.h 头文件中。在 fstream.h 中定义了文件流类 ofstream、ifstream 和 fstream，以提供文件输出和输入功能。与标准 I/O 类不同的是，文件流类不对应标准设备，没有预先定义的全局对象，具体使用时，需先根据文件流类的函数指定打开的外部设备或磁盘中的文件。

程序1-9给出文件操作的使用示例。

程序1-9 文件操作使用示例

```cpp
#include <iostream>
#include <fstream>
using namespace std;

int main()
{
    char univ[] = "Fudan", name[10];
    int stuID = 120610, number, nRet = 0;
    char ch;
    //定义输入流对象 inputFile
    ifstream inputFile;
    //定义输出流对象 outputFile
    ofstream outputFile;

    //将输出流绑定到文件 test1.dat 上
    outputFile.open("d:\\test1.dat");
    //数据输出
    outputFile << univ << endl;
    outputFile << stuID << endl;
    //将输入流绑定到文件 test1.dat 上
    inputFile.open("d:\\test1.dat", ios::in | ios::nocreate);
    //判断绑定是否成功(即输入文件是否被成功打开)
    if (!inputFile) {
        //绑定失败,错误提示
        cerr << "can not open d:\test1.dat" << endl;
        nRet = 1;
```

```
    }
    else{
        //绑定成功,从 inputFile 流输入数据,并将其写入 outputFile 流
        inputFile >> name >> ch >> number;
        outputFile << " name: " << name << endl;
        outputFile << " number: " << number << endl;
    }
    //关闭输入、输出流,并返回
    inputFile.close();outputFile.close();
    return nRet;
}
```

使用 C++文件流类时,需先调用 open 函数,如文件未被打开,则该 stream 对象为 0;结束使用后应调用 close 函数,切断流与文件之间的连接。此外,在打开文件时,需指定文件的打开方式和文件保护方式。文件的打开方式包括:ios::in、ios::out、ios::ate、ios::app、ios::trunc、ios::nocreate、ios::noreplace 和 ios::binary;文件的保护方式包括 filebuf::openprot、filebuf::sh_none、filebuf::sh_read 和 filebuf::sh_write。如果是打开输入流文件,选项标志 ios::in 可省略;类似地,打开输出流文件,选项 ios::out 可省略。如果文件打开同时用于输入和输出,选项标志为 ios::in|ios::out。

1.4.3 C++中的变量和常量

1. 变量和常量

C++语言提供了几种基本数据类型:字符型、整型、浮点型等。除此之外,C++还提供了自定义数据类型的机制,如程序 1-5 和 1-6 声明 Clock 类。通过这种自定义类型的机制,我们可以构造、修改已有的数据类型,以形成新的复合数据类型。

用基本内部数据类型或复合数据类型所声明的对象,在程序运行过程中不允许修改的为*常量*,而在该过程中可以设定和修改的为*变量*。

C++程序员常常会把变量称为"变量"或"对象",它提供了程序可以操作的有名字的存储区。如程序 1-5 中声明的 m_nMinute 是 Clock 类中的一个整型私有变量;而程序 1-7 中声明的 cl 是一个 clock 类的变量。

程序设计中,虽然可以用变量来表示某一常数,但这种方法有潜在的风险,即该变量可能在程序中被修改。C 语言提供了预处理♯define 指令,用宏定义给常量命名,这种方法在 C++中同样适用。除此之外,C++语言提供了 const 关键字,用来定义常量。如

const float PI = 3.1415926;

定义 PI 为浮点类型的常量并初始化为 3.141 592 6。任何试图修改 PI 的操作都会导致编译错误。由于采用该方法定义的常量在程序运行中不能被修改,因此定义的同时必须初始化。

2. 引用

C++语言提供"引用"的功能,这样可以为对象(包括变量)提供另一个名字。*引用*

虽然是一种类型,但不是对象,只能用它来标识另一个对象。理论上,引用是一种映射,把一个标识符映射到一个对象;直观上,引用是用一个标识符给一个对象起了一个别名。C++中,引用须通过"&"符号来定义,而且必须与同类型的对象初始化同时使用。

如果有类型为 T 的变量 x,要用标识符 y 引用 x,声明 y 为 x 的引用代码写成:

T &y = x;

这时,程序就可用 y 标识变量 x。以后,对 y 的访问实际都是对 x 的访问。如程序 1-10 为变量 x 声明引用 y,y 被绑定在 x 上,这时对 y 的访问 $y++$ 等价于 $x++$。

程序 1-10 引用示例
```
void main()
{
    int x = 256;
    int &y = x;
    y++;
}
```

C++语言提供引用的主要目的在于:用引用作函数的形式参数(本书将在 1.4.4 节详细介绍引用形参)。

1.4.4 C++中的函数

1. 函数的概念

<u>函数</u>可以被视为程序员定义的操作,每个函数都通过C++语句序列实现特定功能。函数包括 4 个部分:函数名、函数形参表、返回值和函数体。函数的名称由函数名指定,是该函数的标识,函数使用者通过函数名调用该函数;函数的形参表是该函数的输入,调用时系统自动把实参传递给该函数的形参列表,形参之间以逗号分隔;函数执行的运算被称为函数体,它是一系列程序语句的序列,并通过花括号定义在指定的范围内;函数的返回值作为输出返还给函数使用者。

程序 1-11 函数示例
```
double min(double x, double y)
{
    return x < y? x:y;
}
```

程序 1-11 给出求两个浮点数中较小浮点数的函数示例。该函数的函数名为 min,输入的两个形参为双精度浮点数 double 类型,返回值也为 double 类型。该函数的使用(调用)示例如程序 1-12 所示。调用时,需指明该函数的实参。

程序 1-12　min 函数调用片段示例
```
double a,b;
cout<<"Enter a & b:\n";
cin>>a>>b;
cout<<"min:"<<min(a,b)<<endl;
```

程序 1-12 片段中所在的函数被称为 min 函数的主调函数，而 min 被称为被调函数。函数调用过程中，系统用实参初始化函数的形参列表，并将控制权转移给被调用函数。

正如前文所述：函数体是一个语句块，定义了函数的具体操作。和其他语句块一样，在函数体中可以定义变量；函数体内部定义的变量只在该函数内部可以访问。这种变量称为局部变量，只在该函数内部可见，具有"局部"特性。

2. 参数的传递

函数调用时，系统会自动创建该函数的形参，并用传递进来的实参初始化对应的形参。因此，在函数调用过程中，需保持形参在类型、个数、顺序上的一致。因此，下列调用程序 1-11 的若干语句是错误的：

```
min("Fudan", "University");              //错误的参数类型
min(3.14159);                            //参数过少
min(15,20,0);                            //参数过多
```

C++提供 3 种**参数传递**方式：非引用形参、引用形参和数组形参。

(1) 非引用形参。非引用形参采用值传递。当实参的值被赋给形参后，无论形参的值在函数中如何变化，都不会修改实参的值。

特别注意的是，如果形参的值在函数体内部也不许改变，可以将该形参声明为 const 类型。如程序 1-11 中 min 函数的声明，我们可以修改为

```
double min(const double x, const double y);
```

由于参数传递采用值传递，调用时系统会自动用实参的值初始化常量 x 和 y。此时，传递给 min 函数的既可以是 const 对象，也可以是非 const 对象。

另一个需要特别注意的是，指针形参可以被认为是一种特殊的非引用形参。调用时，系统将指针实参的值（指向关系）复制给函数形参指针。指针形参通常适用于大型对象作为实参进行传递的情况（对实际应用而言，复制对象所付出的时间和空间代价往往很大）。

(2) 引用形参。当需要在函数体内部修改实参的值时，C++使用者经常会采用引用形参的方式传递实参。如程序 1-13 中的 swap 函数，用来互换 x 和 y 的值。当程序调用时，系统自动关联实参 a、b 和形参 x、y。因此，函数体中对 x 和 y 的值修改操作在函数返回时将反映在 a 和 b 上。

程序 1-13　引用形参示例
```cpp
void swap(int &x, int &y)
{
    int temp = x; x = y; y = temp;
}
void main()
{
    int a = 2008, b = 2007;
    cout << " a = " << a << "\tb = " << b << endl;
    swap(a,b);
    cout << " a = " << a << "\tb = " << b << endl;
}
```

需要特别注意的是,如程序 1-13 中提供的形参引用方式生成新的形参变量 x 和 y。

虽然赋值实参对于内置数据类型的对象或者规模较小的类类型来说没有什么问题,但对大部分的类型或者大型数组,它的效率比较低。使用引用形参,函数可以直接访问实参对象,而无须复制它。因此,C++程序利用 const 类型的引用形参避免生成新的空间。

（3）数组形参。为了使函数能处理不同的数组,C++函数设置了数组形参,这是一种特殊的参数传递方式。由于 C++中的数组名标明了指向数组第一个元素的指针,因此数组形参通常可视为指针形参。函数调用时,数组形参仅指明数组的开始地址,而数组的大小需单独指定。程序 1-14 给出一个数组形参的示例,它用来求 n 个数之和。

程序 1-14　数组形参示例
```cpp
int sum(int a[], int n)
{
    int i,s;
    for (s = i = 0; i < n; i++)
        s += a[i];
    return s;
}

void main()
{
    int x[] = {1,2,3,4,5};
    int i, j;
    i = sum(x,5);
    j = sum(&x[2],3);
    cout << " i = " << i << "\nj = " << j << endl;
}
```

函数调用 sum(x, 5)将数组 x 首地址(&x[0])传递给数组形参 a,函数调用 sum(&x[2], 3)将数组 x 中 x[2]的地址传递给 a,而 x[2]的地址就是数组 x[2]、x[3]、x[4]的开始地址。

3. 内联函数

通常情况下,函数调用比求解等价表达式要慢得多(因为函数调用过程中,系统要先保存主调函数的状态,复制实参,程序跳转到被调函数,被调函数返回时恢复主调函数的状态等)。为提高函数运行的效率,C++提供了内联函数功能来避免函数调用的开销。在程序编译时,内联函数将被展开成等价表达式,从而消除了函数调用的开销。

在函数返回类型前加上关键字 inline 就可以将该函数指定为内联函数。如程序 1-15 在程序 1-11 中的 min 函数之前添加了 inline 关键字,使 min 函数为内联函数。

程序 1-15 内联函数示例
```
inline double min(double x, double y)
{
    return x < y? x:y;
}
```

此时,min 函数的调用 cout<<"min:" << min(a, b)<<endl;将在程序编译时,被自动翻译成 cout<<"min:" << (a<b? a:b) << endl;

一般来说,内联函数比较适合于优化小的、而且经常被调用的函数。

4. 友元函数

由于采用了封装机制,使得程序不允许访问属于其他类的私有成员。为方便起见,C++提供了友元,使得程序可以访问其他类的私有成员或不属于该类的函数。在类声明中可以使用保留字 friend 声明不属于该类的成员。在程序 1-1 中声明了不属于该类的函数为其友元。

5. 函数的重载

C 语言不允许定义两个同名的函数。在 C++程序中,只要从函数的形参个数、形参类型或形参类型顺序可以区分时,函数可以同名,这种机制称为函数的重载。在调用一个重载的函数时,C++语言的编译程序通过检查函数实参的个数、实参类型及其顺序可以自动确定调用的是哪个具体的函数。函数的重载通常用于具有相同逻辑意义,但对不同数据类型进行操作的情况。

例如,C 标准库为求绝对值提供了三个标准函数 abs()、fabs()和 labs(),用以计算整数、双精度浮点数、长整数的绝对值。而在 C++中,这三个函数都命名为 abs(),编译器能够根据实参的数据、类型或返回的类型来识别调用的是哪一个版本的 abs 函数。

类似地,在进行类声明时,其成员函数也可以同名,如程序 1-1 中的构造函数重载。注意到该程序还重载了 C++的操作符"="和"==",这样可以很自然地使用"="为 Clock 类对象赋值,使用"=="操作符判断两个 Clock 类的对象是否相等。

6. 构造函数和析构函数

在类的成员函数中有两类特殊的成员函数:构造函数和析构函数。类的构造函数是以类名命名的成员函数,构造函数的作用是在创建该类的对象时将对象初始化为一个特定的状态。析构函数是以类名前冠以字符"~"来命名,它的作用与构造函数相反,完成对象被删除所必须做的一些清理工作。构造函数和析构函数没有返回值,也无须指定返回值的类型为 void 类型。

在类的对象被删除前,析构函数将被自动调用。

类可以有多个构造函数。在类定义时,如果未给出构造函数,则隐含有一个不带任何形参,且不做任何动作的构造函数。其中不带形参的构造函数,或在程序中定义,或默认,称为默认构造函数。如果程序未指明指定初始化对象的构造函数,系统会用这个默认的构造函数初始化新建立的对象。同样,类定义中,如果未给出类的析构函数,系统也会自动生成一个什么也不做的析构函数。正如我们在程序 1-1 和 1-2 中见到的,Clock 类提供了三个构造函数,一个默认的构造函数和两个拷贝构造函数。当建立该类的对象时,系统将根据对象建立时的参数自动调用对应的构造函数。

1.4.5 C++中的动态存储分配

C++语言除了可以使用 C 语言提供的 malloc 和 calloc 函数动态地为程序变量分配所需要的空间,并通过 free 函数动态释放这个空间外,还提供了两个新的命令 new 和 delete 来增强动态存储分配功能。new 运算符可以让程序实现动态创建对象;delete 运算符回收对象占用的存储资源。例如,代码如下:

   T * pt;   pt = **new** T;
或 T * pt = **new** T;

其中,T 为类或者普通的数据类型,代码"pt=new T"动态申请一块空间,其效果与用以下代码相同:

   Pt = (T *)malloc(sizeof(T));

如果类型 T 是类,则代码"pt=new T"将自动调用类 T 的构造函数,创建对象,为对象分配存储空间,并为对象设置初始状态。

delete 运算符与 new 运算符相对,除了释放存储空间外,还要调用类的析构函数。

用 new 运算符动态分配存储空间时,还可以同时为对象指定初始状态。例如:

   int   * pnCount = new int(0);

分配存储空间并将对象初始化为 0。

   Clock   * pClock = new Clock(10,0,0);

分配存储空间并用拷贝函数的原型 Clock(int hour, int minute, int second)初始化 Clock 对象。

new 操作符还可以动态分配一个数组。例如:double * pfr=new double[100];分配 100 个整数的空间,并返回一个指向新分配空间的指针 pfr。要释放为该数组分配的空间,需要用 delete [ ]pfr;而无须对数组的每个单元逐一释放。

1.4.6 C++中的继承

继承性是面向对象程序设计思想的重要体现。在设计复杂系统的过程中,合理地将对象分为若干层次，就能够在很大程度上简化问题的复杂性，便于对问题的理解。C++程序设计将分层抽象技术应用于类的设计，这种分层的抽象技术称为继承。假设已有类 X，利用类 X 继承定义类 Y，在定义类 Y 时，能利用类 X 的数据成员和函数成员。为了反映类 Y 与类 X 的不同之处，类 Y 需要另外添加别的数据成员和函数成员，或重新定义类 X 的某些成员函数。利用类 X 继承定义类 Y，我们称类 Y 为类 X 的子类，类 X 称为类 Y 的父类。对父类 X 的某些成员函数在 Y 类中重新定义就是函数覆盖。

程序 1-16 类继承示例
```cpp
class Polygon{
public:
  Polygon();
  ...
  virtual void Draw() = 0;
  ...
};

class Triangle: public Polygon{
public:
  Triangle();
  ...
  void Draw();
  ...
};

class Rectangle: public Polygon {
public:
  Rectangle();
  ...
  void Draw();
  ...
};
```

程序 1-16 是一个 C++继承结构的示例，在该程序中声明了多边形类（Polygon）及其子类（Triangle 和 Rectangle）的片段。Triangle 类和 Rectangle 类使用"public Polygon"表明它们是 Polygon 的子类，且采用公有继承。此时，父类 Polygon 中的公有成员将被这两个子类继承。注意，Polygon 类中的 Draw 函数的声明"virtual void Draw()=0;"，这表明该函数将在 Polygon 的子类中加以实现。

程序 1-17 类继承应用示例
```cpp
Polygon * pp = new Rectangle();
pp->Draw();
```

程序1-17给出类继承应用示例,该程序片段使用程序1-12中给出多边形定义及继承关系。第一行生成一个矩形对象,同时让一个多边形指针指向该对象的首地址;第二行调用多边形的Draw方法,由于pp指向的对象为矩形,实际被调用的是矩形类的Draw方法。

特别说明:继承分为单重继承和多重继承。此外,C++语言提供三种继承方式:公有继承、私有继承和保护继承。限于本书的主题,这些内容请参阅C++书籍,不再一一介绍。

1.4.7 C++中的多态性

多态性是C++语言中面向对象程序设计思想的另一个重要体现。在复杂系统的设计过程中,其多态性体现在类继承过程中的虚函数使用上。类继承时,虚函数在父类中被定义为"virtual"类型,并可以在子类中重新定义。如程序1-13中,子类Triangle和Rectangle的声明中重新定义了抽象类Polygon的虚函数Draw。当程序调用Polygon对象的Draw函数时,系统会根据当前对象的类型动态确定调用哪一个Polygon子类的Draw函数。这种做法被称为"动态联编"。由于调用哪个Draw函数在运行时确定,系统需进行虚函数表的维护工作,这会在一定程度上导致程序运行性能的下降。

1.4.8 其他

1. 函数模板和模板类

书写C++程序时,程序员可以将不同数据类型上逻辑意义相同的操作用函数重载的方式加以实现。如果对不同数据类型输入的操作也是一样的,使用函数模板会更便捷。**函数模板**是函数代码的样板,C++编译程序会根据函数调用时的实参类型,自动生成适合实参类型的函数代码,并完成函数调用。函数模板的形式如下:

template <**参数化类型名列表**>
函数体

其中,参数化类型名列表的每一项是关键字typename或class后加上标识符,各项之间用逗号分隔。程序1-18给出了函数模板max的定义及使用示例。

程序1-18 函数模板示例1

```cpp
#include <iostream.h>
template <typename T>
T max(T x, T y)
{
    return x<y? y:x;
}

void main()
{
    int i=5, j=7;
    float a=3.14, b=3.15;
    cout<<max(i,j)<<endl;
    cout<<max(a,b)<<endl;
}
```

C++编译程序会根据 max() 的实参类型替换函数模板中的类型形参 T,产生相应的函数。程序 1-18 将产生两个 max() 函数:一个接受整型参数,返回整数;一个接受单精度浮点形参,返回浮点数。

同模板函数的思想一样,建立在数据类型形参上的类可被定义成模板类,指定确定的数据类型就能建立模板类的实例。程序 1-19 给出的模板类示例是第 4 章使用的 Stack 模板类。

程序 1-19 函数模板示例 2

```cpp
template <class T>
class Stack
{
public:
    Stack(){m_nPos = 0;}
    ~Stack(){}
    void Push(T value);
    T Pop();
    int IsEmpty(){return m_nPos == 0;}
    int HasElement() {return ! IsEmpty();}
    int IsFull() {return m_nPos == STATCK_SIZE;}

private:
    int m_nPos;
    //使用常量表示堆栈的大小
    const static int STATCK_SIZE = 100;
    T m_Data[STATCK_SIZE];
};
//模板类的成员函数实现

template <class T>
void Stack<T>::Push(T value)
{
    m_Data[m_nPos++] = value;
}
template <class T>
T Stack<T>::Pop()
{
    return m_Data[--m_nPos];
}

void main()
{
    Stack<int> intStack;
    intStack.Push(10);
    intStack.Push(20);
```

```
        intStack.Push(30);
        while (intStack.HasElement())
            cout << intStack.Pop() << endl;
}
```

在主函数中,我们实例化了一个栈元素为 int 类型的栈 intStack,并向栈中存放了三个整型数据 10、20 和 30。当然,我们也可以类似地实例化其他类型的栈结构。

2. this 指针

this 指针是 C++语言为每个对象提供的指针,该指针指向对象在内存中的起始地址。这样程序可以通过 this 指针来标识当前对象。在程序 1-6 所提供的 Clock 类实现中,我们在=操作符重载中使用了 this 指针,用来返回当前对象。此外,程序 1-20 给出了一个 this 指针的示例。在该示例程序中,成员函数 Assign 首先判断对象 p 是否是当前对象,如不是则利用 p 更新当前对象。

程序 1-20 this 指针示例
```
class Point{
public:
    Point(int x, int y){X=x;Y=y;}
    void Assign(Point &p);
private:
    int X,Y;
};
void Point::Assign(Point &p){
    if (this != &p){
        X=p.X;    Y=p.Y;
    }
}
```

1.5 进阶导读

C++于 20 世纪 80 年代由贝尔实验室的本贾尼·斯特劳斯·特卢普博士发明并实现(最初这种语言被称作"C with Classes")。一开始 C++是作为 C 语言的增强版出现的,从给 C 语言增加类开始,不断地增加新特性。虚函数、运算符重载、多重继承、模板、异常、名空间等逐渐被加入标准。1998 年国际标准组织(ISO)颁布了 C++程序设计语言的国际标准 ISO/IEC 14882-1998。

由于本书采用 C++语言描述数据结构的相关知识,因此只对 C++的基础知识做了非常概要的介绍。就 C++语言本身的学习,读者可自行阅读《C++编程思想》、《C++ Primmer》、《Effective C++》和 STL 相关进阶书籍[1-4]。

参考文献

[1] Bruce Eckel 著(刘宗田,袁兆山,潘秋菱等译). C++编程思想(第二版). 机械工业出版社,2006 年 3 月.

[2] Stanley B. Lippman, Josée LaJoie, Barbara E. Moo 著(李师贤,蒋爱军,梅晓勇,林瑛译). C++ Primer(第四版). 人民邮电出版社,2006 年 3 月.

[3] Scott Meyers 著(侯捷译). Effective C++:改善程序与设计的 55 个具体做法(第 3 版). 电子工业出版社,2011 年 1 月.

[4] Matthew H. Austern 著(侯捷译). 泛型编程与 STL. 中国电力出版社,2003 年 4 月.

习 题

1. 为复数类 Complex 创建重载运算符"+","-","*","/",使之能用于复数的加、减、乘、除。运算符重载函数作为 Complex 类的成员函数,编写程序封装 Complex 类、实现其功能,并编写测试代码。

2. 为习题 1 中的复数类 Complex 创建重载运算符"+",使之能用于复数的加法运算。要求参加运算的两个运算符可以都是类对象,也可以只有其中一个是整数,顺序任意。例如:c1+c2,i+c1,c1+i 均合法(其中 c1,c2 为复数类对象,i 为复数变量)。编写程序,实现该功能。

3. 编写一个将输入值翻倍的函数,希望能够将 int,long,float 或 double 参数传递给它。使用函数模板,实现其过程。

4. 编写一个计算矩形面积的函数。它可以不接受任何参数,这样就根据类的默认值计算矩形面积;也可以接收一个或两个参数,并根据这些值来计算矩形面积。

5. 多态性和虚函数有何作用?

6. 定义一个 Shape 抽象类,派生类 Rectangle 类和 Circle 类,计算各派生类对象的面积。

7. 使用 Account 类、Savings 类、Checking 类及 AccountList 类,编写一个应用程序,它能从文件 account.txt 中读入一些帐户号和对应的存款额,创建若干个 Savings 和 Checking 帐户,直到遇到一个结束标志"x 0",最后输出所有帐户号的存款数据。

account.txt 内容如下:

```
savings 123 70000
checking 661 20000
savings 128 2000
savings 131 5000
checking 681 200000
checking 688 10000
x 0
```

第 2 章 线 性 表

> 线性表是最常用、最简单的一种线性结构,因为其应用范围十分广泛,所以有必要在这里作详细介绍。

2.1 线性表及其基本运算

2.1.1 线性表的定义与特点

线性表(linear list)是具有相同类型的 n 个数据元素 $k_0,k_1,\cdots,k_{n-1}$ 的有限序列,记为 $(k_0,k_1,\cdots,k_{n-1})$。元素个数 n 称为线性表的长度,称长度为零的线性表为空**线性表**(简称为空表)。当 $n\geqslant 1$ 时,k_0 是最前面的一个元素,k_{n-1} 是最后一个元素,线性表中数据元素的相对位置是确定的。因为线性表的数据元素构成一个序列,在序列中,k_i 排在 k_{i+1} 的前面,称 k_i 是 k_{i+1} 的**前驱元素**;k_{i+1} 排在 k_i 的后面,称 k_{i+1} 是 k_i 的**后继元素**。k_0 没有前驱元素,k_{n-1} 没有后继元素。当 $n\geqslant 2$ 时,k_0 有后继元素 k_1,k_{n-1} 有前驱元素 k_{n-2};当 $n\geqslant 3$ 时,k_i ($0<i<n-1$) 既有前驱元素 k_{i-1},也有后继元素 k_{i+1}。

对于给定的线性表 $(k_0,k_1,\cdots,k_{n-1})$,其数据元素集合为 $\{k_0,k_1,\cdots,k_{n-1}\}$,而数据元素之间的关系由数据元素出现在线性表中的位置所确定,可用数据元素 k_i 与 k_{i+1} 构成的偶对表示数据元素 k_i 与 k_{i+1} 之间所存在的这种关系。因此,可用数据元素的偶对的集合表示线性表中数据元素之间的关系,这种关系记为 $\{(k_i,k_{i+1})|0\leqslant i<n-1\}$。对于相同数据元素集合的两个线性表,如果数据元素出现在表中的次序不相同,则这两个线性表不相同。

线性表中的数据元素也称为**结点**,或称为**记录**,其可以是一个整数、一个实数、一个字符或者一个字符串;也可以由若干个数据项组成,其中每个数据项可以是一般数据类型,也可以是自定义数据类型(或者构造类型)。数据项也称为字段,或者称为域。例如,表 2-1 中的线性表用于记录最近一周每天的平均气温。每个结点有两个字段,其一是星期,用于指明是星期几,其数据类型是由三个字符组成的字符串;其二是温度,用于指明平均气温,其数据类型是实数。

表 2-1　一周内每天的平均气温记录表

星　期	Mon	Tue	Wed	Thu	Fri	Sat	Sun
温　度	15.5	16.0	16.5	15.7	15.0	16.1	16.4

再比如,表2-2也是一个线性表,是一个企业的职工工资表。该表由职工号、姓名、性别、年龄和工资等5个字段所组成,其中,职工号、姓名和性别的数据类型是字符串,年龄是整数,工资是实数。

表 2-2　一个企业的职工工资表

职 工 号	姓　名	性　别	年　龄	工　资
001	Wang	male	35	160.5
002	Cai	male	32	150.00
003	Zhang	female	28	130.00
...	...	...	...	...

线性表中的结点可由若干个字段组成,能够唯一标识结点的字段为关键字,或者简称为键。如表2-1中线性表的关键字是"星期",而表2-2中线性表的关键字是职工号。在本节中,为讨论方便,往往只考虑结点的关键字,而忽略其他字段。这样的假设也不失一般性,只要知道存放某结点的存储单元,就能取到该结点的其他字段上的值。

2.1.2 线性表的基本运算

线性表结构可以动态地增长或者收缩,在线性表的任何位置上可以访问、插入或者删除结点。因此,线性表常用的运算一般分为以下几类,每类包含若干种运算。

1. 查找

(1) 查找线性表的第 i ($0 \leqslant i \leqslant n-1$) 个结点。

(2) 在线性表中查找值为 x 的结点。

2. 插入

(1) 把新结点插入在线性表的第 i ($0 \leqslant i \leqslant n$) 个位置上。

(2) 把新结点插在值为 x 的结点的前面(或后面)。

3. 删除

(1) 在线性表中删除第 i ($0 \leqslant i \leqslant n-1$) 个结点。

(2) 在线性表中删除值为 x 的结点。

4. 其他运算

(1) 统计线性表中结点的个数。

(2) 打印线性表中所有结点。

(3) 复制一份线性表。

(4) 把一个线性表拆成几个线性表。

(5) 把几个线性表合并成一个线性表。
(6) 根据结点的某个字段按升序(或者降序)重新排列线性表。

2.2 数组

数组(array)是最常用的数据结构之一,大多数常用的算法语言都提供数组类型供用户使用。数组是线性表的推广,其每个元素由一个值和一组下标所确定,数组中各元素之间的关系由各元素的下标体现出来。在数组中,对每组有定义的下标都存在一个与之相对应的值,数组中各元素的值都是同一类型的。

2.2.1 数组的定义和特点

通常情况下,定义一维数组为具有相同数据类型的 n($n \geqslant 0$)个元素的有限序列,其中的 n 叫做数组长度或者数组大小。若 $n=0$ 即为空数组。

各数组元素处于一个线性表中,其中两个相邻元素之间都有直接前驱和直接后继的关系。其特点是,数组中的每一个元素在数组中的位置由下标唯一确定;除第一个元素之外,其他元素有且仅有一个直接前驱,第一个元素没有前驱;除最后一个元素外,其他元素有且仅有一个直接后继,最后一个元素没有后继。由于数组元素是存储在一个连续的存储空间中,每个元素的数据类型相同,占有相同的存储空间,每个元素的开始位置到相邻元素的开始位置的距离相等,因此只要知道一个数组元素在数组中是第几个(即下标),就可以直接存取该数组元素。

数组的创建方式主要分为两种,一种是创建静态数组,可显示定义声明的长度,从而定义数组元素的下标取值范围,同时还可对数组中各元素进行赋值。该方式下,数组在整个程序运行期间占有固定的存储空间,不会因程序的执行而发生改变,如 int Array[3]={1, 2, 3}。另一种方式是创建动态数组,即在指针中只存放第一个元素的地址,所以仅占用一个存储空间,利用指针的++和--操作可访问数组中相邻的后一个元素或者前一个元素,如 int *Array。

2.2.2 数组的类定义

一般来讲,数组的标准操作包含存储和抽取两种,即将具体的数据值直接存储到相应的数组元素中或者按照下标值直接抽取对应数组元素的值。除此之外,还可以给出更多可在数组上执行的操作。为此,下面给出有关数组的类定义描述。

程序 2-1 数组的类定义
```
template <class Type> class Array{
    public:
        Array(int Size = DefaultSize);      //构造函数
        Array(const Array <Type> &x);       //复制构造函数
        ~Array() {delete [] elements;}      //析构函数
        Array <Type> & operator = (const Array <Type> &A);   //数组复制
        Type & operator [] (int i);         //取下标为 i 的数组元素
```

```
    Type * operator * () const {return elements;}    //指针转换
    int Length() const {return ArraySize;}    //取数组长度
    void Resize(int sz);    //修改数组长度
private:
    Type * elements;    //动态数组
    int ArraySize;    //数组元素个数
    void Get_Array();    //动态分配数组元素存储空间
};
```

在数组类的私有域中封装了数组的存储结构,即用指针 * elements 给出数组,并利用整型数据成员 ArraySize 来标记该数组中所包含元素的个数,其有利之处在于允许元素个数动态增长。从类定义中可以看出,数组的构造函数设置为两种,其一是通过在参数表中指定元素个数,动态分配数组所需要的存储空间,而另外一种是通过数组的整体复制来建立新数组。下面,主要给出用于数组创建过程的构造函数的具体实现。

程序2-2 数组的构造函数
```
template <class Type> void Arrray <Type>::Get_Array()
{    //私有函数:动态分配数组的存储空间
    elements = new Type[ArraySize];    //创建动态数组
    if (elements == 0)
    {
        cerr << " Memory Allocation Error " << endl;
        ArraySize = 0;
        return;
    }
}
template <class Type> void Arrray <Type>::Array(int Size)
{    //带形参构造函数:建立最大长度为 Size 的数组
    if (Size<= 0)
    {    //参数检查
        cerr << " Invalid Array Size " << endl;
        ArraySize = 0;  return;
    }
    ArraySize = Size;    //数组长度
    Get_Array();    //创建数组
}
template <class Type> void Arrray <Type>::Array(const Array <Type> &x)
{    //复制构造函数:复制数组 x 以建立当前新数组
    int n = x.ArraySize; ArraySize = n;    //目标数组的长度
    elements = new Type[n];    //为目标数组动态分配存储空间
    if (elements == 0)
    {
```

```
        cerr<<" Memory Allocation Error "<<endl;
        ArraySize = 0;    return;
    }
    Type * srcptr = x. elements;      //源数组首地址
    Type * destptr= elements;         //目标数组首地址
    while (n--) * destptr ++ = * srcptr ++;    //传送,复制
}
```

2.2.3 数组的顺序存储方式

所谓数组的顺序存储,就是把数组中各个元素的值按一定的次序存放在计算机的一组连续存储单元中。数组顺序存储的优点在于可以随机存取或者修改数组元素的值。只要知道数组元素的下标值,就可以按相应的地址计算公式求得该元素的存放地址。

2.2.3.1 一维数组与二维数组

一维数组,亦称之为**向量**,每个元素由一个值和一个下标所确定。数组 $a[t_i]$ 是由 $a[0]$, $a[1]$, $\cdots$, $a[t_i-1]$ 组成的有限序列。如果数组中元素的类型为 datatype(数据类型),令 $s=$ sizeof(datatype),它是一个数组元素所占用的存储单元个数,则数组 $a[t_i]$ 的存储分配如下所示:

数组元素	$a[0]$	$a[1]$	$\cdots$	$a[i-1]$	$a[i]$	$\cdots$	$a[t_i-1]$
存储地址	$\&a[0]$	$\&a[1]$	$\cdots$	$\&a[i-1]$	$\&a[i]$	$\cdots$	$\&a[t_i-1]$

因为 $\&a[i] = \&a[i-1]+1*s,\ 0<i \leqslant t_i-1$

因此 $\&a[i] = \&a[0]+i*s,\ 0<i \leqslant t_i-1$ (2.2.1)

即为一维数组的地址计算公式。

二维数组的每个元素由一个矩阵元素的值及一组下标 (i,j) 所确定,其中 $0 \leqslant i \leqslant t_1-1$, $0 \leqslant j \leqslant t_2-1$。每组下标都唯一地对应一个值 a_{ij}。对于二维数组,顺序分配一般有两种常用的方式,一种是按行序列序方式(即行序优先方式),另一种是按列序行序方式(即列序优先方式)。

例如,对于二维数组 $a[t_1][t_2]$,可将其写成如图 2-1 所示的 $t_1 * t_2$ 阶矩阵。

$$\begin{bmatrix} a_{00} & a_{01} & \cdots & a_{0t_2-1} \\ a_{10} & a_{11} & \cdots & a_{1t_2-1} \\ & & \vdots & \\ a_{t_1-10} & a_{t_1-11} & \cdots & a_{t_1-1t_2-1} \end{bmatrix}$$

图 2-1 $t_1 * t_2$ 阶矩阵

对于图 2-1 的矩阵,如果按行序方式进行顺序存储,则就需首先存储行号为 0 的元素,然后存储行号为 1 的元素,$\cdots$,最后存储行号为 (t_1-1) 的元素;同行号的元素,列号小的先存,列号大的后存。因此,二维数组 $a[t_1][t_2]$ 按行序列序方式进行顺序存储,就是按图 2-2 所示的自左至右的次序存储数组中各个元素。

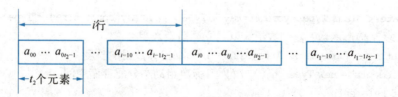

图 2-2 二维数组按行序列序存储

从图 2-2 中可以看出：

$$\&a[i][0] = \&a[0][0] + i*t_2*s$$

且有
$$\&a[i][j] = \&a[i][0] + j*s$$

所以
$$\&a[i][j] = \&a[0][0] + (i*t_2 + j)*s \tag{2.2.2}$$

这就是二维数组按行序列序方式存储的地址计算公式。

如果对二维数组 $a[t_1][t_2]$ 按列序行序进行顺序存储，则就需要先存储列号为 0 的元素，然后存储列号为 1 的元素，…，最后存储列号为 (t_2-1) 的元素；同列号的元素，行号小的先存，行号大的后存。因此，二维数组 $a[t_1][t_2]$ 按列序行序方式进行顺序存储，就是按图 2-3 所表示的自左至右的次序存储数组中各个元素。

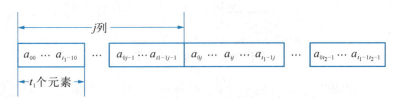

图 2-3 二维数组按列序行序存储

从图 2-3 中可以看出：

$$\&a[0][j] = \&a[0][0] + j*t_1*s$$

且有
$$\&a[i][j] = \&a[0][j] + i*s$$

所以
$$\&a[i][j] = \&a[0][0] + (j*t_1 + i)*s \tag{2.2.3}$$

这就是二维数组按列序行序方式存储的地址计算公式。

2.2.3.2 三维数组与 n 维数组

三维数组 $a[t_1][t_2][t_3]$ 可以看成由 t_1 个阶为 t_2*t_3 的二维数组所组成，如图 2-4 所示。首先，按行序列序存储第一个下标为 0 的 t_2*t_3 个元素，然后按行序列序存储第一个下标为 1 的 t_2*t_3 个元素，…，最后按行序列序存储第一个下标为 (t_1-1) 的 t_2*t_3 个元素。

从图 2-4 及已经推得的一维数组的地址计算公式 (2.2.1) 和二维数组的地址计算公式 (2.2.2)，可用下面的方法求出 $a[i][j][k]$ 的地址：

因
$$\&a[i][0][0] = \&a[0][0][0] + i*t_2*t_3*s$$

而
$$\&a[i][j][0] = \&a[i][0][0] + j*t_3*s$$

且
$$\&a[i][j][k] = \&a[i][j][0] + k*s$$

故
$$\&a[i][j][k] = \&a[0][0][0] + (i*t_2*t_3 + j*t_3 + k)*s \tag{2.2.4}$$

即为三维数组的地址计算公式。

前面已求得一维、二维和三维数组的地址计算公式，但仔细考察所求得的地址计算公式之后，可以很容易地得到 n 维数组 $a[t_1][t_2]\cdots[t_n]$ 的地址计算公式：

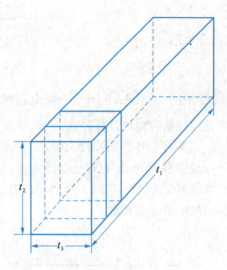

(a) 用立体图表示三维数组 $a[t_1][t_2][t_3]$

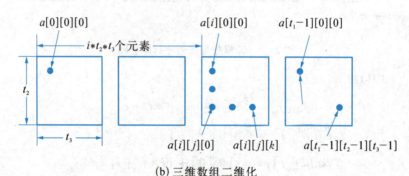

(b) 三维数组二维化

图 2-4 三维数组的顺序存储

$$\&a[i_1][i_2]\cdots[i_n] = \&a[0][0]\cdots[0] + i_1*t_2*t_3\cdots t_n*s + i_2*t_3\cdots t_n*s + \cdots$$
$$+ i_{n-1}*t_n*s + i_n*s$$
$$= \&a[0][0]\cdots[0] + s*\sum_{i=1}^{n} i_j*c_j$$

其中 $c_j = \prod_{k=j+1}^{n} t_k (1 \leqslant j < n)$,$c_n = 1$。

可用如下递推式求出各个 $c_j (1 \leqslant j < n)$:

$$\begin{cases} c_n = 1 \\ c_j = t_{j+1} * c_{j+1} \end{cases} \quad (1 \leqslant j < n)$$

由于 $c_j = t_{j+1} * c_{j+1}$,只用一次乘法就可以从 c_{j+1} 计算出 $c_j (1 \leqslant j < n)$。因此,编译程序最初先取得数组说明中各维的界限值 $t_1, t_2, \cdots, t_n$,先求得 $c_1, c_2, \cdots, c_{n-1}$,然后再用已推得的公式求出 $a[i_1][i_2]\cdots[i_n]$ 的地址。

2.2.3.3 三角矩阵与带状矩阵

所谓下(上)三角矩阵(lower (upper) triangular matrix)是指上(下)三角(不包括最长主

对角线)中的元素都是零的 n 阶方阵,三角矩阵也简称为三角阵。为了节省存储空间,对上三角矩阵(见图 2-5)进行压缩存储时,只存储满足 $0 \leqslant j \leqslant i \leqslant n-1$(或者 $0 \leqslant i \leqslant j \leqslant n-1$)的所有 a_{ij},总共存储 $n(n+1)/2$ 个矩阵元素。

$$\begin{bmatrix} a_{00} & & & \\ a_{10} & a_{11} & & \\ \vdots & & & \\ a_{n-10} & a_{n-11} & \cdots & a_{n-1n-1} \end{bmatrix} \qquad \begin{bmatrix} a_{00} & a_{01} & \cdots & a_{0n-1} \\ & a_{11} & \cdots & a_{1n-1} \\ & & \vdots & a_{1n-1} \\ & & & a_{n-1n-1} \end{bmatrix}$$

(a) n 阶下三角矩阵　　　　　　(b) n 阶上三角矩阵

图 2-5　三角矩阵

现在,只考虑对 n 阶下三角矩阵按行序列序进行顺序存储,即把元素按如下的次序进行顺序存储:$a_{00}, a_{10}, a_{11}, a_{20}, a_{21}, a_{22}, \cdots, a_{n-10}, a_{n-11}, \cdots, a_{n-1n-1}$。因为

$$\&a[i][0] = \&a[0][0] + s * \sum_{k=1}^{i} k = \&a[0][0] + \frac{i(i+1)}{2} * s$$

而且
$$\&a[i][j] = \&a[i][0] + j * s$$

所以
$$\&a[i][j] = \&a[i][0] + \left[\frac{i(i+1)}{2} + j\right] * s$$

另一种特殊的矩阵是**带状矩阵**(band matrix)。对于 n 阶方阵,如果只考虑以最长主对角线为中心的带状区域中的元素,而其他元素都为零,这个带状区域包含最长主对角线下面及上面各 b 条主对角线上的元素,以及最长主对角线上的元素,则称这样的方阵为半带宽为 b 的**带状矩阵**,$(2b+1)$ 为带状矩阵的**带宽**,有时也称这样的矩阵为带宽为 $(2b+1)$ 的带状矩阵,如图 2-6 所示。若 A 是半带宽为 b $(0 \leqslant b < n)$ 的带状矩阵,则当 $0 \leqslant i, j \leqslant n-1$ 且 $|i-j| > b$ 时 $a_{ij} = 0$。

在存储带状矩阵时,对于带状区域以外的元素,即满足 $|i-j| > b$ 的 a_{ij} 不存储,而只存储带状区域内的 $(2b+1)n - b(b+1)$ 个元素。为了使地址计算公式简单,通常并不

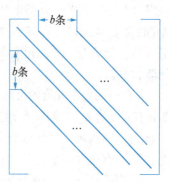

图 2-6　带状矩阵

是把这些元素顺序地存储在连续的 $(2b+1)n - b(b+1)$ 个存储单元中,而是按如下方法存储,除头一行和最后一行外,每行都当作有 $(2b+1)$ 个元素,将带状矩阵按行序列序存储在 $(2b+1)n - 2b$ 个存储单元中。按照这种方法存储,多花费掉 $b(b-1)$ 个存储单元,对这些空留的 $b(b-1)$ 个存储单元,决不会进行存取操作。图 2-7 给出半带宽为 3 的 6 阶带状矩阵。矩阵外的(1)~(6)是为了补足每行均有七个元素,头一行和最后一行不用增补。增补的元素仅占用存储单元,决不会对其进行存取操作。按照上述的顺序存储方法。图 2-7 中的元素是按如下的次序进行顺序存储:$a_{00}, a_{01}, a_{02}, a_{03}$, (1), (2), $a_{10}, a_{11}, a_{12}, a_{13}, a_{14}$, (3), $a_{20}, a_{21}, a_{22}, a_{23}, a_{24}, a_{25}, a_{30}, a_{31}, a_{32}, a_{33}, a_{34}, a_{35}$, (4), $a_{41}, a_{42}, a_{43}, a_{44}, a_{45}$, (5), (6), $a_{52}, a_{53}, a_{54}, a_{55}$。

$$(1)(2) \begin{bmatrix} a_{00} & a_{01} & a_{02} & a_{03} & & \\ a_{10} & a_{11} & a_{12} & a_{13} & a_{14} & \\ a_{20} & a_{21} & a_{22} & a_{23} & a_{24} & a_{25} \\ a_{30} & a_{31} & a_{32} & a_{33} & a_{34} & a_{35} \\ & a_{41} & a_{42} & a_{43} & a_{44} & a_{45} \\ & & a_{52} & a_{53} & a_{54} & a_{55} \end{bmatrix} \begin{matrix} \\ \\ \\ (4) \\ (5)(6) \\ \end{matrix}$$

图 2-7　半带宽为 3 的 6 阶带状矩阵

按照上述的顺序存储方法,除头一行和最后一行外,每行都有($2b+1$)个元素。如果按行序列序存放带状矩阵,即可推得它的地址计算公式。因为:

$$\&a[i][i] = \&a[i-1][i-1] + (2b+1)*s$$

可得

$$\&a[i][i] = \&a[0][0] + i*(2b+1)*s$$

且有

$$\&a[i][j] = \&a[i][i] + (j-i)*s$$

故有

$$\&a[i][j] = \&a[0][0] + [i(2b+1)+(j-i)]*s$$

2.2.4　稀疏矩阵

在一个矩阵中,如果零元素的个数比非零元素的个数多很多,即矩阵中大部分元素是零,则称这样的矩阵为**稀疏矩阵**(Sparse Matrin)。由于稀疏矩阵在实际应用中经常出现,因此有必要研究稀疏矩阵的存储问题及其相应的运算。如果按照一般的存储方法,把大量零元素都存储起来,这将大大地浪费存储空间。为了节省存储空间,必须采用压缩存储方法,把零元素压缩掉,即不对零元素进行存储。下面介绍两种稀疏矩阵的存储方法。

矩阵中的每个元素均可用其行号 i 和列号 j 确定其在矩阵中的位置,而位于 i 行 j 列的元素具有一个值 a_{ij}。这样,可用三元组(i,j,a_{ij})表示位于第 i 行第 j 列的非零元素。对于任何一个稀疏矩阵,可以将其每个非零元素表示为三元组,并按行号的递增次序(同一行按列号的递增次序)存放在一个由三元组组成的数组中,这就是用三元组数组表示稀疏矩阵的方法。

对于图 2-8(a)的稀疏矩阵 A,可用图 2-8(b)的三元组数组 $a[t][3]$ 表示。这里,把稀疏矩阵的行号都从 0 开始编号。在三元组数组中,$a[0][0]$,$a[0][1]$,$a[0][2]$ 分别存放稀疏矩阵 A 的行数、列数和非零元素个数。

当稀疏矩阵用三元组数组表示后,可对它们进行某些运算,在运算结束后,要求仍然用三元组数组表示结果矩阵。这里,以矩阵转置为例说明用三元组数组表示的稀疏矩阵是如何进行运算的。矩阵转置的处理办法是对表示非零元素的三元组(i,j,a_{ij})的行号和列号对调就得到转置后的非零元素(j,i,a_{ij}),并把(j,i,a_{ij})插在转置后结果矩阵的三元组数组的适当位置上。对每个元素而言,用此方法的困难在于,当所有应该放在它前面的元素尚未处理时,它应当放在什么位置上? 因为要求转置矩阵的三元组数组仍然按行号的递增次序(同一行号按列号的递增次序)存储。所以,当转置一个元素时,为了把它插在适当的位置上,有时需要移动一些元素。为了避免经常移动元素,可按下面的方法实现稀疏矩阵转置。

$$\begin{array}{c c c c c}
 & 0 & 1 & 2 & 3 \\
0 & 12 & 15 & 0 & 0 \\
1 & 0 & 0 & 0 & 0 \\
2 & 36 & 46 & 0 & 52 \\
3 & 0 & 0 & 0 & 0 \\
4 & 0 & 72 & 0 & 68
\end{array}$$

a	0	1	2
0	5	4	7
1	0	0	12
2	0	1	15
3	2	0	36
4	2	1	46
5	2	3	52
6	4	1	72
7	4	3	68

(a) 稀疏矩阵 A (b) 三元组数组 a

图 2-8 稀疏矩阵及相应的三元组数组

首先，在原矩阵的三元组数组 a 中寻找列号为 0 的所有元素，并把其作为行号为 0 的元素依次存放到表示转置矩阵的三元组数组 b 中；然后，在 a 中寻找列号为 1 的所有元素，并把其作为行号为 1 的元素依次存放到表示转置矩阵的三元组数组 b 中；……由于原矩阵是按行号的递增次序进行顺序存储，所以用上述方法处理之后，在转置矩阵的三元组数组中，每行中的元素已按列号的递增次序进行顺序存储。

按照上面的处理方法，可以用下面的程序实现三元组数组表示的稀疏矩阵的转置。

程序 2-3 稀疏矩阵的转置

```cpp
template <class Type> class SparseMatrix <Type>;    //稀疏矩阵类的前向引用声明
template <class Type> class Trituple
{   //三元组类定义
    friend class SparseMatrix <Type>;
    private:
        int row, col;   //非零元素的行号与列号
        Type data;      //非零元素的值
};
template <class Type> class SparseMatrix{    //稀疏矩阵类定义
    public:
        SparseMatrix(int MaxRow, int MaxCol);
            //构造函数：建立一个 MaxRow 行与 MaxCol 列的稀疏矩阵
        SparseMatrix <Type> Mat_Transpose(SparseMatrix <Type> b);
            //对 *this 指示的三元组数组中各个三元组交换其行、列的值，得到其转置矩阵
        SparseMatrix <Type> Mat_Fast_Transpose(SparseMatrix <Type> b);
            //快速转置
        SparseMatrix <Type> Multiply(SparseMatrix <Type> b);
            //实现两矩阵相乘
    private:
        int Rows, Cols, NonZero_Terms;
        Trituple <Type> SMArray[MaxTerms];
};
```

```
template <class Type> SparseMatrix <Type> SparseMatrix <Type>::
                                           Mat_Transpose(SparseMatrix <Type> b)
{   //将矩阵 a(由*this 指示)转置,结果在稀疏矩阵 b 中
    int CurrentPosition;   //存放位置指针
    b.Rows = Cols;    //矩阵 b 的行数 = 矩阵 a 的列数
    b.Cols = Rows;    //矩阵 b 的列数 = 矩阵 a 的行数
    b.NonZero_Terms = NonZero_Terms;
    //矩阵 b 的非零元素个数 = 矩阵 a 的非零元素个数
    if (NonZero_Terms > 0)
    {   //非零元素个数不为零
        CurrentPosition = 0;   //存放位置指针清零
        for (int k = 0; k < Cols; k++)    //按列号做扫描,做 Cols 趟
            for (int i = 0; i < NonZero_Terms; i++)    //在数组中寻找列号为 k 的三元组
                if (SMArray[i].col == k)
                {   //第 i 个三元组中元素的列号为 k
                    b.SMArray[CurrentPosition].row = k;    //新三元组的行号
                    b.SMArray[CurrentPosition].col = SMArray[i].row;
                    //新三元组的列号
                    b.SMArray[CurrentPosition].data = SMArray[i].data;
                    //新三元组的值
                    CurrentPosition++;    //存放指针进 1
                }
    }
    return b;
}
```

函数 Mat_Transpose 的执行时间主要花费在两重循环上,所以其执行时间为 $O(Cols * NonZero\_Terms)$。当非零元素个数 NonZero_Terms 与矩阵行、列数的乘积 Rows * Cols 等数量级,即 NonZero_Terms = Rows * Cols,则该函数的执行时间为 $O(Rows * Cols^2)$。这个时间在数量级上比不用三元组数组表示的矩阵转置所需的时间 $O(Rows * Cols)$ 还要大。这也许是为了节省空间而付出了一定的时间代价。为此,对函数 Mat_Transpose 作些改进,以花费一些存储空间作为代价,换取较快的执行速度,函数 Mat_Fast_Transpose 就是改进后的函数。

在执行函数 Mat_Fast_Transpose 时,首先要确定 a 中每一列非零元素的个数,这就提供 b 中每一行非零元素的个数。有了这个信息,就容易求得 b 中每一行第一个非零元素的存放位置。这样,就能够容易地把 a 中的元素依次移到它们在 b 中的正确位置上。在该函数中,$x[i]$ 给出 a 中列号为 i ($0 \leqslant i < n$) 的非零元素个数,也就是 b 中行号为 i 的非零元素个数。而 $y[i]$ 给出 b 中行号为 i 的第一个非零元素的存放位置。在函数执行过程中,$y[i]$ 将变化,每当 b 中行号为 i 的行增加一个元素,$y[i]$ 就加 1,指向 b 中行号为 i 的下一个元素将存放的位置。

下面给出快速转置函数 Mat_Fast_Transpose 的具体实现。

程序 2-4 稀疏矩阵的快速转置
```
template < class Type > SparseMatrix < Type > SparseMatrix < Type > ::
                                    Mat_Fast_Transpose (SparseMatrix < Type > b)
{   //对稀疏矩阵(由 * this 指示)进行快速转置,结果放在 b 中
    int i, j;
    int * x = new int [Cols];    //辅助数组,统计各列非零元素个数
    int * y = new int [Cols];    //辅助数组,预计转置后各行存放位置
    b.Rows = Cols;
    b.Cols = Rows;
    b.NonZero_Terms = NonZero_Terms;
    if (NonZero_Terms > 0)
    {
        for (i = 0; i < Cols; i++ ) x[i] = 0;
        //统计矩阵 b 中第 i 行非零元素个数
        for (i = 1; i < = NonZero_Terms; i++ )   x[SMArray[i].col]++;
        //根据矩阵 a 中第 i 个非零元素的列号,将 x 相当该列的计数加 1
        y[0] = 0;   //计算矩阵 b 第 i 行的开始存放位置
        for (i = 1; i < = Cols; i++)   y[i] = y[i-1] + x[i-1];
        //y[i]等于矩阵 b 的第 i 行的开始存放位置
        for (i = 1; i < = NonZero_Terms; i++ )
        {   //从 a 向 b 传送
            j = y[SMArray[i].col];    //j 为第 i 个非零元素在 b 中应存放的位置
            b.SMArray[j].row = SMArray[i].col;
            b.SMArray[j].col = SMArray[i].row;
            b.SMArray[j].data = SMArray[i].data;
            y[SMArray[i].col]++;    //矩阵 b 第 i 行非零元素的存放位置
        }
    }
    delete [ ] x; delete [ ] y;
    return b;
}
```

在函数中,共有四个循环,它们分别执行 Cols、NonZero_Terms、Cols－1 和 NonZero_Terms 次,且执行时间分别为 $O(Cols)$、$O(NonZero\_Terms)$、$O(Cols-1)$ 和 $O(NonZero\_Terms)$。而循环外面的几个赋值语句的执行时间为 $O(1)$。所以,该函数的执行时间为:

$O(1) + O(Cols) + O(NonZero\_Terms) + O(Cols-1) + O(NonZero\_Terms)$

当 NonZero_Terms＝Rows * Cols 时,函数的执行时间为 $O(Cols+Rows*Cols) = O(Rows*Cols)$,这与不采用三元组数组表示矩阵时的转置时间是相同的。

2.3 线性表的顺序表示——顺序表

在计算机内,可以利用不同的存储方式表示线性表,其中最常用、最简单的方式是顺序存储。所谓线性表的顺序存储,就是用一组连续的存储单元依次存储线性表中的结点,即顺序表。

2.3.1 顺序表的定义和特点

顺序表(sequential list)是一个顺序存储的 n 个表项($n \geqslant 0$)的序列,其中 n 是表的长度,可以是任意整数。$n=0$ 时称之为空表。顺序表中每个表项都是单个对象,其数据类型相同。表的长度将随着增加或者删除某些表项而发生改变,通常各个表项通过其位置来访问。顺序表的第一个表项位于表首,最后一个表项位于表尾。除最后一个表项之外,其他每一个表项都有一个且仅有一个直接后继。

顺序表的特点是,为得到顺序表中所要求的表项,必须从表的一个表项开始,逐个访问表项,直到找到满足要求的表项位置,即顺序表只能顺序存取。因此,当希望得到某一单个表项时,顺序表表现出一定的局限性。因为对表中某一表项不能直接访问,而必须从表的第一个表项起一个一个进行遍历。

另外,由于顺序表表中所有结点的数据类型相同,所以每个结点的在内存中占用大小相同的空间。如果每个结点占用计算机中按机器字编址或按字节编址的 s 个地址的存储单元,并假设存放结点 $k_i (0 \leqslant i \leqslant n-1)$ 的开始地址为 αk_i,则结点 k_i 的地址 αk_i 可用整数 i 以及地址计算公式进行计算,如下所示:

$$\alpha k_i = \alpha k_0 + i * s$$

因此,对于顺序存储的线性表,因为可以利用地址计算公式直接计算出 k_i 的开始地址 αk_i,所以存取第 $i (0 \leqslant i \leqslant n-1)$ 个结点特别方便。

2.3.2 顺序表类定义

顺序表的实现可以用后续将要讨论的数组与链表作为其存储结构,在该节中主要介绍利用数组作为存储结构的顺序表类定义及其部分公共操作的实现。

程序 2-5 顺序表的类定义

```
template <class Type> class SeqList {
    public:
        SeqList(int MaxSize = defaultSize);      //构造函数
        ~SeqList() {delete [ ] list;}             //析构函数
        int length() const {return last+1;}       //计算表长度
        int Find(Type &x) const;                  //查找
        int IsIn(Type &x);                        //判断 x 是否在表中
        int Insert(Type &x, int i);               //插入 x 在表中第 i 个位置处
```

```
    int Remove(int i);       //删除第 i 个位置处的表项
    int Next(Type &x);       //寻找 x 的后继
    int Prior(Type &x);      //寻找 x 的前驱
    int IsEmpty() {return last==-1;}         //判断表空否
    int IsFull() {return last==MaxSize-1;}   //判断表满否
    Type Get(int i) {return i<0||i>last? NULL:data[i];}   //取第 i 个元素的值
private:
    Type *list;    //表的存放数组
    int MaxSize;   //表的最大可容纳项数
    int *p_n;      //当前已存表项的最后位置
};
```

2.3.3 顺序表的插入

这里所介绍的插入是在具有 n 个结点的顺序表中，把新结点插在顺序表的第 i ($0 \leqslant i \leqslant n$) 个位置上，使原来长度为 n 的顺序表变成长度为 $(n+1)$ 的顺序表。在把新结点放进顺序表前，必须把原来位置号(序号)为 $(n-1)$ 至位置号为 i 的结点依次往后移一个位置，然后把新结点放在第 i 个位置上，此时共移动 $(n-i)$ 个结点，如图 2-9 所示。对于 $i=n$，只要把新结点插在第 n 个位置上，此时无需移动结点。

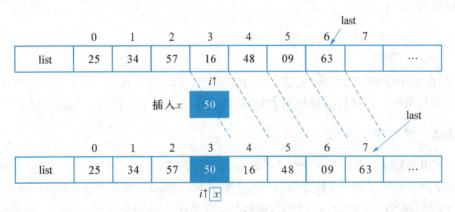

图 2-9 插入新元素的示例

下面利用顺序表类定义中的成员函数 SeqList::Insert(Type &x, int i) 来实现上述的插入算法。此函数在具有 n 个结点的顺序表 SeqList 中，把值为 x 的结点插在第 i ($0 \leqslant i \leqslant n$) 个位置上。若插入位置 i 不在可以插入的位置上(即 $i<0$ 或 $i>n$)，则返回 1；若 $n=$ MaxSize(即顺序表已满)，此时 SeqList 数组没有存储单元存放新结点，则返回 2；若插入成功，则返回 0。在调用时，把存放顺序表的当前结点个数的变量 n 的地址赋给顺序表类定义中的私有数据成员——指针变量 p_n，以此来实现插入后顺序表长度 n 增加 1。

程序 2-6 顺序表的插入

```
template <class Type> int SeqList<Type>::Insert(Type &x, int i)
{   //插入项 x 在顺序表中第 i 个位置处，函数返回插入是否成功的信息
```

```
        int j;
        if (i<0||i>*p_n)    return 1;     //插入位置不合理,不能插入
        if (*p_n==MaxSize) return 2;      //无空闲可用存储单元,不能插入
        for (j=*p_n; j>i; j--)
            list[j]=list[j-1];    //依次后移
        list[i]=x;    //插入
        (*p_n)++;     //顺序表长度增1
        return 0;
}
```

在具有 n 个结点的顺序表中,插入一个新结点时,其执行时间主要花费在移动结点的循环上。假设把新结点插入在第 i ($0 \leqslant i \leqslant n$) 个位置上的概率为 p_i,各个 p_i 应满足约束条件 $\sum_{i=0}^{n} p_i = 1$。因为把一个新结点插在第 i 个位置上需移动 $(n-i)$ 个结点,则移动结点的平均次数为 $\sum_{i=0}^{n} p_i (n-i)$。如果顺序表中每个可插入位置的插入概率相同,即有:

$$p_0 = p_1 = \cdots = p_{n-1} = p_n = \frac{1}{n+1}$$

则上式可改写为:

$$\frac{1}{n+1} \sum_{i=0}^{n} (n-i) = \frac{1}{n+1} \sum_{i=1}^{n} i = \frac{1}{n+1} * \frac{n(n+1)}{2} = \frac{n}{2}$$

上式表明,在顺序存储的线性表中,插入一个新结点,平均需要移动一半的结点。当顺序表的结点很多且每个结点的数据量相当大时,花费在移动结点上的执行时间就会很长。

2.3.4 顺序表的删除

这里所讲的删除是在具有 n 个结点的顺序表中,删除第 i ($0 \leqslant i \leqslant n-1$) 个位置上的结点,使原来长度为 n 的顺序表变成长度为 $(n-1)$ 的顺序表。删除时,要把位置号为 $(i+1)$ 至位置号为 $(n-1)$ 的结点依次向前移动一个位置,此时共需移动 $(n-i-1)$ 个结点,如图 2-10 所示。

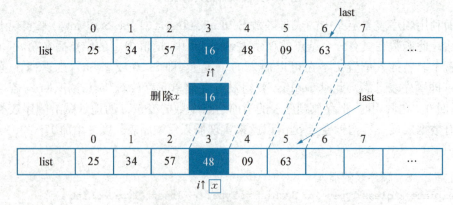

图 2-10 删除新元素的示例

下面利用顺序表类定义中的成员函数 SeqList::Remove(int i) 来实现上述的删除算法。此函数在具有 n 个结点的顺序表 list 中,删除第 i ($0 \leq i \leq n-1$) 个位置上的结点。若删除的结点不在可删除的位置上(即 $i<0$ 或者 $i \geq n$),则返回 1;若删除成功,则返回 0。在调用时,把存放顺序表的当前结点个数的变量 n 的地址赋给顺序表类定义中的私有数据成员——指针变量 p_n,以此来实现插入后顺序表长度 n 减少 1。

程序 2-7 顺序表的删除
```
template <class Type> int SeqList<Type>::Remove(int i)
{   //删除第 i 个位置处的表项
    int j;
    if (i<0||i>=*p_n)  return 1;   //删除位置不合理,不能删除
    for (j=i+1; j<*p_n; j++)
        list[j-1]=list[j];   //依次前移
    (*p_n)--;   //表长度减 1
    return 0;
}
```

在具有 n 个结点的线性表中,删除一个结点所需的执行时间主要花费在移动结点的循环上。假设删除第 i ($0 \leq i \leq n-1$) 个位置上的结点的概率为 p_i,每个 p_i 应该满足约束条件 $\sum_{i=0}^{n-1} p_i = 1$。因为删除第 i ($0 \leq i \leq n-1$) 个位置上的结点需要移动 $(n-i-1)$ 个结点,所以移动结点的平均次数为 $\sum_{i=0}^{n-1} p_i (n-i-1)$。如果假设删除顺序表任何一个结点的概率都相同,即有:

$$p_0 = p_1 = \cdots = p_{n-1} = p_n = \frac{1}{n}$$

则上面的和式可改写为:

$$\frac{1}{n} \sum_{i=0}^{n-1} (n-i-1) = \frac{1}{n} \sum_{i=1}^{n-1} i = \frac{1}{n} * \frac{n(n-1)}{2} = \frac{n-1}{2} \approx \frac{n}{2}$$

上式表明,在顺序存储的线性表中,删除一个结点,平均大约需要移动一半结点。当顺序表的结点很多,且每个结点的数据量相当大时,花费在移动结点上的执行时间就会很长。

2.3.5 顺序表的应用实例——用顺序存储的线性表表示多项式

一般代数多项式可写成如下形式:

$$A(x) = a_m x^{e_m} + a_{m-1} x^{e_{m-1}} + \cdots + a_1 x^{e_1} + a_0 x^{e_0}$$

其中,每个 a_i ($0 \leq i \leq m$) 是 $A(x)$ 的非零系数;次数 e_i ($0 \leq i \leq m$) 是递减的,即 $e_m > e_{m-1} > \cdots > e_1 > e_0 \geq 0$。

在表处理时,经常遇到的一个问题就是多项式的表示与运算。例如,有两个一元多项式

$A(x)$ 和 $B(x)$,$A(x)$ 是一个一元 4 阶多项式,$B(x)$ 是一个一元 6 阶多项式。其中,多项式的最大指数称为多项式的阶,系数为 0 的项可以在多项式中不出现,指数为 0 的项未知数 x 不显式给出。因此,这两个多项式可以写成:

$$A(x) = 1.5x^4 + 10.0x^3 + 15.2x^2 + 2.5 = \sum_{i=0}^{4} a_i x^i$$

$$B(x) = x^6 - 1.5x^4 + 3.8x^2 + 4.1x = \sum_{i=0}^{6} b_i x^i$$

做这两个多项式的加法与乘法时,其和与积可以表示为:

$$A(x) + B(x) = \sum_{i=0}^{6}(a_i + b_i)x^i \qquad A(x) * B(x) = \sum_{i=0}^{4}(a_i x^i * \sum_{j=0}^{6}(b_j x^j))$$

类似地,可以做两个多项式的减法与除法,以及其他的许多运算。

2.3.5.1 多项式的表示及其类定义

假设多项式的最高可能阶数为 MAXN,当前最高阶数为 n,各个项按指数递减的次序,从 $n-1$ 到 0 顺序排列。这样,可用包含 coef 与 exp 两个字段的结点表示多项式的非零项,其中 coef 给出系数,exp 给出指数。因此,可使用如下说明:

程序 2-8 多项式项的定义

```
typedef struct term {
    float coef;
    int exp;
} Term;
```

在建立多项式类定义时,可以在类的私有域中定义多项式的存储表示。第一种表示方法是建立一个有 MAXN+1 个元素的静态数组 poly_array 来存储多项式每一项的信息,如下:

```
private:
    int n;          //多项式当前最高阶数
    Term Poly_Array[MAXN+1];  //多项式的项数组
```

其中,MAXN+1 实际上是数组 Poly_Array 可能存放结点的最大个数,有时可将 MAXN 取得适当大,使得多个多项式可共享数组 Poly_Array。有关多项式各项在数组 Poly_Array 中的存储情况,如图 2-11 所示。

	0	1	2	...	n	...	MAXN
coef	a_n	a_{n-1}	a_{n-2}	...	a_0	...	...
exp	e_n	e_{n-1}	e_{n-2}	...	e_0	...	...

图 2-11 利用一个静态数组表示一元 n 次多项式

在 Poly_Array[0].coef 中存放系数 a_n 的值,在 Poly_Array[0].exp 中存放 e_n 的值,…,多项式中系数为 a_i、指数为 e_i 的项存放于 Poly_Array[n-i]中,这样可以充分利用存储来表示一

元 n 次多项式并很方便地进行多项式的加、减、乘、除运算。但是，当多项式当前的最高阶数远远小于 MAXN 时，大多数数组元素均为空，则可能会造成存储空间的较大浪费。

为此，可采用第二种表示方法，利用动态数组来存储多项式各项信息，如下所示：

private：
  int n； //多项式当前最高阶数
  Term * Poly_Array； //多项式的项数组

并利用如下多项式类的构造函数在创建多项式类的一个对象时为该动态数组分配存储空间。

程序 2-9 多项式类的构造函数
```
Polynomial :: Polynomial(int size)
{
    n = size;
    Poly_Array = new Term [MAXN + 1];
}
```

由此，给出完整的多项式类定义描述，其中采用为多项式各项也建立相应的类 Term，同时 Term 类与多项式类 Polynomial 为友元类，两个类以协同方式表达一个单一的数据结构。Term 类给出多项式每个项的定义，包含每项的系数 coef 和指数 exp。而 Polynomial 类定义多项式的表示，通过在类的私有域中定义一个数组 Poly_Array 存放多项式各个项的信息，该数组为多个 Polynomial 类的对象所共享，因此将其定义为 Polynomial 类的静态数据成员，最多可存放项数为 MAXN，从而其初始化方式有所改变。另外，在 Polynomial 类中定义其他的三个私有数据成员，free 给出在 Poly_Array 数组中当前空闲空间的起始位置，以便新的多项式可从该位置开始存放；start 与 finish 给出一个多项式在 Poly_Array 数组中的起始与结束位置。

程序 2-10 多项式的类定义
```
class Polynomial；    //多项式类的前向引用声明
class Term {   //多项式中项的类定义
    friend Polynomial；    //定义多项式类为 Term 类的友元类
    private：
        float coef；  //系数
        int exp；   //指数
};
class Polynomial {   //多项式类定义
    public：
        Polynomial()；  //无形参构造函数，返回多项式 A(x) = 0
        Polynomial :: Polynomial(int size)    //带形参构造函数
        int operator ! ()；   //若 *this 是零多项式则返回 1，否则返回 0
        int Poly_Append(int c, int e)；
                //插入系数为 c、指数为 e 的项至指针 free 所指示位置
```

```
            Polynomial Poly_Add(Polynomial poly);     //返回多项式*this与多项式poly
                                                        的和
            Polynomial Poly_Subtract(Polynomial poly);
                                    //返回多项式*this与多项式poly的差
            Polynomial Poly_Mult(Polynomial poly);
                                    //返回多项式*this与多项式poly的乘积
            Polynomial Poly_Division(Polynomial poly);
                                    //返回多项式*this与多项式poly的商
            ......
        private:
            static Term *Poly_Array;   //存放多项式的数组
            //要求在类外定义,Polynomial :: Poly_Array= new Term [MAXN+1];
            static int free;   //多项式有效项数的下一位置
            int start, finish;
    };
```

2.3.5.2 多项式的相加

现在,基于上述所建立的多项式及其项的类定义描述的表示方法,实现两个多项式相加算法。例如,对于下面两个多项式:

$$A(x) = 8x^{60} + 6x^{50} + 4x^{25} + 2x^{10} + 1$$
$$B(x) = 7x^{60} - 6x^{50} + 3x^{20}$$

其在数组 Poly_Array 中的存储情况如图 2-12 所示。

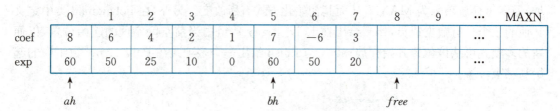

图 2-12 两个多项式存储在数组 Poly_Array 中

其中,使用指针 ah 与 bh 分别作为相加多项式的检测指针,初始时分别指向多项式 $A(x)$ 和 $B(x)$ 的第 0 项在数组中的存放位置。如在图 2-12 中,取 ah=0 和 bh=5。另外,指针 free 给出数组中空闲存储的开始位置,取 free=8。这里顺便指出一点,ah、bh 及 free 等其实不是真正意义上的指针,只是一种游标。这是因为存放 ah、bh 及 free 内的不是数组元素在内存中的地址,而是数组元素的下标值,但由于使用上的习惯,仍然称其为指针,希望读者注意加以区别。

有关两个多项式相加算法的基本思想如下所示:

(1) 当两个指针均未超过两个多项式的最末位置时,比较它们所指示对应项的指数。若指数相等,则对应项系数相加,若相加结果不为 0,需要在结果多项式中加入一个新项;若指数不等,把指数大者复制到结果多项式中。

(2) 当两个检测指针中有一个超出多项式的最末位置,则将另一多项式的剩余部分复制到结果多项式中。

下面利用多项式类定义中的成员函数 Polynomial::Poly_Append(**int** c，**int** e)与 Polynomial::Poly_Add(Polynomial poly)来实现上述的两个多项式相加算法。

程序 2-11 多项式的相加
```
int Polynomial :: Poly_Append(int c, int e);
{   //增加一项在起始空闲存储单元处
    if (free > MAXN)
        return 1;   //无可用空闲存储单元,不能插入
    poly[free].coef = c;
    poly[free++].exp = e;
    return 0;
}
Polynomial Polynomial :: Poly_Add(Polynomial B)
{   //返回两个多项式 A(x)(在 * this 中)与 B(x)的和
    Poynomial C;
    int ah = start, bh = B.start;   //ah 与 bh 分别为两个多项式的检测指针
    C.start = free;
    float c;   //c 为结果多项式的存放指针
    while (ah <= finish && bh <= B.finish)
        switch (Poly_Array[ah].exp, Poly_Array[bh].exp)
        {   //比较对应项指数
            case '=': c = Poly_Array[ah].coef + Poly_Array[bh].coef;
                                //相等,系数相加
                     if (c)  Poly_Append(c, Poly_Array[ah].exp);
                                //和非零,建立新项
                     ah++;  bh++;
                     break;
            case '<': Poly_Append(Poly_Array[ah].coef, Poly_Array[ah].exp);
                                //指数不等,建立新项
                     ah++;
                     break;
            case '>': Poly_Append(Poly_Array[bh].coef, Poly_Array[bh].exp);
                                //指数不等,建立新项
                     bh++;
        }
    for (; ah <= finish; ah++)   //将 A(x)中剩余项加入结果多项式中
        Poly_Append(Poly_Array[ah].coef, Poly_Array[ah].exp);
    for (; bh <= B.finish; bh++)   //将 B(x)中剩余的项加入结果多项式中
        Poly_Append(Poly_Array[bh].coef, Poly_Array[bh].exp);
    C.finish = free - 1;
    return C;
}
```

现在,分析多项式相加算法的执行时间。首先应该指出,执行函数 Poly_Append 的时间

是 $O(1)$。在函数 Poly_Add 中,执行三个循环之外的几个语句的时间也是 $O(1)$。所以,执行时间主要花费在三个循环上。设 $A(x)$ 和 $B(x)$ 所含非零项的个数分别为 m 和 n,对于第一个循环,当 $A(x)$ 和 $B(x)$ 的各项的次数都不相同时,执行循环的次数最多,共执行 $(m+n)$ 次,故其执行时间最多为 $O(m+n)$;第二和第三个循环最多分别执行 m 次和 n 次,故其执行时间最多分别为 $O(m)$ 和 $O(n)$。这样,执行函数 Poly_Add 的时间为 $O(1)+O(m+n)+O(m)+O(n)=O(m+n)$。

2.4 线性表的链式表示——链表

上面介绍了顺序存储的线性表。线性表的这种表示方法非常简单,其最大优点是可用一个简单的公式计算出线性表中第 i 个结点的存放位置,所以,存取线性表中第 i 个结点特别容易。但是,由于顺序存储的线性表是用数组元素依次存放线性表的各个结点,所以存在以下缺点:

(1) 因为数组元素的个数是固定的,所以线性表的容量不易扩充。

(2) 因为对顺序存储的线性表插入或删除一个结点平均需要移动一半左右的结点,所以对线性表进行插入或删除非常不方便。

为了克服上述缺点,下面介绍线性表的另一种存储方式——链接存储。

2.4.1 线性链表的逻辑结构与建立

采用链接存储方式存储的线性表被称为**线性链表**(linear linked list),也称之为**单链表**(singly linked list),或者简称**链表**。线性链表的每个结点除了有一个字段存放结点值外,还需要有一个字段用来存放其后继结点的地址,存放后继结点地址的字段称为链接指针。线性链表就是通过链接指针来体现线性表中结点的先后次序的。每个链表还需要有一个指向链表中第一个结点的头指针。当线性链表为空时,则置头指针为空;当线性链表非空时,还需将最后一个结点的链接指针置为空,以此表示该结点没有后继结点。

图 2-13 表示一个线性链表的逻辑结构,图中指针变量 $head$ 为头指针,线性链表中的结点值为字符,记号 ∧ 表示 NULL。

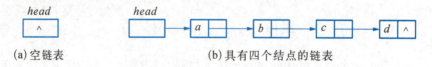

(a) 空链表　　　　　　　　　(b) 具有四个结点的链表

图 2-13　线性链表的逻辑结构

由于线性链表中每个结点都有一个链接指针,所以并不要求链表中的结点必须按结点的先后次序存放在一个连续存储区域中。也就是说,对于结点 k,并不要求其后继结点 k' 一定存放在结点 k 后面的连续存储单元中。其实,把结点 k' 存放在什么存储单元中都行,只要把存放结点 k' 的地址存放在结点 k 的链接指针中就行。这样,根据结点 k 的链接指针,就很容易找到 k 的后继结点 k'。由于在存储结点时放松了要求,所以存储结点比较灵活自由。因此,在线性链表中插入或者删除结点比在顺序存储的线性表中容易。但是,这是以花费一些存储空间为代价换来的,因为每个结点都需要有一个链接指针,而指针需要占用一定的存储空间。

2.4.2 线性链表的类定义

从图 2-13 中可以看出,一个链表包含零个或者多个结点,因此使用链表结点类与链表类两个类复合定义的方式来表示单链表,如下所示。

```
程序 2-12  单链表的复合类定义
template <class Type> class List;    //List 类的前向引用声明
template <class Type> class ListNode {   //链表结点类定义
    friend class List <Type>;    //链表类作为友元类定义
    public:
        ListNode() {link = NULL;}    //不带形参的构造函数
        ListNode(const Type &item);    //带形参的构造函数
        ListNode <Type> * NextNode() {return link;}
        //给出当前结点的后继结点地址
        void InsertAfter(ListNode <Type> *p);    //当前结点插入
        ListNode <Type> * GetNode(const Type &item, ListNode <Type> *next);
        //建立一个新结点
        ListNode <Type> * RemoveAfter();    //删除当前结点下一结点
    private:
        Type data;    //数据域
        ListNode <Type> *link;    //后继指针域
};
template <class Type> class List {   //单链表类定义
    public:
        List(const Type &value) {tail = head = new ListNode <Type> (value);}
        //构造函数
        ~List();    //析构函数
        ListNode <Type> * Create_List(int n);    //建立一个单链表
        void MakeEmpty();    //将链表置为空表
        int Length() const;    //计算链表的长度
        ListNode <Type> * Find(Type value);    //在链表中查找含数据 value 的结点
        int Insert(Type value, int i);    //将新元素插在链表中第 i 个位置
        Type * Delete(int i);    //将链表中的第 i 个元素删去
        Type * Get(int i);    //取出链表中第 i 个元素
    private:
        ListNode <Type> *head, *tail;    //链表的表头指针、表尾指针
};
```

为建立包含 *n* 个结点的线性链表,可以采用一个循环语句来实现其建立过程,下面给出其相关函数的具体实现。

程序 2-13 单链表的建立
```
template <class Type> ListNode <Type> * Create_List(int n)
{
    ListNode *p, *q;
    if (n == 0)
        return NULL;
    head = new ListNode <Type> (NULL);
    p = head;
    for (i = 1; i < n; i++)
    {
        cin >> p->data;
        q = new ListNode <Type> (NULL);
        p->link = q;
        p = q;
    }
    cin >> p->data;
    p->link = NULL;
    return head;
}
```

2.4.3 线性链表的插入与删除

利用线性链表来表示线性表,将使得插入与删除变得比较方便,只要修改链中结点指针的值而无需移动表中的元素,就能高效地实现插入与删除操作。

首先,介绍如何在给定的线性链表中,在指定的结点后面插入一个新结点的处理方法。图 2-14 表明在链表 head 中,在指针 p 所指结点 b 后面插入结点 e 的处理方法。

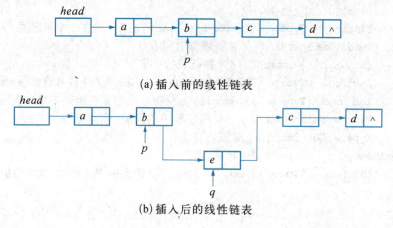

(a) 插入前的线性链表

(b) 插入后的线性链表

图 2-14 线性链表的插入

可用下面的语句实现图 2-14 的插入:

```
q = new ListNode < Type > (x, NULL);
q-> link = p-> link;
p-> link = q;
```

下面给出函数 Insert 实现在 head 链表中把值为 x 的结点插在第 i 个位置。

程序 2-14 单链表的插入

```
template < class Type > int List < Type > :: Insert(Type x, int i)
{   //将新元素 x 插入到第 i 结点之前,其中 i 是结点编号,从 0 开始计数
    ListNode * p, * q;
    int j = 0;
    p = head;
    q = new ListNode < Type > (x, NULL);   //建立数据域为 x 的新结点,由 q 指示
    while (p! = NULL && j < i-1)
    {   //循链找第 i-1 个结点
        p = p-> link;
        j++;
    }
    if (p == NULL && head! = NULL)
    {   //非空表且链短,找不到第 i-1 个结点
        cout << " Invalid position for Insertion! \n";
        return 0;     插入失败,返回 0
    }
    if (head == NULL || i == 0)
    {   //将新结点插入至空表或非空表第一个结点之前
        q-> link = head;    //原表首结点成为新结点的后继结点
        if (head == NULL)
            tail = q;     //在空表中插入新结点时,表尾指针指向该结点
        head = q;    //新结点 q 成为表首结点       }
    else {   //将新结点插入至链表中间或者表尾
        q-> link = p-> link;
        if (p-> link == NULL)
            tail = q;     //如果插入新结点至表尾,则修改表尾指针指向新结点
        p-> link = q;
    }
    return 1;     //插入成功,返回 1
}
```

现在,介绍如何在给定的线性链表中,删除指定结点的后继结点的处理方法。图 2-15 表明在线性链表 head 中删除第 i 个结点的处理方法。

可用下面的语句实现图 2-15 的删除:

```
q = p-> link;
p-> link = q-> link;
delete q;
```

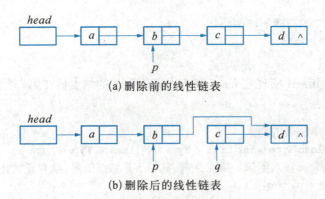

(a) 删除前的线性链表

(b) 删除后的线性链表

图 2-15 线性链表的删除

下面给出函数 Delete 实现在 head 链表中删除第 i 个结点。如果删除成功，返回 1；否则，返回 0。

程序 2-15 单链表的删除

```
template <class Type> int List <Type> :: Delete(int i)
{   //删除链表中的第 i 个结点并将其返回,其中 i 是结点编号,从 0 开始计数
    ListNode * p, * q;
    int j = 0;
    p = head;
    while (p! = NULL && j< i-1)
    {   //循链找第 i-1 个结点
        p = p-> link;
        j++;
    }

    if (p == NULL && head! == NULL)
    {   //非空表且链短,找不到第 i-1 个结点
        cout<<" Invalid position for Deletion! \n";
        return 0;    //删除失败,返回 0
    }
    if (i == 0)
    {   //删除表首结点
        q = head;
        p = head = head-> link;    //重置表首结点为被删结点的后继结点  }
    else {   //删除表中间或者表尾结点
        q = p-> link;
        p-> link = q-> link;
    }
    if (q == tail)
        tail = p;    //如果删除表尾结点,修改表尾指针
    delete q;
    return 1;    //删除成功,返回 1
}
```

2.4.4 线性链表的应用实例——用线性链表表示多项式

对于多项式

$$A(x) = a_m x^{e_m} + a_{m-1} x^{e_{m-1}} + \cdots + a_1 x^{e_1} + a_0 x^{e_0}$$

其中,a_i(0≤i≤m)是 $A(x)$ 的非零系数,且有

$$e_m > e_{m-1} > \cdots > e_1 > e_0 \geq 0$$

可用如下的结点形式表示给定多项式的非零项:

coef	exp	link

其中,coef 字段存放系数,exp 字段存放指数,link 字段是链接指针,该指针指向多项式的下一个非零项结点。这样,可用图 2-16 的线性链表表示上面给出的多项式。因为零多项式不包含任何非零项,所以可用一个空的线性链表表示一个零多项式。

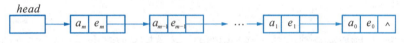

图 2-16 线性链表的删除

下面,给出实现两个由线性链表表示的多项式相加的程序。其中,函数 Get_NewTermNode 产生一个新结点,其系数为 c,指数为 e,并把新结点挂在 pc 所指的结点之后,然后返回新结点的地址;而函数 PolyLinkedList_Add 实现由线性链表 ah 与 bh 表示的两个多项式相加。为了处理上的方便,在进行相加之前,首先产生一个附加结点,在得到结果多项式的线性链表之后,再删除这个附加结点。

程序 2-16 多项式链表的类定义及相加
```
class PolyLinkedList;    //多项式链表类的前向引用声明
class TermNode {         //多项式链表中项结点的类定义
    friend PolyLinkedList;   //定义多项式链表类为 TermNode 类的友元类
    public:
        TermNode() {link = NULL;}   //构造函数
    private:
        float coef;    //系数
        int exp;       //指数
        TermNode * link;   //后继指针
};
class PolyLinkedList {   //多项式链表类定义
    public:
        TermNode * Get_NewTermNode(TermNode * pc, int c, int e);
        //为新项建立新结点加入至多项式链表中
        TermNode * PolyLinkedList_Add(TermNode * ah, TermNode * bh);
        //返回分别以 ah 与 bh 为头结点的两个多项式链表求和之后的结果
        TermNode * PolyLinkedList_Subtract(TermNode * ah, TermNode * bh);
```

```cpp
        //返回分别以ah与bh为头结点的两个多项式链表求差之后的结果
        TermNode * PolyLinkedList_Mult(TermNode * ah, TermNode * bh);
        //返回分别以ah与bh为头结点的两个多项式链表求积之后的结果
        TermNode * PolyLinkedList_Division(TermNode * ah, TermNode * bh);
        //返回分别以ah与bh为头结点的两个多项式链表求商之后的结果
        ......
    private:
        ......
};
TermNode * PolyLinkedList :: Get_NewTermNode(TermNode * pc, int c, int e)
{   //建立系数为c且指数为e的新结点,并把其插入至pc指针所指示结点后面
    TermNode * t;
    t = new < TermNode > (NULL);
    t - > coef = c;
    t - > exp = e;
    pc - > link = t;
    return t;
}
TermNode * PolyLinkedList :: PolyLinkedList_Add(TermNode * ah, TermNode * bh)
{   //返回分别以ah与bh为头结点的两个多项式链表求和之后的结果
    TermNode * pa, * pb, * ch, * pc;
    char c;
    ch = new TermNode (NULL);   //建立结果多项式链表的头结点
    pc = ch;   //以ch为头结点的结果多项式链表检测指针
    pa = ah;   //以ah为头结点的多项式链表检测指针
    pb = bh;   //以bh为头结点的多项式链表检测指针
    while (pa! = NULL && pb! = NULL)
    {   //对应项两两比较
        if (pa - > exp = = pb - > exp) c = '=';   //对应项指数相等
        else if (pa - > exp > pb - > exp) c = '>';   //对应项指数不等
            else c = '<';
        switch (c)
        {
            case '=':   //pa - > exp = = pb - > exp
                if (pa - > coef + pb - > coef! = 0)   //对应项系数相加非零
                    pc = Get_NewTermNode(pc, pa - > coef + pb - > coef, pa - > exp);
                        //形成系数为和值的新结点加入至结果多项式链表中
                pa = pa - > link;   //检测指针后移
                pb = pb - > link;
                break;
            case '>':   //pa - > exp > pb - > exp
                pc = Get_NewTermNode(pc, pa - > coef, pa - > exp);
                pa = pa - > link;
                break;
            case '<':   //pa - > exp < pb - > exp
```

```
                    pc = Get_NewTermNode(pc, pb->coef, pb->exp);
                    pb = pb->link;
                    break;
                }
        }
    while (pa! = NULL)
    {   //以 ah 为头结点的多项式链表中的剩余结点链入结果链表中
        pc = Get_NewTermNode(pc, pa->coef, pa->exp);
        pa = pa->link;
    }
    while (pb! = NULL)
    {   //以 bh 为头结点的多项式链表中的剩余结点链入结果链表中
        pc = Get_NewTermNode(pc, pb->coef, pb->exp);
        pb = pb->link;
    }
    pc->link = NULL;      //结果多项式链表收尾
    pc = ch;
    ch = ch->link;
    delete pc;            //释放最初设置的辅助结点
    return ch;
}
```

设多项式链表的长度分别为 m 与 n,则总的数据比较次数为 $(m+n)$,因此,执行函数 PolyLinkedList_Add 的时间代价为 $O(m+n)$。

以多项式加法为基础,可以比较容易地实现多项式减法、乘法与除法。例如,多项式减法可通过简单操作转换为多项式加法来实现,而多项式乘法也可以转换为一系列多项式加法来实现等等。设

$$A_m(x) = a_m x^{e_{m1}} + a_{m-1} x^{e_{m-11}} + \cdots + a_1 x^{e_{11}} + a_0 x^{e_{01}}$$

$$B_n(x) = b_n x^{e_{n2}} + b_{n-1} x^{e_{n-12}} + \cdots + b_1 x^{e_{12}} + a_0 x^{e_{02}}$$

则有:

$$A_m(x) \times B_n(x) = A_m(x) \times (b_n x^{e_{n2}} + b_{n-1} x^{e_{n-12}} + \cdots + b_0 x^{e_{03}})$$

$$= \sum_{i=0}^{n} b_i A_m(x) x^{e_{i2}} = \sum_{i=0}^{n} \sum_{j=0}^{m} a_j b_i x^{e_{j1}+e_{i2}}$$

2.4.5 几种变形的线性链表

2.4.5.1 循环链表

如果让线性链表的最后一个结点的指针指向第一个结点,便可得到一个环形链表,称之为**循环链表**(Circular List)。图 2-17 给出了循环链表的结构形式。

在循环链表中,可以从其中的某个结点出发访问到表中所有其他结点。若循环链表中不包含任何结点,即循环链表为空,则置指针 $head=\mathrm{NULL}$。也就是说,用 $head=\mathrm{NULL}$ 表

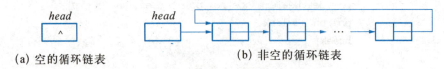

(a) 空的循环链表　　　　(b) 非空的循环链表

图 2-17　循环链表

示空循环链表。

2.4.5.2　带表头结点的链表

有时为了处理方便,在链表中增加一个附加结点(也称为表头结点),该附加结点并不是链表中的结点,但其数据字段可根据需要提供一定的信息,以利于处理。因此,称这样的链表为带表头结点的链表。图 2-18 给出这种链表的结构形式。

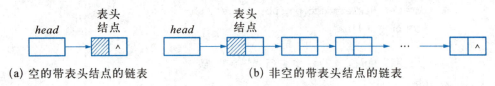

(a) 空的带表头结点的链表　　　　(b) 非空的带表头结点的链表

图 2-18　带表头结点的链表

如果带表头结点的链表中,让链表中最后一个结点的指针指向表头结点,那么就构成带表头结点的循环链表。图 2-19 给出了带表头结点的循环链表的结构形式。

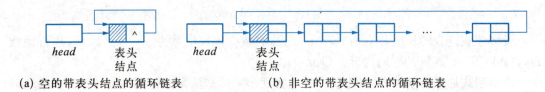

(a) 空的带表头结点的循环链表　　　　(b) 非空的带表头结点的循环链表

图 2-19　带表头结点的循环链表

因此,可以用图 2-20 的带表头结点的循环链表表示多项式 $3x^{10}-5x^5+2x+8$。其中,链表中表头结点的 exp 字段置为 -1,这样可为多项式的运算提供有用的信息且有利于处理。

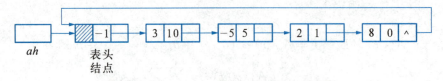

图 2-20　表示 $A(x)$ 的带表头结点的循环链表

下面给出用如图 2-20 的带表头结点的循环链表表示的多项式相加的程序。

程序 2-17　带表头结点的循环链表表示的多项式的相加
```
TermNode * PolyLinkedList :: PolyLinkedList_Add(TermNode * ah, TermNode * bh)
{ //返回分别以 ah 与 bh 为表头结点的两个多项式循环链表求和之后的结果
    TermNode * pa, * pb, * ch, * pc;
    char c;
```

```
ch = new TermNode (NULL);    //建立结果多项式循环链表的表头结点
ch -> exp = -1;
pc = ch;    //以 ch 为表头结点的结果多项式循环检测指针
pa = ah -> link;    //以 ah 为表头结点的多项式循环链表检测指针
pb = bh -> link;    //以 bh 为表头结点的多项式循环链表检测指针
while (pa -> exp! = -1 || pb -> exp! = -1)
{    //对应项两两比较
    if (pa -> exp == pb -> exp) c = '=';    //对应项指数相等
    else if (pa -> exp > pb -> exp) c = '>';    //对应项指数不等
        else c = '<';
    switch (c)
    {
        case '=':    //pa -> exp == pb -> exp
            if (pa -> coef + pb -> coef! = 0)    //对应项系数相加非零
                pc = Get_NewTermNode(pc, pa -> coef + pb -> coef, pa -> exp);
                //形成系数为和值的新结点加入至结果多项式循环链表中
            pa = pa -> link;    //检测指针后移
            pb = pb -> link;
            break;
        case '>':    //pa -> exp > pb -> exp
            pc = Get_NewTermNode(pc, pa -> coef, pa -> exp);
            pa = pa -> link;
            break;
        case '<':    //pa -> exp < pb -> exp
            pc = Get_NewTermNode(pc, pb -> coef, pb -> exp);
            pb = pb -> link;
            break;
    }
}
while (pa! = NULL)
{    //以 ah 为头结点的多项式循环链表中的剩余结点链入结果多项式循环链表中
    pc = Get_NewTermNode(pc, pa -> coef, pa -> exp);
    pa = pa -> link;
}
while (pb! = NULL)
{    //以 bh 为头结点的多项式循环链表中的剩余结点链入结果多项式循环链表中
    pc = Get_NewTermNode(pc, pb -> coef, pb -> exp);
    pb = pb -> link;
}
pc -> link = ch;    //结果多项式循环链表收尾
return ch;
}
```

2.4.6 双向链表

前面所讨论的线性链表都存在着这样的缺点：要访问某个结点的前驱结点很麻烦，往往要从表头开始检测。在删除某个指定结点时，必须找到其前驱结点才能进行删除。又如，在指定的结点之前插入一个新结点，也需要找到指定结点的前驱结点才能进行插入。为了更加容易地找到结点的前驱结点，而引进**双向链表**(doubly linked list)。在双向链表中，每个结点带有两个指针，其一是左指针，也称之为前驱指针，指向该结点的前驱结点；另一个是右指针，指向该结点的后继结点。有关双向链表的结点形式如下：

图2-21给出双向链表的结构形式。

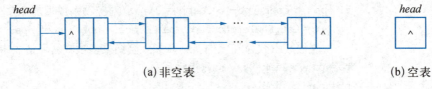

图 2-21 双向链表

和线性链表一样，双向链表也有几种变形。图2-22给出循环双向链表的结构形式，图2-23给出带表头结点的双向链表的结构形式，图2-24给出带表头结点的循环双向链表的结构形式。

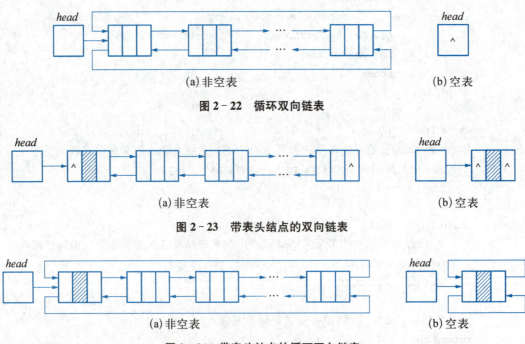

对于循环双向链表来讲，若指针 p 指向表中任一结点，则 p—>rlink—>llink 和 p—>

llink—>rlink 的值都与 p 的值相等,即 p—>rlink—>llink=p—>llink—>rlink=p。

对带表头结点的循环双向链表进行插入与删除非常容易,只要改变有关的指针即可实现。下面给出有关的循环双向链表的类定义说明,并给出插入与删除操作的具体实现。

程序 2-18 循环双向链表的类定义

```cpp
template <class Type> class DblList;      //循环双向链表类的前向引用声明
template <class Type> class DblNode {     //循环双向链表结点类定义
    friend class DblList <Type>;
    private:
        Type data;      //数据域
        DblNode <Type> *llink, rlink;    //前驱(左)指针域与后继(右)指针域
    public:
        DblNode(Type value) : data(value), llink(NULL), rlink(NULL) {}    //构造函数
        DblNode(Type value, DblNode <Type> *left_pointer,
                DblNode <Type> *right_pointer) :
            data(value), llink(left_pointer), rlink(right_pointer) {}    //构造函数
        Type GetData() {return data;}     //获取结点数据域内容
};
template <class Type> class DblList {     //循环双向链表类定义
    public:
        DblList();     //构造函数
        ~DblList();    //析构函数
        int Length() const;    //计算循环双向链表的长度
        int IsEmpty() {return head->link == head;}    //判断循环双向链表是否为空表
        int Find(const Type &x);    //在循环双向链表查找其数据域为给定值的结点
        int Head();    //定位于表头结点
        int Next();    //定位于当前结点的后继结点
        int Prior();   //定位于当前结点的前驱结点
        int Insert(const Type &x, const Type &y);
        //建立数据域值为 y 的新结点,并将其插入至数据域值为 x 的结点后面
        int Delete(const Type &x);    //删除数据域值为 x 的结点
    private:
        DblNode <Type> *head;    //表头指针
};
```

程序 2-19 循环双向链表的插入与删除

```cpp
template <class Type> int DblList <Type> :: Insert(const Type &x, const Type &y)
{    //建立数据域值为 y 的新结点,并将其插入至数据域值为 x 的结点后面
    DblNode *p, *q;
    p = head->rlink;
    while (p! = head && p->data! = x)    //查找数据域值为 x 的结点
```

```
            p = p-> rlink;
        if (p == head)
            return 0;      //查找不成功,插入失败,返回 0
        q = new DblNode (y, NULL, NULL);   //建立数据域值为 y 的新结点
        q-> rlink = p-> rlink;   //插入新结点在适当位置,并修改相应指针
        p-> rlink = q;
        q-> rlink-> llink = q;
        q-> llink = p;
        return 1;    //插入成功,返回 1
    }
    template < class Type > int DblList < Type > :: Delete(const Type &x)
    {   //删除数据域值为 x 的结点
        DblNode *p;
        p = head-> rlink;
        while (p! = head &&p-> data! = x)   //查找数据域值为 x 的结点
            p = p-> rlink;
        if (p == head)
            return 0;    //查找不成功,删除失败,返回 0
        p-> llink-> rlink = p-> rlink;   //删除数据域值为 x 的结点,并修改相应指针
        p-> rlink-> llink = p-> llink;
        delete p;
        return 1;    //删除成功,返回 1
    }
```

2.5 进阶导读

　　线性表是一种最简单且最常用的数据结构,也是软件设计中最基础的数据结构。用顺序方法存储的线性表称为顺序表,当线性表中很少做插入和删除操作,线性表的长度变化不大,易于事先确定其大小时,可以采用顺序表作为存储结构。用链接方法存储的线性表称为线性链表,当线性表的长度变化较大,难以估计其存储规模,另外需要对线性表频繁进行插入和删除操作时,则采用链表作为存储结构可能会更好一些。除了动态链表外,还有静态链表[1]。

　　在 C++的 STL 库中提供了关于线性表的几种类库,如 vector[2]、list[3]等。

　　线性表的应用有很多,如常见的多项式运算和约瑟夫(Josephus)环[4]等。

参考文献

[1] 严蔚敏,吴伟民著. 数据结构(C 语言版). 清华大学出版社,2002.9

[2] Standard Template Library Programmer's Guide:Vector. URL:http:// www.sgi.com/tech/stl/ Vector.html.

[3] Standard Template Library Programmer's Guide:List. URL:http:// www.sgi.com/tech/stl/ List.

html.

[4] Thomas H. Cormen, Charles E. Leiserson, Ronald L. Rivest, and Clifford Stein. *Introduction to Algorithms*, Second Edition. MIT Press and McGraw-Hill, 2001.

习 题

1. 设 $A=(a_0, a_1, \cdots, a_{m-1})$ 和 $B=(b_0, b_1, \cdots, b_{n-1})$ 是两个给定的线性表，其结点个数分别是 m 和 n，且结点值都是整数。

若 $m=n$，且 $a_i=b_i(0\leqslant i\leqslant m-1)$，则 $A=B$；

若 $m<n$，且 $a_i=b_i(0\leqslant i\leqslant m-1)$，则 $A<B$；

若存在一个 j，$j<m$，$j<n$，且 $a_i=b_i(0\leqslant i<j)$，以及 $a_j<b_j$，则 $A<B$；否则，$A>B$。

试编写一个比较 A 和 B 的函数，该函数返回 -1 或 0 或 1，以此分别表示 $A<B$ 或 $A=B$ 或 $A>B$。

2. 写一个倒置顺序存储的线性表的函数，要求使用最少的附加存储空间来完成。

3. 在一个具有 n 个结点的顺序存储的线性表中，对值相同的结点只保留一个，把多余的结点删除掉，使线性表中没有值相同的结点。试编写一个实现上述操作的函数，并分析该程序的执行时间。

4. 编写一个求解给定多项式在 $x=x_0$（x_0 为指定的某个值）时的值的函数。

5. 编写一个实现两个多项式相乘的函数，并分析其执行时间。

6. 以正整数 n，i 和 k 作为输入，其中 n，i，$k>0$，且 $i\leqslant n$。假定数 $1,2,\cdots,n$ 是环形排列的，如图 2-25 所示。试编写一个算法，从数 i 开始，按顺时针方向以 k 为步长打印数，在打印某个数时，应从环中删去该数，这样的过程一直进行到环空为止。例如，当 $n=10$，$i=1$，$k=3$ 时，我们得到的输出序列是 3, 6, 9, 2, 7, 1, 8, 5, 10, 4。再例如，当 $n=10$，$i=5$，$k=12$ 时，我们得到的输出序列是 6, 9, 3, 10, 8, 2, 1, 7, 5, 4。

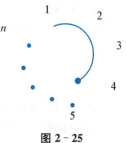

图 2-25

7. 设 A 是一个 n 阶上三角矩阵，我们将这个上三角矩阵按列序行序存储在一堆数组 $b[n*(n+1)/2]$ 中。如果 $a[i,j]$ 存放在 $b[k]$ 中，那么请给出求解 k 的计算公式。

8. 设 A 和 B 是两个 n 阶下三角矩阵，而 C 是一个 $n*(n+1)$ 阶的矩阵。我们将 A 的下三角矩阵存放在 C 的左下三角形的位置上，将 B 的转置矩阵 B' 存放在 C 的右上三角形的位置上（见图 2-26）。如果 $a_{ij}(0\leqslant j\leqslant i\leqslant n-1)$ 存放在 C_{st} 中，那么请给出求解 s 和 t 的计算公

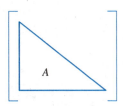
(a) n 阶下三角矩阵 A

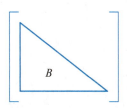
(b) n 阶下三角矩阵 B

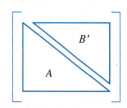
(c) $n*(n+1)$ 阶矩阵 C

图 2-26

式。如果 b_{ij} ($0 \leqslant j \leqslant i \leqslant n-1$) 存放在 C_{uv} 中，那么请给出求解 u 和 v 的计算公式。

9. 将 n 阶三对角矩阵（即半带宽为 1 的带状矩阵）A 按行序列序的方式存放在一维数组 $b[3*n-2]$ 中。若 a_{ij} ($|i-j| \leqslant 1$) 存放在 $b[k]$ 中，请给出求解 k 的计算公式。

10. 广义的带状矩阵 A_{nab} 是在 n 阶方阵中只考虑最长主对角线下面的 $(a-1)$ 条主对角线和最长主对角线上面的 $(b-1)$ 条主对角线及最长主对角线组成的带状区域（见图 2-27）。如果把广义的 A_{nab} 按行序列序存放在一维数组 $b[(a+b-1)*n-(a+b-2)]$ 中，元素 a_{ij} 存放在 $b[k]$ 中，那么请写出计算 k 的计算公式。

11. 如果用三元组数组表示稀疏矩阵 A 和 B，试编写一个求解 $A+B$ 的函数，并分析该函数的运行时间（要求仍然用三元组数组表示 $A+B$）。

12. 编写一个统计给定的线性链表的结点个数的函数。

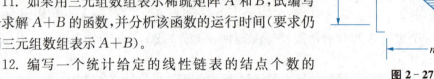

图 2-27

13. 编写一个将给定的线性链表逆转的函数，只允许改变结点的指针值，不允许移动结点值。

14. 对于给定的线性链表，编写一个把值为 a 的结点插入在值为 b 的结点前面的函数。若值为 b 的结点不在线性链表中，则把 a 插入在链表的最后。

15. 对于给定的线性链表，编写一个删除链表中值为 a 的结点的前驱结点的函数。

16. 设 $X=(x_0, x_1, \cdots, x_{m-1})$，$Y=(y_0, y_1, \cdots, y_{n-1})$ 是两个线性链表。试编写一个将这两个链表归并成一个线性链表 Z 的函数，使得

$$Z = \begin{cases} (x_0, y_0, x_1, y_1, \cdots, x_{m-1}, y_{m-1}, y_m, \cdots, y_{n-1}) & \text{当 } m \leqslant n \text{ 时} \\ (x_0, y_0, x_1, y_1, \cdots, x_{n-1}, y_{n-1}, x_n, \cdots, x_{m-1}) & \text{当 } m > n \text{ 时} \end{cases}$$

17. 试用循环链表解题 6。

18. 试编写一个将给定的线性链表改造成一个循环链表的函数。

19. 假设给定的线性链表的结点值为整数，编写一个将给定的线性链表改造成一个带表头结点的循环链表的函数，并让表头结点的值等于原来线性表中结点的个数。

第 3 章 串

> 随着非数值处理应用的扩展，**串**(string)已成为一种广泛使用的数据结构。越来越多的应用以串数据作为处理对象，如文字编辑程序、信息检索系统、自然语言处理系统和事务处理等。这一章，我们首先介绍串基本概念及定义、表示和实现方法，然后介绍一些常用的串匹配算法。

3.1 串的定义

假设 V 是程序设计语言所采用的字符集，由字符集 V 上的字符所组成的任何有限序列，称为**字符串**(或简称为**串**)，一般记为：

$$s = ``a_1 a_2 \cdots a_n"(n \geqslant 0)$$

其中，s 是串的名，两个双引号之间的字符序列是串的值；$a_i \in V\ (1 \leqslant i \leqslant n)$ 是字符集上的字符。

串中字符的数目 n 称为**串的长度**。长度为 0 的串称为**空串**。一个串的**子串**是这个串中的任一连续子序列。包含子串的串相应地称为主串。通常称字符在序列中出现的序号为该字符在串中的位置。相应地，子串在主串中的位置则以该子串的第一个字符在主串中的位置来表示。

例 3.1 下面给出串的一些例子：

a = " character string processing "
b = " string processing "
c = " process "
d = " string "
e = " 1a2b3c "
f = ""
g = " "

a～e 的长度分别是 27,17,7,6,6。b 是 a 的子串,c 是 b 的子串,也是 a 的子串。f 是一个空串(记为∅),它的长度是 0,g 是一个只包含空格符的串,它的长度是 1。c 在 a 和 b 中的位置分别为 17 和 7,而 d 在 a 和 b 中的位置分别为 11 和 1。

称串 s 是串 t 的前缀,当且仅当 s 是 t 的子串,并且 s 在 t 中的位置为 1。例如,例 3.1 中的串,d 就是 b 的前缀。

称两个串是相等的,当且仅当两个串的长度相等,并且各个对应位置的字符也相等。例如,例 3.1 中的 7 个串彼此都不相等。

一般情况下,字符序列只有用双引号括起来,才表示串值。但双引号本身并不是串的内容,它的作用仅仅是为了避免和变量、数的值、向量等混淆。

例 3.2 在程序设计语言中

chValue = "135";　　　　表明 chValue 是一个串变量名,赋给它的值是字符序列 135。
nValue = 135;　　　　　 表明变量 nValue 的值是整数 135。
chVal = "CHVAL";　　　表明 chVal 是一个串变量名,而字符序列 CHVAL 是它的值。

$s = "a_1 a_2 \cdots a_n"$ 表明字符串变量 s 的值为字符序列 $a_1 a_2 \cdots a_n$;而 $s = a_1 a_2 \cdots a_n$ 往往表示 s 是一个 n 维向量。

3.2　串的逻辑结构和基本操作

字符串被定义为由字符集上的字符所组成的任何有限序列。在逻辑结构方面,串与线性表极为相似,区别在于串的数据对象约束为字符集。因此,字符串在逻辑上可被如下表示:

数据对象:$D = \{a_i \mid a_i \in 字符集, i = 1, 2, \cdots, n, n \geqslant 0\}$

数据关系:$R = \{<a_{j-1}, a_j> \mid (a_{j-1} \in D) \wedge (a_j \in D), 2 \leqslant j \leqslant n\}$

在基本操作方面,串与线性表差别很大。在线性表的基本操作中,大多以"单个元素"为操作对象,如:在线性表中查找某个元素、在某个位置上插入一个元素或删除一个元素等;在串的基本操作中,通常以串的"整体"作为操作对象,如:在串中查找某个子串、在串的某个位置上插入一个子串或删除一个子串等。通常,字符串数据结构需支持下列基本操作:

(1) Assign　　　字符串的初始化,用字符串常量或字符串类型为当前字符串初始化。
(2) GetLen　　　获得字符串的长度。
(3) IsEmpty　　 判断当前字符串是否为空串。
(4) Empty　　　 清空当前字符串,即使当前串为空串。
(5) Comp　　　 比较两个字符串是否相等。
(6) Concat　　　将两个字符串拼接在一起。
(7) SubString　　获得位置 pos 开始,长度为 len 的子串。
(8) Find　　　　获得字符串中子串的出现位置。

除上述基本操作外,字符串上的操作还包括 Insert、Delete、Replace 等。相对串上的基本操作,这些操作相对比较复杂。

3.3 串的存储结构

通常,字符串的存储结构有两种:数组存储和块链存储。

3.3.1 串的数组存储表示

字符串的数组存储结构类似于线性表的顺序存储结构,用一组地址连续的存储单元存储字符串的字符序列。与数组建立方法相对应,数组存储方法又可分为静态数组存储方法和动态数组存储方法两种。

字符串静态数组存储方法的基本思想是:确定串的最大长度,并按照该长度静态定义数组(即为字符串变量分配一个固定长度的存储空间)。在实现上,该方法一般用定长数组加以实现,其数据成员表示如下:

```
const int nMaxLen = 1024;              //字符串的最大长度
class SString{
private:
    int nLen;                          //字符串的当前长度
    char ch[nMaxLen + 1];              //字符串存储空间
};
```

当静态存储方法会产生字符序列超出长度上限的问题时,会采用一些特殊的处理方法,如截尾法。为克服这个弊端,字符串的存储结构可采用动态数组的存储方法。

字符串动态数组存储方法的基本思想是:在堆中分配一块连续的存储空间存储字符串序列,即利用C++语言提供的动态存储分配功能在程序执行过程中完成字符串存储空间的动态管理。利用动态数组存储方法,可以为新产生的串分配其所需的存储空间。采用动态数组方法存储字符串时,字符串类的数据成员表示如下:

```
class DString{
private:
    char *ch;                          //指向当前字符串的指针
    int nLen;                          //字符串长度
};
```

在堆中分配存储空间时,使用C++提供的new操作符分配一块连续的堆空间。本节给出的字符串实现将采用动态数组存储的方法。

3.3.2 串的块链存储表示

鉴于字符串和线性表在逻辑结构上的相似性,串的存储也可采用链表的方式。当使用链表存储字符串时,链表的每个结点存储长度为 n 的子串,即 n 为链表结点的大小。图3-1是字符串"Fudan University"的块链存储示例,其中图(a)给出结点大小为5的链表存储,图(b)给出结点大小为1的链表存储。当链表结点的大小大于1时,串长可能不是链表结点大小的整数倍,这时链表最后一个结点不能被字符串占满,因此需要补充一个特殊字符标识当前字符串已经结束。

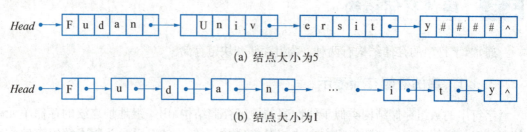

图 3-1 字符串的块链存储方式

特别说明:

(1) 图 3-1 所示的串的块链存储方式可方便地支持从左至右顺序扫描字符序列的操作。对于一些更复杂的应用,该结构需要进行修改,如修改为双向链表。

(2) 对现实应用而言,结点大小的选择和子串存储方式是影响其效率的重要因素。在实际系统中,程序所需处理的串往往很长且数目众多,串的存储开销也成为需要考虑的另一个重要因素。这要求我们考虑串值的存储密度。存储密度通常定义为:

$$存储密度 = \frac{串值所占的存储位}{实际分配的存储位}$$

字符串的块链式存储结构对字符串的连接等操作的实现比较方便,但总体来说不够灵活,占用的存储空间大且操作复杂。采用串的块链存储结构时,字符串的操作实现与线性链表实现类似,故在此不作详细讨论。

3.4 串的实现

3.4.1 串的自定义类

针对字符串存储的不同方式,需进行相应的实现。在类定义时,我们重点考虑对字符串所支持操作的封装。具体而言,为 3.2 小节描述的 8 个基本操作提供相应的封装接口。程序 3-1 提供了字符串的类定义,完成了对字符串操作的封装。由于本书针对串的动态数组实现方式对字符串操作的实现进行讨论,类 DString 封装的两个私有数据成员 ch 和 nLen 分别指明该动态数组的存放地址和字符串的实际长度。此外,我们通过 nInitLen 设定动态数组的初始大小;在字符串操作时,根据需要来维护动态数组的大小。

在实现时,类 DString 的定义放置在头文件 DString.h 中。为避免多次编译该头文件,在该文件的初始加入

```
#ifndef DSTRING__INCLUDED_
#define DSTRING__INCLUDED_
    类定义
#endif // #define DSTRING__INCLUDED_
```

程序3-1 字符串的类定义

```cpp
#ifndef DSTRING__INCLUDED_
#define DSTRING__INCLUDED_
const int nInitLen = 1024;                    //初始最大长度
class DString{
public:
    //构造函数:为数组分配 nInitLen+1 大小的空间;初始化串为空串;长度为0
    DString();
    //析构函数:释放字符串所占的内存
    ~DString();
    //重载构造函数:用已知的字符串初始化当前字符串
    DString(const DString &strSrc);
    //重载构造函数:用 chSrc 初始化当前字符串
    DString(const char * chSrc);
    //内联函数:计算字符串的长度
    int GetLen() const {return nLen;}
    //内联函数:判断当前字符串是否为空串
    int IsEmpty(){return nLen? 0:1;}
    //内联函数:清空当前字符串
    void Empty() {nLen = 0;  ch[0] = '\0';}
    //获得当前字符串位置 nPos 开始的长度为 nCount 的子串
    DString GetSub(int nPos, int nCount) const;
    //操作符重载:获得指定下标的字符
    char operator [] (int nPos)const;
    //操作符重载:字符串赋值
    DString& operator = (const DString &str);
    //操作符重载:字符串合并
    DString& operator += (const DString &str);
    //操作符重载:字符串等值判断
    int operator == (const DString &str) const;
    //字符串的模式匹配:精确匹配
    int Find(DString &strSub)const;
private:
    int nLen;                //字符串实际长度
    char * ch;               //字符串存储所在的数组
};
#endif // #define DSTRING__INCLUDED_
```

3.4.2 串的实现

程序3-2提供了字符串类的动态数组实现方法。在操作实现时,我们重点考虑字符串操作与存储方式之间的关系,即在操作实现的同时如何维护动态数组及其状态。

程序 3-2 字符串类的实现

```cpp
DString::DString(){
    //为动态数组 ch 开辟 nInitLen+1 的存储空间
    ch = new char[nInitLen+1];
    if (!ch){cerr<<"Allocate Error!\n"; return;}
    //初始化当前字符串:长度为 0,空串
    nLen = 0;
    ch[0] = '\0';
}

DString::~DString(){
    //释放动态数组的存储空间
    delete []ch;
}

DString::DString(const DString &strSrc){
    //设置字符串长度
    nLen = strSrc.GetLen();
    //为动态数组开辟 max(strSrc.nLen,nInitLen)+1 的存储空间
    if (nLen > nInitLen)
        ch = new char[nLen+1];
    else
        ch = new char[nInitLen+1];
    if (!ch){cerr<<"Allocate Error!\n";return;}
    //复制字符串序列
    strcpy(ch,strSrc.ch);
}

DString::DString(const char *chSrc){
    //设置字符串长度
    nLen = strlen(chSrc);
    //为动态数组开辟 max(strlen(chSrc),nInitLen)+1 的存储空间
    if (nLen > nInitLen)
        ch = new char[nLen+1];
    else
        ch = new char[nInitLen+1];
    if (!ch){cerr<<"Allocate Error!\n";return;}
    //复制字符串序列
    strcpy(ch,chSrc);
}

//获取子串
DString DString::GetSub(int nPos,int nCount) const {
    DString tmpString;              //定义临时字符串,作为保存子串的临时对象
```

```cpp
        char *pch;                              //字符串指针,指向要获取的子串
    //判断函数的输入参数是否符合逻辑:给定子串的在当前串中的位置不能小于0,
    //且子串长度不能小于0,且子串不能超出当前串的右边界
    if(nPos<0 || nCount<0 || nPos+nCount-1>=nLen){
        tmpString.nLen=0;tmpString.ch[0]='\0';
    }
    else{ //将子串拷贝到 tmpString 对象中
        if(nPos+nCount-1<nLen)nCount=nLen-nPos;
        tmpString.nLen=nCount;
        pch=ch+nPos;
        memcpy(tmpString.ch,pch,nCount);
        tmpString.ch[nCount]='\0';
    }
    return tmpString;                           //返回获取到的子串
                                                //若函数的参数不合逻辑,返回的是空串
}

//串赋值
DString& DString::operator=(const DString &str){
    if(&str!=this){
        //删除当前动态数组,并根据 str 的长度为当前串开辟存储空间
        delete []ch;                            //释放原有的字符串存储空间
        nLen=str.nLen;                          //复制字符串的长度
        if(nLen>nInitLen)                       //如果新的长度大于默认的初始化长度
                                                //按新长度申请存储空间
            ch=new char[nLen+1];
        else                                    //否则,按默认长度申请存储空间
            ch=new char[nInitLen+1];
        //若申请空间不成功,则提示错误信息,并返回空指针
        if(!ch){cerr<<"Allocate Error!\n";return 0;}
        //复制字符串序列
        strcpy(ch,str.ch);
    }
    return *this;
}

DString& DString::operator+=(const DString &str){
//当前串与串 str 拼接,拼接的结果写入当前串
    char *temp=ch;
    int n=nLen+str.nLen;
    int m=(nInitLen>=n)?nInitLen:n;

    //申请新的存储空间,并进行字符串拼接
    ch=new char[m+1];
    if(!ch){cerr<<"Allocate Error!\n";return 0;}
```

```
        nLen = n;
        strcpy(ch,temp);
        strcat(ch,str.ch);
        delete []temp;
        return *this;
    }

    int DString::operator == (const DString &str) const{
    //字符串等值判断:相等则返回 0.
        return strcmp(ch,str.ch);
    }

    int DString::Find(DString &strSub)const {
    //字符串精确匹配:Brute-Force 方法
        int n = GetLen();
        int m = strSub.GetLen();

        for (int j = 0; j< = n-m; ++j){
            for (int i = 0; i< m && strSub[i] == ch[i+j]; ++i);
            if (i> = m)
                return j;
        }
        return -1;
    }

    char DString::operator [] (int nPos)const {
    //获取当前串的第 i 个字符
        if (nPos< 0 && nPos> = nLen)
        {cerr<< " nPos Out Of Bounds! " << endl;return 0;}
        return ch[nPos];
    }
```

3.5 串的模式匹配算法

串的模式匹配算法是计算机领域的一个重要问题。串的模式匹配算法解决的是在长串中查找短串的一个、多个或所有出现的问题。通常,我们称长串为 text,称短串为 pattern。一个长度为 m 的 pattern 可被表述为 $x=x[0..m-1]$;长度为 n 的 text 可被表述为 $y=y[0..n-1]$;而模式匹配的任务是找到 x 在 y 中的出现。模式匹配过程中,程序会查看 text 中长度为 m 的窗口,即用 pattern 串和 text 的窗口中的子串进行比对。比对完成后,将窗口向右滑动,并不断重复这一过程。直到根据需要找到所需匹配为止。这种机制被称为**滑动窗口机制**。

本节所讨论的若干串模式匹配算法都是基于滑动窗口机制的算法。

3.5.1 BF 算法

BF(Brute-Force)**算法**是最基本的串模式匹配算法。程序 3-2 的 Find 函数就是利用 BF 算法实现的查找最左匹配的实现,其过程是:依次比对 pattern 和滑动窗口中的对应位置上的字符,比对完成后将滑动窗口向右移动 1,直到找到所需的匹配为止。详细的 BF 算法执行过程如图 3-2 所示。

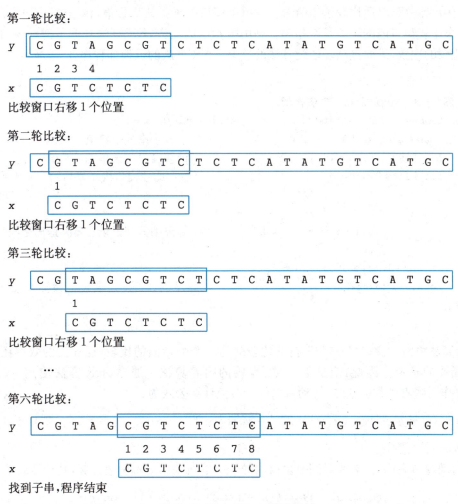

图 3-2 Brute-Force 算法示例

BF 算法的特点总结如下:
(1) 不需要预处理过程;
(2) 只需固定的存储空间;
(3) 滑动窗口的移动每次都为 1;
(4) 字符串的比对可按任意顺序进行(从左到右、从右到左、或特定顺序均可);
(5) 算法的时间复杂性为 $O(m \times n)$;
(6) 最大比较次数为 $2n$。

3.5.2 KR算法

作为最朴素的字符串匹配算法,BF算法的效率并不理想。其主要原因有二:一是子串与滑动窗口内的子串逐个字符匹配所引发的效率问题;二是该算法太健忘,前一次匹配的信息其实可以有部分可以应用到后一次匹配中的,而BF算法只是简单地把这个信息扔掉,从头再来。

针对BF算法中滑动窗口内容逐一匹配的问题,Karp和Rabin提出一种字符串匹配算法(我们称该算法为Karp-Rabin算法,简记为 **KR算法**)。此算法的主要思想就是通过对字符串进行哈希运算,然后比较子串哈希值与滑动窗口内子串的哈希值;仅当这两个哈希值相等时,再来比较窗口内的子串是否相等。利用哈希值的比较,KR算法降低了滑动窗口内字符逐一比较的次数,进而提高了匹配算法的效率。KR算法的框架如程序3-3所示。

程序3-3 Karp-Rabin算法框架
```
function RabinKarp(string s[0..n-1], string sub[0..m-1])
    hsub = hash(sub[0..m-1]);              //计算子串的哈希值
    hs = hash(s[0..m-1]);                  //计算窗口内子串的哈希值
    for i from 0 to n-m                    //依次比较窗口内子串与给定子串是否相同
        if hs = hsub
            if s[i..i+m-1] = sub           //如果相同则记录位置并退出函数
                return i;
        hs = hash(s[i+1..i+m]);            //否则,当前窗口右移
    return not found;                      //没有发现,记录没有发现给定子串,退出
```

KR算法将滑动窗口内 m 个字符的比较变为一个哈希值的比较,但算法的效率还取决于哈希函数的选取。因此,应选取快捷、有效的哈希算法。通常,KR算法使用 $h(x) = x \bmod q$ 作为哈希函数。这时,滑动窗口的哈希值计算公式为:

$$\text{hash}(w[0..m-1]) = (w[0] \times 2^{m-1} + w[1] \times 2^{m-2} + \cdots + w[m-1] \times 2^0) \bmod q$$

其中,q 为一个大整数。

当滑动窗口右移时,需要对当前窗口内的子串重新利用哈希函数计算,其计算公式为:

$$\text{rehash}(a,b,h) = ((h - a \times 2^{m-1}) \times 2 + b) \bmod q$$

其中,h 为上一滑动窗口的哈希值;a 为即将移出滑动窗口的字符;b 是即将移入滑动窗口的字符。

KR算法的实现如程序3-4所示。在该实现中,若窗口长度为 m,q 选取 2^{m-1}。

程序3-4 Karp-Rabin算法
```
#define Rehash(a,b,h) ((((h)-(a)*d)<<1)+(b))
int KR(char *x, int m, char *y, int n){
    int d, hx, hy, i, j;
    //预处理,计算d=2^(m-1),这里的d为算法描述中的q
```

```
for (d = i = 1; i < m; i++)
    d = d << 1;
//分别计算字符串 x 和 y 的哈希值
for (hy = hx = i = 0; i < m; i++){
    hx = (hx << 1) + x[i];
    hy = (hy << 1) + y[i];
}
//查找过程
for (j = 0; j < = n - m; j++){
    //如果哈希值相等,再判断字符串是否相等
    if (hx == hy && memcmp(x, y + j, m) == 0)
        return j; //如字符串相等,返回位置
    hy = Rehash(y[j], y[j + m], hy); //否则,对 y 上的子串重新进行哈希
}
return -1;
}
```

详细的 KR 算法执行过程如图 3-3 所示。

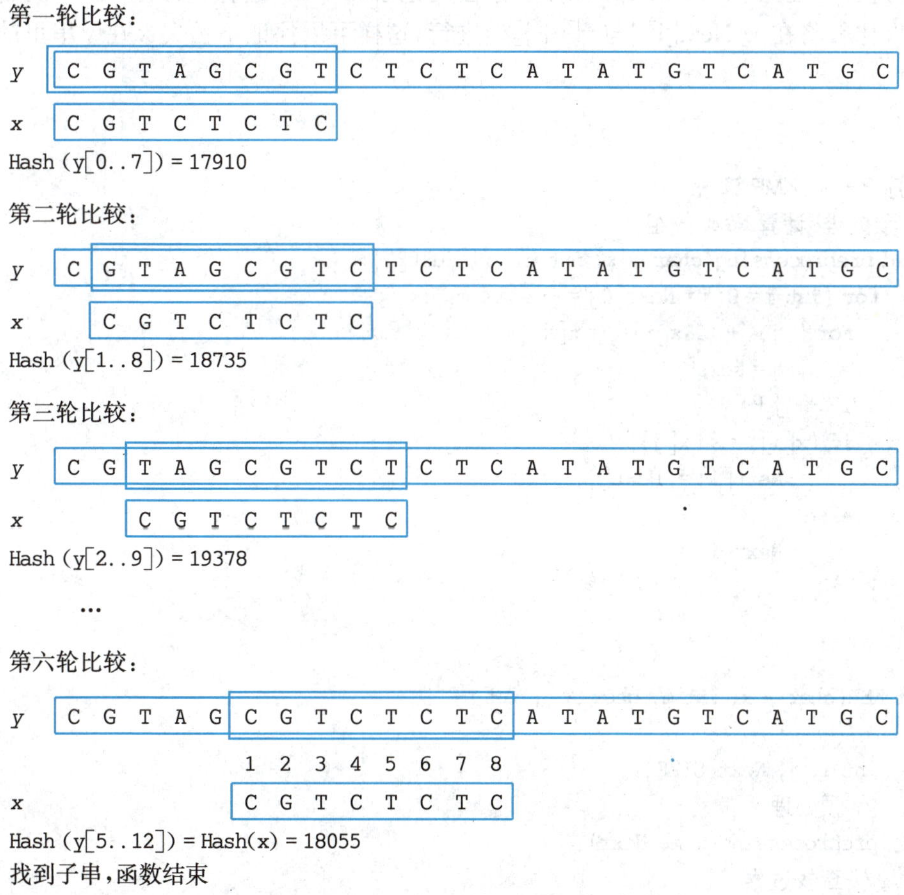

第一轮比较:

y | C G T A G C G T | C T C T C A T A T G T C A T G C
x | C G T C T C T C |
Hash(y[0..7]) = 17910

第二轮比较:

y C | G T A G C G T C | T C T C A T A T G T C A T G C
x | C G T C T C T C |
Hash(y[1..8]) = 18735

第三轮比较:

y C G | T A G C G T C T | C T C A T A T G T C A T G C
x | C G T C T C T C |
Hash(y[2..9]) = 19378

...

第六轮比较:

y C G T A G | C G T C T C T C | A T A T G T C A T G C
              1 2 3 4 5 6 7 8
x | C G T C T C T C |
Hash(y[5..12]) = Hash(x) = 18055
找到子串,函数结束

图 3-3 Karp-Rabin 算法示例

KR 算法的特点总结如下：
(1) 利用哈希的方法；
(2) 预处理需要 $O(m)$ 的时间和常数的存储空间；
(3) 最坏情况下，算法时间复杂性为 $O(m \times n)$；
(4) 算法时间复杂性的预期为 $O(m+n)$。

3.5.3　KMP 算法

BF 和 KR 算法的一个共同点是每次比较的窗口向右滑动的距离均为 1。为此 Kunuth、Morris 和 Pratt 提出了 **KMP(Knuth-Morris-Pratt)算法**，旨在利用 pattern 的内容指导滑动窗口向右滑动的距离。

首先考虑 pattern 在 $y[j..j+m-1]$ 位置上的匹配（即滑动窗口的左侧边界处于 text 的位置 j）。假定 $y[j..j+m-1]$ 和 pattern $x[0..m-1]$ 比对时，在第 i 个位置出现了第一次失配(mismatch)，即 $a=x[i] \neq y[j+i]=b$。当滑动窗口移动时，一个比较自然的想法是希望把窗口移动到某个位置，保证 pattern 的前缀 v 与当前 text 的后缀 u 相同。同时，为避免显而易见的失配，v 串的后继字符必须不为 a。这样的最长前缀 v 被视为 u 的对齐边界。为辅助窗口的右移，引入 Next[i] 记录最长的满足后继字符 c 不同于 $x[i]$ 的 $x[0..i-1]$ 的对齐边界长度（其中，$0 < i \leq m$），若不存在则记录为 -1。这样的结果，在一次窗口移动后，下次比较将在 $x[Next[i]]$ 与 $y[i+j]$ 处进行，这样可以保证不丢失 x 在 y 串里的匹配情况。

程序 3-5　KMP 算法
\\ 预处理：计算 Next 数组
```
void preprocessing(char *x, int m, int Next[]){
    for (int i=0, j=Next[0]=-1; i<m;){
        for (;j>-1&&x[i]!=x[j];)
            j=Next[j];
        i++;j++;
        if (x[i]==x[j])
            Next[i]=Next[j];
        else
            Next[i]=j;
    }
}

int KMP(char *x, int m, char *y, int n)
{
    int i, j, Next[SIZE];
    //预处理
    preprocessing(x,m, Next);
    //查找过程
    for (i=j=0;j<n;){
```

```
        for (;i> -1&&x[i]! = y[j];)
            i = Next[i];
        i++ ;j++ ;
        if (i> = m){
            return j-i;
        }
    }
    return -1;
}
```

KMP算法的示例如图3-4所示。当pattern和text上滑动窗口中的内容比对失败时，窗口向右滑动的距离为i−Next[i]，这样减少了窗口每次右移一位带来的计算开销。

根据KMP算法，我们可以发现Next表可以在预处理阶段以O(m)的时间代价内生成，它的空间占用代价为O(m)。

pre-processing phase

i	0	1	2	3	4	5	6	7	8
$x[i]$	C	G	T	C	T	C	T	C	
$Next[i]$	-1	0	0	-1	1	-1	1	-1	1

searching phase

First attempt in KMP algorightm

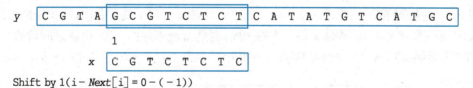

shift by 4(i− Next[i] = 3 −(−1))

Second attempt in KMP algorightm

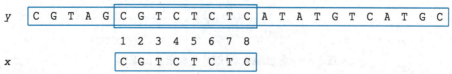

Shift by 1(i− Next[i] = 0 −(−1))

Third attempt in KMP algorightm

```
y   C G T A G C G T C T C T C A T A T G T C A T G C
                    1 2 3 4 5 6 7 8
x                   C G T C T C T C
```
End of Algorithm

图3-4 KMP算法示例

KMP算法的特点总结如下：

(1) 与 BF 算法类似，按照从左到右的顺序进行比较；
(2) 预处理需要 $O(m)$ 的时间和存储空间；
(3) 算法时间复杂性为 $O(m+n)$；
(4) 查找阶段的最大比较次数为 2n−1。

3.5.4 BM 算法

下面我们介绍模式匹配的另一种方法——BM(Boyer-Moore)算法。BM 算法与 KMP 算法的差别在于：

(1) 在进行匹配比较时，不是自左向右进行，而是自右向左进行；
(2) 预先计算出正文中可能的字符在模式中出现的位置相关信息，利用这些信息来减少比较次数。

根据字符串匹配的思想，窗口向右移动的动作一定发生在匹配失效或完全匹配时。为了右移更大的距离，BM 算法使用两个预计算函数来指导窗口向右移动的距离，这两个函数分别被称为好后缀移动(good-suffix shift)和坏字符移动(bad-character shift)。

好后缀移动：假定当匹配失效发生时，窗口的左侧位于字符串的第 j 个位置，且失效发生在第 i 个位置。由于 BM 算法按照从右向左的顺序对窗口中的字符串进行比对，这时 $x[i+1..m-1] = y[j+i+1..j+m-1] = u$，且 $a = x[i] \neq y[j+i] = b$。好后缀移动的基本思想是将窗口右移，使 x 中片段 u 除 $x[i+1..m-1]$ 之外的最右出现移动至当前的比对位置(如图 3-5 所示)。

图 3-5 好后缀移动(后缀重复出现)

$x[1..i]$ 中与 $x[i+1..m-1]$ 这段相同，且再向前一个字符不同的部分移动到原对齐位置。若 x 中不存在这样的部分，即 $x[i+1...m-1]$ 这一段在 x 中只出现了一次，则找到最长的(不长于 u)这样一段字符串 v：既是 x 最开头的一段，也是 x 最末尾的一段，也就是所谓的相同的真前缀与真后缀，将开头的一段移动到与 y 中相应的字符串对齐的位置(如图 3-6 所示)。

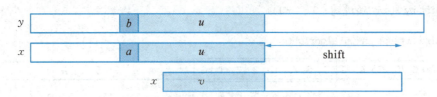

图 3-6 好后缀移动(部分后缀重复出现)

坏字符移动：当匹配失效发生时，窗口的左侧位于字符串的第 j 个位置，且失效发生在第 i 个位置。假定 $y[j]=b$，这时将窗口移动到下一个 b 的出现位置(如图 3-7 所示)；如果 x 中不存在 b，则将窗口向右滑动，使得 x 的左端对齐 y 中 b 的下一个字符。

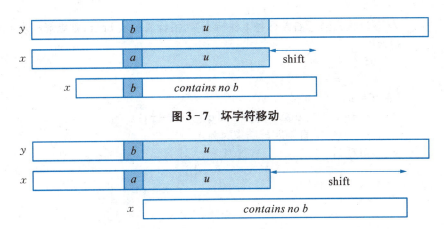

图 3-7 坏字符移动

图 3-8

BM 算法的处理思想是：当匹配失效时，选择好后缀移动和坏字符移动两者的最大移动距离向右移动窗口。下面给出 BM 算法的一种实现方法及其运行示例。

程序 3-6 BM 算法
```
const int ASIZE = 200;
const int XSIZE = 100;

//预计算 bmBc 数组(存放坏字符信息)
//BmBc 数组的下标是字符,而不是数字
void preBmBc(char * x, int m, int bmBc[])
{
    int i;
    for (i = 0; i < ASIZE; ++i)
        bmBc[i] = m;
    for (i = 0; i < m - 1; ++i)
        bmBc[x[i]] = m - i - 1;
}

//在计算 BmGc 数组时,为提高效率,先计算辅助数组 Suff[]
void suffixes(char * x, int m, int * suff)
{
    int f,g,i;                     //f 为匹配区间的右端标号
                                   //g 为匹配区间的左端标号-1(g 位置的字符不匹配)
    suff[m-1] = m;                 //模式串中的最末位置的匹配的区间为整个字符串
    g = m - 1;                     //将匹配区间的左端标号赋值为 m-1
    for (i = m - 2; i > = 0; -- i){ // 循环计算 suff 数组
        //若 i > g,则 i 落在了当前覆盖最远的匹配区间当中
        //可以利用已经计算好的 suff[i]值
        if (i > g&&suff[i + m - 1 - f] < i - g)
            suff[i] = suff[i + m - 1 - f];
        //若 i < g,则 i 落在了当前覆盖最远的匹配区间之外
        //   需要从第 i 个字符向前检验,直到不能匹配的字符 g 为止。则 suff[i] = f - g.
```

```
            //该过程相当于右端标号 f 保持不变,每计算一次 suff,则更新一次 f。
        else{
            if (i < g)
                g = i;
            f = i;
            while (g> = 0 && x[g] == x[g+m-1-f])
                --g; //直到匹配结束时为止
            suff[i] = f - g;
        }
    }
}

//预计算 bmGs 数组(存放好后缀信息)
//BmGs 数组的下标是数字,表示字符在模式串中的位置
void preBmGs(char *x, int m, int bmGs[])
{
    int i,j = 0, suff[XSIZE];
    suffixes(x,m,suff);
    for (i = 0; i < m; ++i)
        bmGs[i] = m;
    for (i = m-1; i> = -1; --i)
        if (i == -1 || suff[i] == i+1)
            for (; j < m-1-i; ++j)
                if (bmGs[j] == m)
                    bmGs[j] = m-1-i;
    for (i = 0; i < = m-1; ++i)
        bmGs[m-1-suff[i]] = m-1-i;
}

int BM(char *x, int m, char *y, int n)
{
    int i,j,bmGs[XSIZE],bmBc[ASIZE];
    //预处理
    preBmGs(x,m,bmGs);
    preBmBc(x,m,bmBc);
    //查找
    j = 0;
    while(j< = n-m){ //计算字符串是否匹配到了尽头
        for (i = m-1; i> = 0&&x[i] == y[i+j]; --i);
        if (i < 0)
            return j; //找到匹配,函数结束
        else
            j + = MAX(bmGs[i], bmBc[y[i+j]]-m+1+i); //右移窗口
    }
}
```

BM 算法的示例如图 3-9 所示。当 pattern 和 text 上滑动窗口中的内容比对失败时，窗口向右滑动的距离为 $\mathrm{MAX}(bmGs[i], bmBc[y[i+j]]-m+1+i)$，这样减少了窗口每次右移一位带来的计算开销。

预处理

c	A	C	G	T
$bmBCs[i]$	8	2	6	1

i	0	1	2	3	4	5	6	7
$x[i]$	C	G	T	C	T	C	T	C
$suff[i]$	1	0	0	2	0	4	0	8
$bmGs[i]$	7	7	7	2	7	4	7	1

查找

第一轮：

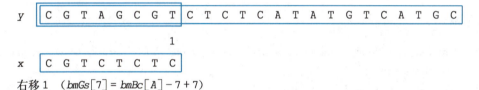

右移 1 （$bmGs[7] = bmBc[A] - 7 + 7$）

第二轮：

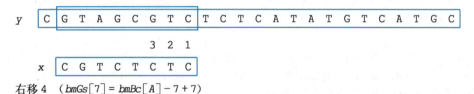

右移 4 （$bmGs[7] = bmBc[A] - 7 + 7$）

第三轮：

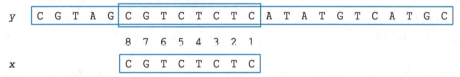

找到子串，程序结束

图 3-9 BM 算法示例

BM 算法的特点总结如下：
(1) 按照从右到左的顺序进行比较；
(2) 预处理需要 $O(m+\delta)$ 的时间和存储空间；
(3) 匹配时间的复杂性为 $O(m \times n)$；
(4) 最好情况下，时间复杂性为 $O(n/m)$；
(5) 对非周期的 pattern 而言，最坏情况下需要 $3x$ 次字符比较。

3.6 进阶导读

字符串处理是很多计算机应用所需的关键基础技术之一。方便、快捷、高效地处理字符串是业界关注的一个热点问题。

在C++的STL库中对字符串进行了封装[1]，微软的ATL/MFC中将其封装为CStringT/CString[2]。最近，英特尔在其最新的CPU中增加了字符串处理的硬件，以加速字符串处理的效率[3]。

字符串匹配算法可分为精确匹配和近似匹配两类，本章所介绍的模式匹配算法属于精确匹配。精确匹配算法在思路上包括了"从左到右顺序进行匹配"（如本章介绍的KR[4]和KMP[5]等）、"从右到左顺序进行匹配"（如BM[6]等）、按照特定顺序（如TW[7]等）等。字符串近似匹配，就是允许在匹配时存有一定的误差（即在一定的误差范围内）[8]，例如在字符串"C++编程思想"中匹配"C++思想"，在距离2以内也可以匹配成功。一般意义上，距离通过三种类型的编辑动作来衡量：加字符、减字符和替换字符。

参考文献

[1] Standard Template Library Programmer's Guide：*basic_string*. URL：http:// www.sgi.com/tech/stl/basic_string.html.

[2] *Strings* (ATL/MFC). URL：http:// msdn.microsoft.com/en-us/ library/kda99ffc%28v=VS.80%29.aspx.

[3] *Overview：Efficient Accelerated String and Text Processing*. URL：http:// software.intel.com/sites/products/documentation/hpc/compilerpro/en-us/cpp/win/compiler_c/intref_cls/common/intref_sse42_ovrvw.htm.

[4] Richard M. Karp, Michael O. Rabin. *Efficient randomized pattern-matching algorithms*. BM Journal of Research and Development-Mathematics and computing，V31(2)，1987.

[5] Donald E. Knuth, Jr, Vaughan R. Pratt. *Fast Pattern Matching in Strings*. SIAM Journal on Computing，6(2)，1977.

[6] Robert S. Boyer, J. Strother Moore. *A Fast String Searching Algorithm*. Communications of the ACM. V20(10)，1977.

[7] Maxime Crochemore, Dominique Perrin. *Two-way String-matching*. Journal of the ACM，V38(3)，1991.

[8] Ricardo Baeza-yates, Gonzalo Navarro. *Faster Approximate String Matching*. Journal of Algorithmica，V23，1999.

习 题

1. 列举出三种初始化String对象的方法。

2. 输入一个字符串，将其中的字符按逆序输出，如输入ABCDE，输出为EDCBA，要求将实现封装到本章定义的String类中。

3. 编写一个函数，从string对象中去掉标点符号。要求输入到程序的字符串必须含有标点符号，输出结果则是去掉标点符号后的string对象。

4. 已知字符串 S="Fudan University", T="Uni", 试写出 KR 算法每趟比较的状态。

5. 给出字符串"agacabaaad"在 KMP 算法中的 $Next$ 数组。

6. 编写一个算法, 查找字符串中第一次和最后一次出现数字的位置。

7. 采用顺序存储结构, 编写一个算法, 求字符串 S 和 T 的一个最长公共子串。

8. 在一个字符串中找到第一个只出现一次的字符。如字符串为"abaccdeff", 则输出 b。

9. 输入一个表示整数的字符串, 把该字符串转换成整数并输出。例如输入字符串"345", 则输出整数 345。

10. 定义字符串的左旋转操作: 把字符串前面的若干个字符移动到字符串的尾部。如把字符串"abcdef"左旋转 2 位得到字符串"cdefab"。请实现字符串左旋转的函数。要求时间对长度为 n 的字符串操作的复杂度为 $O(n)$, 辅助内存为 $O(1)$。

第 4 章 栈 和 队 列

> 栈和队列都是特殊的线性表。

4.1 栈

栈(stack)是一种后进先出的顺序表,栈的元素只能从顺序表的一端增加和删除。允许增加和删除元素的一端称为栈顶(top),另一端则称为栈底(bottom)。没有任何元素的栈称为空栈(empty stack)。

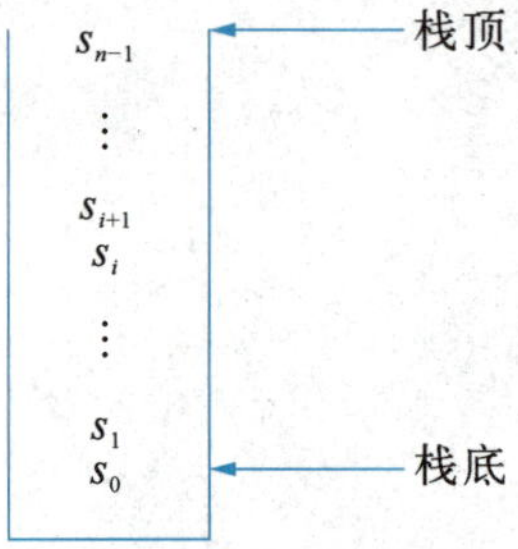

若给定栈 $S=(s_0, s_1, \cdots, s_{n-1})$,则称 s_0 为栈底,s_{n-1} 为栈顶。这些数据按 $s_0, s_1, \cdots, s_{n-1}$ 的顺序进栈。按 $s_{n-1}, s_{n-2}, \cdots, s_0$ 的顺序出栈。参看图 4-1。

日常生活中有很多栈的例子,例如把几个乒乓球放在球筒中,要用的时候总是先取出最上面的乒乓球,最后才会取出最先放进去的乒乓球。

图 4-1 栈

4.1.1 栈的基本操作

栈的基本操作包括出栈、入栈、初始化等操作,一个操作对象为字符的栈的抽象类描述如下:

```
class Stack {
  public:
    Stack();
    ~Stack();
    int push(char x);
    int pop(char * px);
    bool isEmpty();
    bool isFull();
}
```

栈在程序设计中有广泛的应用,典型的例子包括数制转换、括号配对、表达式求值等。

4.1.2 用数组实现栈

可以用数组作为栈的内部存储结构,在一般情况下,用一个指针 top 指向栈顶结点在数组的存放位置,称 top 为栈顶指针。对于C++语言来讲,下标为0的数组元素也用来存放栈的结点。$top=-1$ 时表示栈空的初始状态。在结点进栈时,首先执行 top 加1,使 top 指向进栈结点在数组中的存放位置,然后把进栈结点送到 top 当前所指的位置上;在执行出栈时,首先把 top 所指向的栈顶结点送到接受结点的变量中,然后执行 top 减1,使 top 指向新的栈顶结点。进栈和出栈可以交替进行。当到达 $top=-1$ 时称为栈空状态。栈空时不能出栈。如果表示栈的数组共有 MAXN 个元素,当到达 $top=$ MAXN -1 时,称为栈满状态,栈满不能进栈。

以下是用数组实现栈的进栈和出栈操作的C++语言描述,这里采用模板机制,这样可以在具体的应用中决定栈中结点的数据类型。

程序4-1 Stack 类的定义
```cpp
template < class Type > class Stack {
private:
    Type * stk;
    int top = -1;
    int MAXN;
public:
    Stack(int size) {MAXN = size; stk = new Type[MAXN];}
    ~Stack() {delete []stk;}
    int push(Type x)
    {
        if(top > = MAXN - 1) return 1;      //栈满,进栈失败
        stk [ ++ top] = x;
        return 0;
    }

    int pop(Type * px)
    {
        if(top == -1) return 1;
        * px = stk [top -- ];
        return 0;
    }

    Type * getTop()
    {
        if(top == -1) return NULL
        return   stk [top];
```

```
      }
      int isEmpty() const {return top == -1;}
      int isFull() const {return top == MAXN-1;}
}
```

如果把数组设得足够大,就可以减少栈满发生的机会,但这可能带来另一个问题,就是如果多数时候栈中实际只有很少的几个元素,则数组中大部分空间就浪费了。

为了提高空间的利用效率,当需要两个栈时,可定义一个足够大的数组作为两个栈共享的空间。两个栈的栈底分别在数组的两端,栈顶都向数组内部伸展,直到两个栈的栈顶相遇,发生溢出。

在这种情况下,两个栈的大小是变化的,在某些特定时刻,一个栈可能占用较多的空间,而在另一些时刻,则可能是另一个栈占用较多的空间。以下是两个栈共享一个数组时入栈和出栈操作的C++语言描述。

程序4-2 DoubleStack 类的定义

```
template <class Type> class DoubleStack {
private:
    int MAXN = 50;
    char space[MAXN];
    int top;
    int t[2], b[2];  //设立栈顶和栈底指针数组 t[2]和 b[2]
public:
    DoubleStack() {
        top = -1;
        t[0] = b[0] = -1;
        t[1] = b[1] = MAXN;
    }

    int Push (Type x, int i) {
        if (t[0]+1 == t[1]) return 0;   //栈满条件: t[0]+1 == t[1],栈顶指针相遇
        if (i == 0) t[0]++; else t[1]--;
        space[t[i]] = x;
        return 1;
    }

    int Pop (Type *px, int i) {
        if (t[i] == b[i]) return 0;   //栈空条件: t[0]=b[0]或 t[1]=b[1]
        x = space[t[i]];
        if (i == 0) t[0]--; else t[1]++;
        return 1;
    }
}
```

一般不考虑两个以上的栈共享一个栈空间的情况,因为会导致操作过于复杂。

4.1.3 用链表实现栈

也可以用链表实现栈的存储,称用链表表示的栈为链接栈。链接栈的结构如图 4-2 所示,链表的第一个结点为栈顶结点,链表的最后一个结点为栈底结点,栈顶指针 *top* 指向栈顶结点,栈底结点的指针为空。当把栈顶指针 *top* 置为空时,链接栈就变成空的。也就是说,可以用 *top*＝NULL 表示空的链接栈。链接栈的优点是空间可扩充,因此通常不会发生栈满问题。

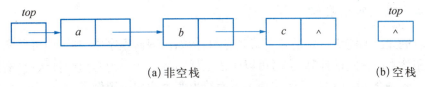

(a)非空栈　　　　　　　　　　(b)空栈

图 4-2　链接栈的结构

下面给出栈 *top* 的有关说明和实现栈 *top* 运算的程序。其中 push(x)是把值为 x 的结点放进栈,pop(x)是把栈顶结点取出栈并退栈,同时将出栈结点的值送到由指针 x 所指的变量中。

程序 4-3　LStack 类的定义

```
template < class Type > struct Node {
    Type data;
    struct Node * link;
};
typedef node < int > NODE;

template < class Type > class LStack {
private:
    NODE * top;
public:
    LStack () {top = NULL;}
    void push(Type x)
    {
        NODE * p;
        P = (NODE * )malloc(sizeof(NODE));
        p - > data = x;
        p - > link = top;
        top = p;
    }

    int pop(Type * x)
    {
        NODE * p;
        if(top == NULL) return 1;
```

```
    *x = top->data;
    p = top;
    top = top->link;
    free(p);
    return 0;
  }
}
```

4.1.4 栈的应用实例

栈的后进先出的特点特别适合于某些应用,例如在编译程序中,利用栈可以实现递归程序的执行和算术表达式的计算,有时可以用栈把递归算法转换为非递归算法;在需要用回溯法解决问题的场合,也往往需要使用栈。下面给出两个栈的应用例子,第一个使用栈求算术表达式的值,第二个使用栈实现迷宫问题的求解。

4.1.4.1 使用栈求算术表达式的值

算术表达式中通常包含操作数、算术运算符和括号,其中操作数可以是变量或者常量。为了简便,这里只考虑操作数是变量的情况,且变量是由一个小写字母所标识。假定参加运算的量是整数,且仅考虑+,-,*,/和^(幂运算)五种运算符,它们都是双目运算符,也就是说,参加运算的操作数必须有两个。

1. 中缀表达式

在平常所写的算术表达式中,双目运算符位于参与运算的两个操作数中间,称这样的算术表达式为中缀表达式。例如:

$$a+b*c-d/e*f \qquad (4.1.1)$$

就是一个中缀表达式。对于给定的中缀表达式,并不总是按运算符出现的次序从左到右执行运算。这是因为不同的运算符具有不同的优先级别。对于相邻的两个运算符,如果它们的优先级别相同,那么一般是从左到右执行计算;如果它们的优先级别不相同,那么必须先执行优先级别高的运算符,后执行优先级别低的运算符。对于(4.1.1)的式子,其运算的顺序为

$$b*c \Rightarrow u$$
$$a+u \Rightarrow v$$
$$d/e \Rightarrow w$$
$$w*f \Rightarrow x$$
$$v-x \Rightarrow y$$

有时,为了让优先级别较低的运算符先执行,或者相邻两个运算符的优先级别相同而希望让后面的那个运算符先执行,则可以利用括号来改变运算顺序。比如,对于(4.1.1)式,可以插入括号,把它写成:

$$(a+b)*c-d/(e*f) \qquad (4.1.2)$$

按照括号内的运算符先执行的规则,对于(4.1.2)式,其运算顺序为

$$a+b \Rightarrow u$$
$$u*c \Rightarrow v$$
$$e*f \Rightarrow w$$
$$d/w \Rightarrow x$$
$$v-x \Rightarrow y$$

如果表达式中出现多重括号,那么必须先执行位于内层括号中的运算符。对于表达式:

$$a+b*(c-d/(e*f)) \tag{4.1.3}$$

其运算顺序为

$$e*f \Rightarrow u$$
$$d/u \Rightarrow v$$
$$c-v \Rightarrow w$$
$$b*w \Rightarrow x$$
$$a+x \Rightarrow y$$

2. 后缀表达式

1950 年代初,波兰数学家 Lukasiewicz 发现用前缀或者后缀表达式,则可以省略括号,由编译程序实现这种表达式的求解过程要比直接处理中缀表达式容易得多。

所谓后缀表达式就是把运算符放在参与运算的两个操作数后面的算术表达式。比如,与(4.1.1)~(4.1.3)式相对应的后缀表达式分别为:

$$abc*+de/f*-$$
$$ab+c*def*/-$$
$$abcdef*/-*+$$

对于给定的后缀表达式,求值的过程较为方便。比如,对于后缀表达式:

$$ab+c*def*/-$$

其执行过程如图 4-3 所示。

从上面的例子看出,后缀表达式的优点是既不使用括号,也不必考虑运算符的优先级别。这样,由编译程序实现后缀表达式的求值就变得十分简单。

关于后缀表达式的求值,可以使用一个栈来实现。先从左到右扫描表达式,每遇到一个操作数,就让操作数进栈;每遇到一个运算符,就从栈中取出最顶上的两个操作数进行运算,然后将计算结果放进栈中。如此继续扫描,直到表达式最后一个运算符执行完毕,这时进入栈顶的值就是该后缀表达式的值。

后缀表达式的变化	执行的运算
ab+c*def*/-	a+b => u
uc*def*/-	u*c => v
vdef*/-	e*f => w
vdw/-	d/w => x
vx-	v-x => y
y	

图 4-3 后缀表达式的执行过程

程序 4-4 给出计算后缀表达式的方法。字符数组 *pos_e* 用来存放给定的后缀表达式，在该表达式的末尾添加'\0'。表达式中只含有小写字母表示的变量，及＋，－，＊，／和∧等五种运算。数组 v[26]中的数组元素 v[0]，v[1]，…，v[25]分别用来存放赋给变量 a，b，c，…，x，y，z 的值，并假设在计算后缀表达式之前，每个变量的值都已赋给 v 数组中与该变量相对应的数组元素中。若能计算出表达式的值，则返回 0，否则，返回 1。计算出来的值保存在由指针 *p_y* 所指的变量中。

程序 4-4 Expression 类的定义

```cpp
#define MAXN 100
class Expression {
private:
    char mid_e[MAXN], pos_e[MAXN];
    int v[26];
public:
    int evaluate(int *p_y)
    {
        int i, j, k, x, y, z;
        Stack<char> s;
        char c;
        i = 0;
        c = pos_e[0];

        while(c! = '\0')
        {
            if(islower(c)) s.push(v[c-'a']);
            else switch(c)
            {
                case'+':
                    s.pop(&x);
                    s.pop(&y);
                    s.push(x+y);
                    break;
                case'-':
                    s.pop(&x);
                    s.pop(&y);
                    s.push(y-x);
                    break;
                case'*':
                    s.pop(&x);
                    s.pop(&y);
                    s.push(x*y);
                    break;
                case'/':
                    s.pop(&x);
```

```
                    s.pop(&y);
                    s.push(y/x);
                    break;
                case '^':
                    s.pop(&x);
                    s.pop(&y);
                    if(y==0) return 1;
                    if(x==0) stk[++top]=1;
                    else
                    {
                       if(x>0) j=x;
                       else j=-x;
                       for(z=1, k=1; k<=j; k++) z*=y;
                       if(x<0) z=1/z;
                       s.push(z);
                    }
                    break;
                default: return 1;
            }
            c=pos_e[++i];
        }
        s.pop(p_y);
        if(s.IsEmpty()) return 0;
        else return 1;
    }
}
```

3. 把中缀表达式转换成等价的后缀表达式的处理方法

比较中缀和后缀表达式可以看出，操作数出现的次序在两种表达式中是相同的，但运算符出现的次序往往不同。在后缀表达式中，运算符出现的次序就是实际执行的次序；而在中缀表达式中，运算符出现的次序不一定就是实际执行的次序，这是因为运算符执行的次序不仅由它们在表达式中出现的次序来决定，而且由运算符的优先级别和括号的位置来决定。由于操作数在中缀表达式中和在后缀表达式中出现的次序是相同的，所以在扫描中缀表达式时，凡遇到操作数就把它输出，这样就可以得到等价的后缀表达式的操作数的次序。至于要从中缀表达式得到等价的后缀表达式的操作数的次序，则可以使用一个存放运算符的栈，当遇到运算符，就把运算符先放在栈中，直到某个合适的时刻，再让运算符出栈并输出。

为了把中缀表达式转换成等价的后缀表达式，必须为运算符"+"、"−"、" * "、"/"和"^"，以及识别符"("和"$"规定优先级别(见图 4-4)。一般来讲，相同的运算符是从左到右依次执行的。为了使相同的运算符从右到左依次执行，如 a^b^c 的执行次序应该是先执行右面的"^"，再执行左面的"^"，其等价的表达式为 a^(b^c)。所以，规定进栈前的"^"(即右面的"^")的优先级别比栈中的"^"(即左面的"^")的优先级别高，以保证右面的"^"比左面的"^"先执行。同时增加一个字符"$"，把它放在栈底，它的优先级别最低，这是为了让其后的运算符和"("能进栈。规定"("在栈中的优先级别比"$"之外的运算符的优先级别低,以保证其后的运算符能进栈。另外,进栈前的"("总是要进栈,这是为了保证其后的运算符能比在其前的运算符先执行。

字　　符	栈中优先级别	进栈前的优先级别
^	3	4
*,/	2	2
+,-	1	1
(	0	—
$	-1	—

图 4-4　运算符和识别符的优先级别

对于中缀表达式:

$$(a+b*c)\wedge d\wedge(e*f/g)-h*i'\backslash 0'$$

可以用图 4-5 来表示把它转换成等价的后缀表达式的执行过程。

当 前 字 符	栈	输　　出
	$	
(	$(	
a	$(	a
+	$(+	a
b	$(+	ab
*	$(+*	ab
c	$(+*	abc
)	$	abc*+
^	$^	abc*+
d	$^	abc*+d
^	$^^	abc*+d
(	$^^(	abc*+d
e	$^^(	abc*+de
*	$^^(*	abc*+de
f	$^^(*	abc*+def
/	$^^(/	abc*+def*
g	$^^(/	abc*+def*g
)	$^^	abc*+def*g/
-	$-	abc*+def*g/^^
h	$-	abc*+def*g/^^h
*	$-*	abc*+def*g/^^h
i	$-*	abc*+def*g/^^hi
'\0'	$	abc*+def*g/^^hi*-

图 4-5　中缀表达式转换成等价后缀表达式的处理过程

从上面的例子可以发现,对于当前扫描到的字符是按下面几种情况分别进行处理的:

(1) 若当前的字符是变量,则立即将它输出。

(2) 若当前的字符是"(",则让"("进栈。

(3) 若当前的字符是运算符("+","−","*","/","^"),则将它的(进栈前)优先级别与栈顶字符的(栈中)优先级别进行比较。如果当前的运算符的优先级别小于等于栈顶字符的优先级别,那么退出栈顶字符并输出。这样的过程一直进行到当前的运算符的优先级别大于栈顶字符的为止,然后让当前的运算符进栈。

(4) 若当前的字符是")",则从栈中依次退出运算符并输出,直到"("为止,然后退出"(",但不输出"("。

(5) 若当前的字符是"\0",则从栈中依次退出所有运算符并输出,直到"$"为止,"$"不退栈,也不输出。

程序 4-5 给出实现上述转换的算法。其中利用 isp(c) 求得栈中字符 c 的优先级别;利用 icp(c) 求得当前扫描到的字符 c 的优先级别;利用 mid_to_pos(mid_e, pos_e) 把中缀表达式 mid_e 转换成等价的后缀表达式 pos_e,如果转换成功,则返回 0;否则,返回 1。

程序 4-5 Mid2Pos 类的定义
```
class Mid2Pos {
public:
    int icp(char c)
    {
        switch (c)
        {
        case '^': return 4;
        case '*':
        case '/': return 2;
        case '+':
        case '-': return 1;
        }
    }

    int isp(char c)
    {
        switch (c)
        {
        case '^': return 3;
        case '*':
        case '/': return 2;
        case '+':
        case '-': return 1;
        case '(': return 0;
        case '$': return -1;
        }
```

```
        }

    int mid_to_pos(char mid_e[], char pos_e[])
    {
        Stack<char> s;
        char c;
        int i, j;
        j = 0;
        i = 0;
        c = mid_e[0];
        while(c! = '\0')
        {
            if(islower(c))   pos_e[j++] = c;
            else switch (c)
            {
                case '+':
                case '-':
                case '*':
                case '/':
                case '^':
                    while(icp(c) < = isp(s.getTop())) s.pop(pos_e[j++]);
                    s.push(c);
                    break;
                case '(':
                    s.push(c);
                    break;
                case ')':
                    while((*(s.getTop()))! = '(') s.pop(pos_e[j++]);
                    break;
                default:
                    return 1;
            }
            c = mid_e[++I];
        }
        while(top > 0) s.pop(pos_e[j++]);
        pos_e[j] = '\0';
        return 0;
    }
}
```

4.1.4.2 使用栈实现迷宫问题的求解

求解迷宫问题是在给定的迷宫中找出一条从入口到出口的路径。

用一个矩阵 *maze* 表示迷宫,在矩阵中,用 0 表示该位置可以通过,用 1 表示不能通过。为了处理上的方便,在迷宫的四周填上 1,并假设入口为 *maze*[1][1],出口为 *maze*[*m*][*n*]。图

4-6给出了一个迷宫,图中用箭头标出一条从入口 $maze[1][1]$ 到出口 $maze[6][10]$ 的一条路径。

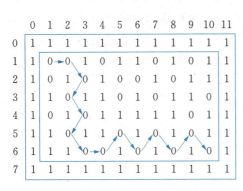

图4-6 一个迷宫

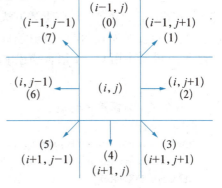

图4-7 位置(i,j)可能移动的方向

在迷宫某个位置(i,j)上,共有八个试探方向,把这八个方向从正北方向开始按顺时针顺序编号为0,1,2,3,4,5,6,7。这样,可以用图4-7表示从迷宫位置(i,j)到各相邻位置在行和列上的增量的变化情况。

为了得到从位置(i,j)沿着k ($0 \leqslant k \leqslant 7$)方向到达位置$(g,h)$,引进数组$mv[8]$,这个数组的元素采用如下的数据类型MOVE:

```
typedef struct {
    int a;
    int b;
} MOVE;
MOVE mv[8];
```

这样,$mv[k].a$和$mv[k].b$分别给出k方向的行增量和列增量。

为了避免将已到达过的位置当作新位置到达而作重复移动,设一个$mark$数组,其大小和$maze$一样。起初,置$mark$每个元素为0,表示$maze$的每个位置都没有到达过。一旦到达某个$maze[i][j]$位置时,则置$mark[i][j]$为1,表示已到达过此位置。这样,以后就不能再次到达$maze[i][j]$了。

为了记录已到达过的路径,使用一个栈S,栈中每个结点表示路径中一个到达位置(x,y),并指出沿着d方向到达下一个位置。栈中结点使用如下的数据类型:

```
#define MAXM 30
#define MAXN 20
typedef struct {
    int x;
    int y;
    int d;
} Element;
Stack<Element> s(MAXM * MAXN);    /* 栈s */
```

在行进中,如果从位置(i,j)沿着k方向到达新位置(g,h)时,那么让(i,j,k)进栈,再从(g,h)出发,试着前进;如果所取的方向受阻,那么继续取八个方向中还没有试过的方向试着行进；如果所有八个方向都受阻，那么应退回到栈顶元素所指的位置，并沿着该位置的下一个方向进行试探。对于每个新位置，约定从正方向开始并按顺时针方向去寻找其余各个方向，以决定某个方向。按照上述方法在迷宫进行试探和移动，此过程进行到到达出口为止，这时得到由栈 S 所表示的一条迷宫路径；或者栈空为止，这时没有找到迷宫路径。

程序 4-6 给出用 C++语言描述求解迷宫路径的程序。

程序 4-6　求解迷宫问题

```cpp
#define MAX 50
typedef struct element {int x, y, d;} Element;
typedef struct move {int a, b;} MOVE;
int maze[MAX][MAX];
int mark[MAX][MAX];
MOVE mv[8];
Stack <Element> s(MAX*MAX);

class Maze{
    void setmove()
    {
        mv[0].a=-1; mv[0].b=0;
        mv[1].a=-1; mv[1].b=1;
        mv[2].a=0;  mv[2].b=1;
        mv[3].a=1;  mv[3].b=1;
        mv[4].a=1;  mv[4].b=0;
        mv[5].a=1;  mv[5].b=-1;
        mv[6].a=0;  mv[6].b=-1;
        mv[7].a=-1; mv[7].b=-1;
    }

    void inputmaze(int m, int n)
    {
        int i, j;
        cout<<"Input maze:"<<endl;
        for(i=0;i<=m+1;i++)
            for(j=0; j<=n+1;j++) maze[i][j]=1;
        for(i=1;i<=m;i++)
        {
            for(j=1; j<=n;j++) scanf("%ld", &maze[i][j]);
            getchar();
        }
    }

    void outputmaze(int m,int n)
    {
        int i, j;
```

```cpp
    cout<<" Output maze : "<<endl;
    for(i=0; i<=m+1; i++)
    {
        for(j=0; j<=n+1; j++) cout<<maze[i][j]<<" ";
        cout<<endl;
    }
}

void setmark(int m,int n)
{
    int i, j;
    for(i=0; i<=m+1; i++)
        for(j=0; j<=n+1; j++) mark[i][j]=0;
}

int getmazepath(int m, int n)
{
    int i, j, k, g, h, t;
    Element current;
    if(maze[1][1]!=0 || maze[m][n]!=0) return 1;
    current.x=1;
    current.y=1;
    current.d=1;
    s.push(current);
    mark[1][1]=1;
    while(! s.IsEmpty())
    {
        s.pop(&current);
        i=current.x;
        j=current.y;
        k=current.d;
        while(k<7)
        {
            g=i+mv[++k].a;
            h=j+mv[k].b;
            if(g==m && h==n)
            {
                cout<<" path in maze : "<<endl;
                cout<<i<<" "<<j<<" "<<k<<" ";
                while(! s.IsEmpty()) {
                    s.pop(&current);
                    cout<<current.x<<" "<<current.y<<" "<<current.d<<" ";
                }

                cout<<m<<" "<<n<<" "<<-1<<" ";
```

```
            return 0;
        }
        if(maze[g][h] == 0 && mark[g][h] == 0)
        {
            mark[g][h] = 1;
            current.x = i;
            current.y = j;
            current.d = k;
            s.push(current);
            i = g;
            j = h;
            k = -1;
        }
    }
    return 1;
}
```

由于设置了 $mark$ 标志,一旦位置 (i,j) 被访问,就被加上标志,因此不会发生重复访问的情况。如果假设迷宫中 0 元素的个数为 z,那么最多只有 z 个位置可以标志,而 $z \leqslant m*n$,因此内层循环的计算时间不超过 $O(m*n)$。

4.2 队列

队列(queue)是一种数据结构,它的元素只能在一端增加,该端称为队尾(rear 或 back),元素的删除只能在另一端进行,这一端称为队首(front 或 first)。因为最先进入队列的结点必定最先出队,因此队列是一种先进先出的数据结构。图 4-8 是队列 $Q=(q_0, q_1, \cdots, q_{n-1})$ 的示意图。

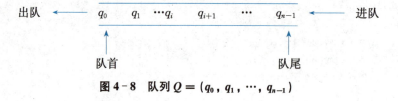

图 4-8 队列 $Q=(q_0, q_1, \cdots, q_{n-1})$

4.2.1 用数组实现队列

可以用数组表示队列,用一个指针 $front$ 指示队首结点在数组的存放位置,用指针 $rear$ 指示队尾结点在数组的存放位置。在最初的队空状态有 $front=rear=-1$。在队列不满时,可执行进队运算。进队时队尾指针先加 1,$rear=rear+1$,再将新元素按 $rear$ 指示位置存入数组,$rear$ 指示实际的队尾。在队列非空时,可执行出队运算,出队时队头指针先加 1,$front=front+1$,队头指针指示实际队头的前一位置,再将下标为 $front$ 的元素取出。当

$front==rear$ 的时候,队列为空。程序 4-7 是用 C++ 语言描述的进队和出队操作:

程序 4-7 Queue 类的定义

```cpp
template < class Type > Queue {
private:
    int size;
    Type * q;
    int front, rear;
public:
    Queue(int maxSize) {
        size = maxSize;
        q = new Type[size];
        front = -1;
        rear = -1;
    }

    bool IsEmpty() {
        return front == rear;
    }
    int enqueue(Type x) { //结点 x 进队
        if(rear == size - 1) return 1;   //队满,不能进队,返回 1
        q[ ++rear] = x;
        return 0;
    }

    int dequeue(Type * py) {
        if(front == rear) return 1;  //队空,不能出队,返回 1
        py = q[ ++front];    //头指针加 1,把队首结点送到 py 所指向的变量中
        return 0;
    }
}
```

4.2.2 循环队列

如果用数组 q[$size$] 来存储队列,当 $rear=size-1$ 时,队列满,队满时再进队将产生溢出错误,但由于前面的出队操作,这时数组中处于 $front$ 之前的空间是空闲的,因此有时又称这种情况为假溢出。解决假溢出的办法之一是将存放队列元素的数组首尾相接,形成循环(环形)队列。

循环队列中,初始状态为空,$front=rear=0$。在队列不满的时候,可以进队,在 $rear==size-1$ 时,如果队列不满,再进队时,队尾指针从 $size-1$ 直接进到 0。类似的,在出队操作中,当队首指针加 1 时从 $size-1$ 直接进到 0,队首和队尾指针的这种操作可以用取模(余数)运算实现。概括起来,循环队列中的各种操作中队首和队尾指针的状态如下:

出队操作：$front=(front+1)\%size$；
进队操作：$rear=(rear+1)\%size$；
初始化：$front=rear=0$；
队空条件：$front==rear$；
队满条件：$(rear+1)\%size==front$

程序4-8是用C++语言描述的循环队列及其进队和出队操作。

程序4-8 CircleQueue类的定义

```cpp
template <class Type> class CircleQueue
{
private:
    Type *q;
    int front, rear;
public:
    CircleQueue(int maxSize) {
        size = maxSize;
        q = new Type[size];
        front = 0, rear = 0;
    }

    int circle_enqueue(Type x)      //结点x进队
    {
        rear = (rear + 1) % size;
        if(rear == front)
        {
            if(rear == 0) rear = size - 1;
            else rear--;
            return 1;    //队满,不能进队,返回1
        }
        q[rear] = x;
        return 0;
    }

    int circle_dequeue(Type *py)
    {
        if(front == rear) return 1;    //队空,不能出队,返回1
        front = (front + 1) % size;
        *py = q[front];
        return 0;
    }
}
```

这里在到达队满状态时,实际还有一个空闲存储单元。如果不想让这个单元空闲,则队满和队空的状态都是 $front==rear$,如果要区别,就需要加一个标志,当 $front==rear$ 时,根据这个标志判断队列是满还是空。但这样增加了计算工作,在频繁使用的队列中一般不提倡使用。

程序 4-9 是用 C++ 语言描述的带标记的循环队列的进队和出队操作。

程序4-9 带标记的循环队列的进队和出队操作
```cpp
template < class Type > class CircleQueue
{
private:
    Type * q;
    int front, rear, tag, size;
public:
    CircleQueue(int maxSize) {
      size = maxSize;
      q = new Type[size];
      front = 0, rear = 0, tag = 0;
    }

    int circle_enqueue(Type x)
    {
      if(rear == front && tag == 1) return 1;   /*队满,进队失败,返回1*/
      rear = (rear + 1) % size;
      q[rear] = x;
      if(rear == front) tag = 1;
      return 0;
    }

    int circle_dequeue(Type * py)
    {
      if(front == rear && tag == 0) return 1;   //队空,不能出队,返回1
      front = (front + 1) % size;
      * py = q[front];
      if(front == rear) tag = 0;     //置队空标志
      return 0;
    }
}
```

4.2.3 双向队列

在两端都允许进行插入和删除操作的线性表称为**双向队列**(deque 或者 double-ended queue)。双向队列没有队首和队尾之分,可用两个指针 $left$ 和 $right$ 分别指向双向队列中左端和右端结点。用数组表示双向队列的结构。

由于允许在双向队列的两端进行插入,所以队列不仅可以向右端前进,还可以向左端前进。双向队列空的标志为 $left > right$。为了使得左右两端在一开始都能进行插入,取中间位置 $m = (MAXN-1)/2$,并置 $left = m+1$, $right = m$ 作为双向队列的初始状态。左端满的标志为 $left = 0$,右端满的标志为 $right = MAXN-1$。在一端满而另一端不满的情况下,为了使得在满的一端能插入新结点,可以把整个队列依次向不满的一端移动一个位置,并修改 $left$ 和 $right$ 指针,然后把新结点插在刚空出来的位置上。如果要避免整个队列的移动,还可以把存放双向队列的数组的首尾元素连接起来,构成环形的双向队列。

如果固定一端不动,而插入和删除都在另一端进行,这样的双向队列就是一个栈;如果双向队列一端可以进行插入和删除,而另一端只能进行删除,这样的双向队列称为<u>限制输入的双向队列</u>(input-restricted deque);如果双向队列一端可以进行插入和删除,而另一端只能进行插入,这样的双向队列称为<u>限制输出的双向队列</u>(output-restricted deque)。

4.2.4 用链表实现队列

队列也可以用链表表示,称用链表表示的队列称为<u>链接队列</u>(linked queue)。链接队列的结构如图 4-9 所示,链表的第一个结点是链接队列的队首结点,链表的最后一个结点是队尾结点,队尾结点的链接指针为 NULL,队列的头指针 $head$ 指向队首结点,队列的尾指针 $tail$ 指向队尾结点。当把队列的头指针 $head$ 置为 NULL 时,队列就变成空的;也就是说,可以用 $head = $ NULL 表示空的链接队列。虽然有队空问题,但链接队列在进队时无队满问题。

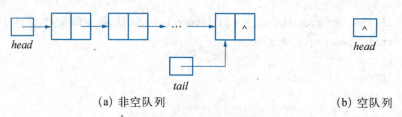

(a) 非空队列　　　　　　　　　　　　(b) 空队列

图 4-9　链接队列的结构

下面给出队列 $head$ 的有关说明和实现队列 $head$ 运算的程序。其中 en_queue_l(x) 函数将值为 x 的结点插在队尾结点之后;de_queue_l(p_y) 函数将队首结点退出队,将退队的结点的值送到由指针 p_y 所指的变量中。

```
程序 4-10  用链表实现的队列的类定义
template <class Type> struct node {
    Type data;
    struct node * link;
}

template <class Type> class Queue {
typedef node<Type> NODE;
private:
    NODE * head, * tail;
```

```
public:
    void en_queue_l(Type x)
    {
        NODE *p;
        P = (NODE *)malloc(sizeof(NODE));
        p->data = x;
        p->link = NULL;
        if(head == NULL) head = p;
        else tail->link = p;
        tail = p;
    }

    int de_queue_l(Type *p_y)
    {
        NODE *p;
        if(head == NULL) return 1;
        *p_y = head->data;
        p = head;
        head = head->link;
        free(p);
        return 0;
    }
}
```

如果让链接队列的队尾结点的链接指针指向队首结点，那么就构成了一个环形链接队列。因为通过尾指针 *tail* 就能很容易地找到队首结点，所以可以省去头指针。当把 *tail* 置成 NULL 时，环形链接队列就变成空的；也就是说，可以用 *tail* = NULL 表示空的环形链接队列。环形链接队列的结构如图 4-10 所示。

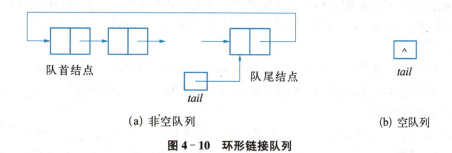

(a) 非空队列　　　　　　　　　　　(b) 空队列

图 4-10　环形链接队列

4.2.5　队列的应用举例

队列有广泛的应用。例如前面的迷宫问题就可以用队列代替栈来求解。在后面的树或者图的广度优先遍历中也需要用到队列。在操作系统中的进程调度也经常采用队列作为数据结构，而且经常加上优先级，这样形成的一种特殊队列，称为优先级队列(priority queue)。

优先级队列中的每个元素同时带有优先级标志，出队的顺序是优先级高者先出队，如果同时有多个最高优先级的元素的时候，那么其中排在队列最前面的元素先出队。

4.3 进阶导读

STL(Standard Template Library,标准模板库)中把栈、队列和优先级队列定义为容器适配器，而基本的容器类型则可以是 vector、dequeue 或者 list。也就是说，把栈、队列和优先级队列看作具有特定操作接口的 vector、dequeue 或者 list，这与通常的理解是相一致的。以下就是两个栈的声明：

stack< **int** > s_1;

stack< **float** > s_2;

stack 的基本操作与通常理解的栈的基本操作是一致的，包括入栈(push(x))、出栈(pop())、取栈顶(top())、判断栈空(empty())、查询栈中的元素个数(size())，但有时有一些细微的差别，例如出栈操作只是弹出栈顶元素，但不返回该元素，所以往往要与取栈顶操作配合使用。

与栈类似，STL 中队列的定义和使用也很方便，以下声明了两个队列。

queue< **int** > q_1;

queue< **float** > q2;

queue 的基本操作与通常理解的队列操作也是一致的，但有些操作的名称可能与某些传统的名称不一致。例如入队(push(x))，就是将 x 放到队列的末尾，在一些传统的教科书中，有时候用 enqueue 作为这个操作的名称。类似的，出队操作(pop())，就是取出队列的第一个元素，同样要注意，该操作不返回被取出元素的值，所以也往往要与另一个操作，即访问队首元素(front())一起使用。此外，还允许访问队尾元素的操作(back())，即访问最后被压入队列的元素，这个操作有时不包含在传统的普通队列支持的操作中。此外，还包括判断队列是否为空的操作(empty())和查询队列中元素个数的操作(size())。queue 模板类定义在头文件<queue>中。

STL 中还有一种队列，priority_queue，即通常所称的优先级队列。优先级队列与队列的差别在于优先级队列首先按照队列中元素的优先权顺序出队，在相同优先级的情况下才是按照入队的顺序出队。

priority_queue 要比 stack 和 queue 使用起来稍微复杂一些，priority_queue 模板类有三个模板参数，依次指定元素数据类型、存放元素的容器的类型和判断两个元素相对顺序的比较算子，特别是比较算子，有时候需要定制。但一般情况下使用，容器类型和比较算子都可以省略，采用缺省容器和缺省算子。priority_queue 的基本操作与 queue 的基本操作类似。

参考文献

[1] Matthew H. Austern 著，侯捷/黄俊尧译. 泛型程式设计与 STL. 中国电力出版社.

习 题

1. 一个铁路调度站为栈式结构,编号为 1,2,3 的三节车厢被依次拖进站中,则它们从站中被拖出的可能的顺序有多少种？如果是 4 节车厢的情况,又会有多少种出站的顺序？

2. 在一个最多可放 n 个结点的顺序存储的队列中,如果指针 $head$ 指向队首结点,指针 $tail$ 指向下一次进队的存放位置,请用 C 或者 C++编写进队和出队的算法。

3. 写出以下中缀表达式的后缀表示,说明如果采用本书的方法,每个表达式转换成后缀表示时至少需要多大的栈。

(1) $a+b*c/d+e^f+h$

(2) $(a+b)*(c/d)+(e^f)^{(g+h)}$

(3) $a-b*(c+d)/e$

4. 两个栈共享一个向量空间的优点是什么？

5. 如果用一个大小为 9 的数组实现一个循环队列,且当前队尾和队头指针分别为 1 和 5,在连续两次出队和一次入队操作后,队尾和队头指针分别为多少？

6. 环形队列比普通队列有什么优点？

7. 用栈求表达式 $a-b*(c+d)/e+5$ 的值,请给出运算符栈和操作数栈的变化过程。

8. 用链表实现栈,请给出栈的数据结构声明,出栈和入栈函数。

9. 用链表实现队列,请给出队列的数据结构声明,出队和入队函数。

10. 用链表实现栈和队列,请给出用两个栈模拟一个队列的函数。

第 5 章 递归和广义表

> 分而治之是解决复杂问题的常用方法,递归就是一种常见的分解解决复杂问题的机制。

5.1 递归的概念

设计和描述算法时常常用到递归(recursive)。能采用递归解决的问题通常具有这样的特征:规模为 N 的问题可以被分解为一些规模较小的问题,然后从这些小问题的解可以方便地构造出大问题的解,而这些小问题又能以同样的方式继续分解成规模更小的问题,当问题分解到足够小的时候,例如 $N=1$,能直接得到解。

数据结构可以是递归的,这时一个数据结构的定义中包含了这个数据结构自身,例如链表、树、二叉树等都是递归的数据结构。很多数据结构都可以用递归的方式描述,例如一个深度为 n 的栈可以描述为由一个深度为 $n-1$ 的栈和当前栈顶元素构成,而深度为 0 的栈则是空栈。

程序过程也可以是递归的,这时这个过程直接地或间接地调用其自身。最明显可以用递归解决的问题是问题本身的定义是递归的,或者其中的主要数据结构是递归定义的。

例如阶乘函数就是一个典型的递归定义的情况,其一般定义如下:

n! = 1,当 n = 0 时;
n! = n×(n-1)!,当 n > 0 时;

根据这个定义,就可以直接设计出求解阶乘函数的递归算法:

```
int factorial (int n) {
    if (n==0) return 1;
    else return n * factorial (n-1);
}
```

以计算 factorial(5)为例,这个问题被分解为 5 * factorial(4),其中的 factorial(4)继续被分解为 4 * factorial(3),这样一直分解到 1 * factorial(0),这时到达递归终止条件,然后从这里开始返回,合成每次分解的计算结果,最后得出 factorial(5)的值。因此,递归的过程可以看作两个过程的组合,第一个过程是大问题逐渐被分解成小问题,直到递归终止条件,然后开始第二个过程,也就是从小问题的解合成出大问题的解。

有些问题特别适合用递归的方法求解。例如著名的 Hanoi 塔问题,问题中有 3 根针和若干大小不等的金片,如图 5-1 所示。初始时,金片全在 A 针上,按从小到大顺序叠放,最小的在最上面,最大的在最下面。要求把这些金片全部移到 C 针上,在移动的过程中可以利用 B 针,但不论任何时候在每根针上的金片都必须保持小的金片放在大的金片上,并且每次只能把一个金片移到另一个金片上,要求给出描述金片移动过程的算法。

这个问题可以用递归方法来解。递归的执行过程分为递推和回归两个阶段,在递推阶段中,规模为 n 的问题被分解为较小规模 $n-1$ 的问题。这实际上是分而治之策略的应用,而且这些规模较小的问题的求解方法与原来问题的求解方法是一样的。另外,还需要有递归终止条件作为递推阶段的结束条件。在回归阶段,从得到的最简单的解开始,组合出规模稍大的解,逐级返回直到组合出整个问题的解。

对于 Hanoi 塔问题,可以把从移动 n 个 A 针上的金片到 C 针上的工作分解为先从 A 利用 C 移动 $n-1$ 个金片到 B 上,然后把 A 上的最后一个金片移动到 C 上,然后把 B 上的 $n-1$

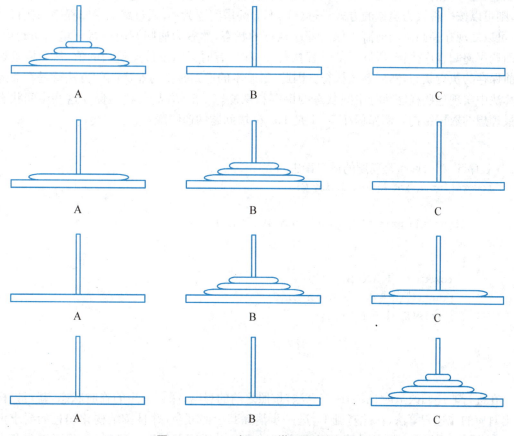

图 5-1 $n=4$ 时 Hanoi 塔问题求解过程

个金片利用 A 移动到 C 上,递推的终止条件是当 $n=1$ 的时候,可以把金片直接移到目标针上,不需要利用第三根针的辅助。完成这三个步骤,也就完成了这个问题的求解过程。图 5-1 是 $n=4$ 时求解 Hanoi 塔问题的例子。具体算法实现见 5.2 节。

递归程序在逻辑上与常见的数学归纳法类似,因此往往可以用数学归纳法来证明递归程序的正确性。在证明的时候,要证明两个部分,一个是递归的基础,也就是作为递归终止状态的最基础的情况,例如在 Hanoi 塔问题中,$n=1$ 的情况。如果按照数学归纳法,假设在 $n-1$ 的情况下,Hanoi 塔问题的解法是正确的,则由于 n 规模的 Hanoi 塔问题是通过 $n-1$ 规模的解法解决的,这样就可以很方便地证明 Hanoi 塔问题的递归算法的正确性。

5.2 递归转化为非递归

一方面,递归方法是一种很有效很自然的分析和描述问题的方法,另一方面,递归算法的运算效率较低,因此有时候先用递归的思想分析和描述问题,然后通过递归到非递归的转化得到效率较高的算法。

递归转非递归的方法可以分为两个大的方向,一个方向就是寻找与递归算法思路完全不同的非递归算法,这有时候是比较困难的。另一个方向就是仍然利用递归的思路,但是进行改造,这种改造有时候比较简单,例如后面讲到的单向递归和尾递归的改造,而一般的情况,则可以按一种较为机械的方式进行。以 Hanoi 塔问题为例,通过跟踪递归程序的执行过程,可以发现在递归调用前需要保留程序执行的状态,然后为递归调用进行环境的初始化,进而调用递归程序执行,所调用的过程执行完成时,有时候需要传递返回的值,然后恢复调用前保存的执行状态,然后继续执行。因此,最基本的递归转换为非递归的方法就是在非递归算法中实现这些程序执行中间状态的保存和恢复。一般情况下,栈是保存这些中间状态的最理想的数据结构。例如程序 5-1 是 Hanoi 塔问题的递归版本。

程序 5-1 Hanoi 塔问题的递归算法
```
towers(int n, int A, int B, int C)
{
    if(n==1) printf("\n %d - > %d\n",A,C);
    else
    {
        towers(n-1,A,C,B);
        printf("\n %d - > %d\n",A,C)
        towers(n-1,B,A,C);
    }
}
```

在进行非递归改造时,根据递归算法,按照之前的思路,保存调用的临时状态,就可以构造出对应的非递归算法,在此基础上,进一步消除其中的冗余,并且按结构化编程的要求消除 goto 语句,可以得到结构化良好的非递归的 Hanoi 塔问题解法,详细的过程可以参考本章进阶导读的参考文献[1],这里只给出[1]中经过结构化的最终版本。

程序 5-2　Hanoi 塔问题的非递归算法
```
towers(int n, int A, int B, int C)
{
    stack s;
    int done = FALSE;

    while(! done)
    {
        while(n > 1)
        {
          s_tack(n,A,B,C,&s);
          setvar1(&n,&A,&B,&C);
        }
        printf("\n %d -> %d\n",A,C);

        if(! empty(&s))
        {
            restore(&n,&A,&B,&C,&s);
            printf("\n %d -> %d\n",A,C);
            setvar2(&n,&A,&B,&C);
        }
        else done = TRUE;
    }
}
```

其中,s_tack 过程把它的参数加入栈中。setvar1(&n,&A,&B,&C) 把 n 设为 $n-1$,并且交换 C 和 B 的值。setvar2(&n,&A,&B,&C) 把 n 设为 $n-1$,并且交换 A 和 B 的值。restore(&n,&A,&B,&C,&s)则负责局部变量的恢复。

上述递归转换成非递归的方法比较繁琐,有时候有些特殊的简单的递归可以不需要栈就转换成非递归,这包括了尾递归和单向递归的情况。

递归调用处于递归过程的最后一条语句的情况称为**尾递归**。尾递归通常可以直接转化为循环,循环部分实现递归的从小问题到大问题的集成,而从大问题到小问题的分解过程通常较为简单,已经体现在循环的设计中。

例如求阶乘的递归过程就是一个典型的尾递归过程,可以转化为如下的循环实现:

程序 5-3　求阶乘的递归算法
```
int factorial (int n) {
  int f = 1;
  for(int i = 2; i<=n; i++) f = n*f;
```

```
    return f;
}
```

比尾递归算法复杂一些的是<u>线性递归</u>(linear recursive)算法,线性递归算法有以下所示的一般形式:

```
proc(int n){
    Stms1(n);
    if (Eval(n)) {
        proc(n-1);     //递归调用
        Stms2(n);
    }
    else
        Stms3(n);
}
```

其中,Stms1(n)、Eval(n)、Stms2(n)和Stms3(n)是可能与n有关的非递归计算的代码段,也可能为空。线性递归能机械地被转换成一个功能等价的非递归描述:

```
proc(int n){
    int k = n + 1;
    do {
        k--;
        Stms1(k);
    } while Eval(k);
    Stms3(k);
    while (k < n) {
        k++;
        Stms2(k);
    }
}
```

例如对于求阶乘的问题,如果要考虑得更完善,需要防止在计算过程中发生溢出等异常情况。为此,按照线性递归的一般形式把求阶乘的程序改写为:

```
void factorial (int n, int &temp) {
    if (n < 0) {cerr << n << "不能为负数" << endl; exit(1);}
    if (n > 0) {
        factorial (n-1, temp);
        if (Max / temp > n) {temp = temp * n;}   //Max为允许的最大整数
        else {cerr << "计算结果溢出" << endl; exit(1);}
    }
    else temp = 1;
}
```

这个程序可以套用线性递归转非递归的模式转换为:

```
void factorial (int n, int &temp) {
    int k = n + 1;
    do {
        k -- ;
        if (k < 0) {cerr << k << "不能为负数" << endl; exit(1);}
    } while (k > 0);
    temp = 1;
    while(k < n) {
        k ++ ;
        if (Max / temp > k) temp = temp * k;
        else {cerr << "计算结果溢出" << endl; exit(1);}
    }
}
```

比线性递归更复杂一些的是**单向递归**(single direction recursive)。单向递归同时要求递归过程中的这些递归调用的参数由主调用过程的参数决定,而处在同一递归层次的递归调用之间参数不会互相影响。单向递归同样可以较为方便地转化为循环实现,由于单向递归中的递归调用处于递归过程的最后,因此同样可以从递归的终止条件开始,通过循环逐渐构造出整个问题的解,每一次循环完成的工作相当于从一个递归层次中返回。例如程序5-4和5-5是求解斐波那契数的递归算法和非递归算法。

程序5-4 求斐波那契数的递归算法
```
long Fib (long n) {
    if ((n == 0) || (n == 1)) return n;
    else return Fib (n - 1) + Fib (n - 2);
}
```

程序5-5 求斐波那契数的非递归算法
```
long fib_NRcv ( long n) {
    if ((n == 0) || (n == 1)) return n;
    long f2 = 0,  f1 = 1,  current;
    for (int i = 2; i <= n; i++) {
        current = f2 + f1;
        f2 = f1;
        f1 = current;
    }
    return current;
}
```

5.3 广义表

广义表是线性表的一种推广,是一种应用范围十分广泛的结构。因为经常用递归的思想或方法来处理广义表,所以我们在本章介绍广义表。

5.3.1 广义表的概念与存储结构

广义表(generalized list) A 是 n 个元素 a_0, a_1, …, a_{n-1} 的有限序列,记为 A=(a_0, a_1, …, a_{n-1})。其中,A 是广义表的名字,n 是广义表的长度,$a_i(0 \leq i \leq n-1)$是数据元素或者广义表。若 a_i 是数据元素,则称 a_i 为广义表 A 的原子;若 a_i 是广义表,则称 a_i 为广义表 A 的子表。称 a_0 为广义表 A 的表头;称(a_1, a_2, …, a_{n-1})为广义表 A 的表尾,分别记为 Head(A)=a_0,Tail(A)=(a_1, a_2, …, a_{n-1}),通常用大写字母表示广义表的名字,用小写字母表示广义表的原子。

广义表的上述定义是递归的,这是因为在说明什么是广义表时,使用了递归的概念。

下面,给出广义表的一些例子。

(1) D=(),D 是空表,其长度为 0。
(2) A=(a,(b,c)),A 的长度为 2,前面的一个元素是原子 a,后面一个元素是线性表(b,c)。
(3) B=(A,A,()),B 的长度为 3,前面两个元素都是广义表 A,最后一个元素是空表。
(4) C=(a,C),它是长度为 2 的递归表,相当于 C=(a,(a,(a,…)))的无限表。

现在,进一步考察上面给出的广义表的实例。对 A 来说,可得 Head(A)=a,Tail(A)=((b,c)),而 Tail(A)也有一个表头和一个表尾,它们分别是(b,c)和(),可分别写成 Head(Tail(A))=(b,c)和 Tail(Tail(A))=()。除 Head(A)=a 为原子外,其余都是表。再来看表 B,可得 Head(B)=A,Tail(B)=(A,());同时,也有 Head(Tail(B))=A,Tail(Tail(B))=(())。它们都是表。

从广义表的定义出发,可以得出两个重要的结论:

(1) 一个广义表可以被其他广义表所共享。如例(2)的 A 表被例(3)的 B 表所共享。
(2) 广义表可以是递归的。如例(4)的 C 表。

用链接的存储结构表示广义表是很方便的,可以用一个结点表示广义表中的一个元素,结点的形式为:

tag	dlink/data	link

其中,tag 是标识字段。若结点表示一个原子,则 $tag=0$,且第二个字段为 $data$,它表示原子的名称;若结点表示一个广义表,则 $tag=1$,且第二个字段为 $dlink$,它是指向子表的指针;$link$ 字段是指向下一个结点的指针,若没有下一个结点,则置 $link$ 为空(NULL,记为^)。若用链接存储结构表示上面给出的广义表,则可用图 5-2 表示这些广义表。

程序 5-6,给出了基于上述存储表示的广义表的类定义描述。

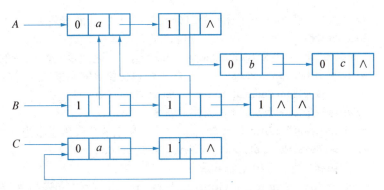

图 5-2 用链接结构表示广义表

程序 5-6 广义表的类定义
♯**define** HEAD 0   //表头结点类型
♯**define** INTEGER 1   //整数类型
♯**define** CHAR 2   //字符类型
♯**define** LIST 3   //子表类型
class GenList；   //广义表的前向引用声明
class GenListNode｛   //广义表结点的类定义
　　friend class GenList；
　　private：
　　　　int tag；   // = 0 /1 /2 /3，表示 HEAD /INTEGER /CHAR /LIST
　　　　GenListNode ＊link；   //指向同一层下一结点的指针
　　　　union｛   //联合
　　　　　　int ref；   //tag = HEAD，表头结点类型，用于存放引用计数
　　　　　　int integer_data；   //tag = HEAD，存放整数值
　　　　　　char char_data；   //tag = CHAR，存放字符值
　　　　　　GenListNode ＊dlink；   //tag = LIST，存放指向子表的指针
　　　　｝data；
　　public：
　　　　GenListNode &Data(GenListNode ＊elem)；   //返回表元素 elem 的值
　　　　int NodeTypw(GenListNode ＊elem)｛**return** elem－＞tag；｝
　　　　//返回表元素 elem 的元素值的数据类型
　　　　void SetData(GenListNode ＊elem, GenListNode &x)；
　　　　//将表元素 elem 中的值修改为 x
｝；
class GenList｛   //广义表类定义
　　private：
　　　　GenListNode ＊first；   //广义表头指针
　　public：
　　　　GenList()；   //构造函数
　　　　～GenList()；   //析构函数
　　　　GenListNode & Head()；   //返回广义表第一个元素的值，即表头元素
　　　　GenListNode & Tail()；

//返回广义表除第一个元素外其他元素组成的表,即表尾
    GenListNode * First();   //返回广义表的第一个元素
    GenListNode * Next(GenListNode * elem);   //返回表元素 elem 的直接后继元素
    void Push(GenListNode &x);   //将一个包含值 x 的元素加入到广义表的最前面
    GenList & Addon(GenList &list, GenListNode &x);
    //返回一个以 x 为头,list 为尾的新表
    void SetHead(GenListNode &x);   //将广义表的头元素重置为 x
    void SetNext(GenListNode * elem1, GenListNOde * elem2);
    //将 elem2 插到表中元素 elem1 后
    void SetTail(GenList * list);   //将 list 定义为广义表的尾
    GenListNode * Copy(GenListNode * ls);   //广义表的复制
    int Equal(GenListNode * s, GenListNode * t);   //判断两个广义表是否相等
    int Depth(GenListNode * s, GenListNode * t);   //计算一个非递归表的深度
    void Remove(GenListNode * ls);   //将以 ls 为表头结点的广义表结构释放
    int CreateList(GenListNode * ls, char * s);
    //从广义表的字符串描述 s 出发,建立一个带表头结点的广义表结构
};

5.3.2 广义表递归算法的实现

广义表的运算多种多样,这里不可能一一列举,只能举几个例子来说明如何实现广义表的递归算法。为了简便,这里只考虑无共享和无递归的广义表。实现时所采用的结点类型如上所述。

(1) 产生广义表的副本(复制)。

任何一个非空的广义表均可分为表头和表尾两个部分,因此一对确定的表头和表尾可唯一地确定一个广义表。这样,复制一个广义表时,只要分别复制它的表头和表尾,然后合成即可,其前提是广义表不可是共享表或递归表。

程序 5-7 广义表的复制
```
GenListNode * GenList :: Copy(GenListNode * ls)
{   //复制一个由 ls 指示的无共享子表的非递归表
    GenListNode * q = NULL;
    if (ls! = NULL)
    {
        q = new GenListNode;    //创建一个新结点
        q - > tag = ls - > tag;    //复制类型标记
        switch (ls - > tag)
        {    //根据结点类型 tag 复制值域信息
            case HEAD :    //表头结点
                    q - > data. ref = ls - > data. ref;
                    break;
            case INTEGER :    //整型原子结点
```

```
                            q->data.integer_data=ls->data.integer_data;
                        break;
                case CHAR:    //字符型原子结点
                        q->data.char_data=ls->data.char_data;
                        break;
                case LIST:    //子表结点
                        q->data.dlink=Copy(ls->data.dlink);
                        break;
            }
        q->link=Copy(ls->link);    //复制同一层下一结点为头的表
    }
    return q;
}
```

(2) 判别两个广义表是否相同。若相同,则返回 1;否则,返回 0。

判断两个广义表是否相等,要求不但两个广义表具有相同的结构,而且对应的数据成员具有相等的值。因此,首先看两个广义表是否都是空表,是,则两个表相等;否,则再看两个表对应结点,如果都是原子结点,再比较它们的值:如果不等,可立即断定两个表不等,不必再做下去;如果对应项的值相等,再递归比较同一层后面的表元素。如果两个广义表中的对应项是子表结点,则递归比较相应的子表。

程序 5-8 判别两个广义表是否相同
```
int GenList ::Equal(GenListNode *s, GenListNode *t)
{  //判断由 s 与 t 指示的两个广义表是否相等
    int x;
    if (s->link==NULL && t->link==NULL)
    //表 s 与表 t 都是空表或者所有结点都比较完
        return 1;
    if (s->link!=NULL && t->link!=NULL && s->link->tag==t->link->tag)
    {  //两个广义表非空且结点类型标志相同
        if (s->link->tag==INTEGER)    //整型原子结点
            if (s->link->data.integer_data==t->link->data.integer_data)
            //比较对应整数值
                x=1;
            else x=0;
        else if (s->link->tag==CHAR)    //字符型原子结点
            if (s->link->data.char_data==t->link->data.char_data)
            //比较对应字符值
                x=1;
            else x=0;
        else x=Equal(s->link->data.dlink, t->link->data.dlink);
```

```
        //子表结点,递归比较其子表
        if (x)
            return Equal(s->link, t->link);
            //当前结点相等,递归比较同一层的下一结点
            //若当前结点不等,则不再递归比较
    }
    return 0;
}
```

5.4 进阶导读

如果一个结构的定义具有递归的特征,这个结构有关的操作往往就可以自然地用递归表达。本章的广义表就是一个例子,树则是另一个典型的例子。

数论曾经被看作一个不太实用的数学分支,但随着密码技术的发展,数论研究的很多成果得到了越来越多的重视,在[2]中,介绍了一些数论问题的递归算法,如模运算、求最大公约数等,这些问题的解决为包括对称加密和不对称加密在内的现代密码学的应用提供了有力的支持。感兴趣的读者还可以阅读[3],其中有对于 RSA 算法的描述和正确性证明。

参考文献:

[1] James F. Korsh, Leonard J. Garrett. *Data Structures, Algorithms and Program Style Using C*.

[2] Mark Allen Weiss. *Data Structures and Problem Solving Using Java*.

[3] T. H. Cormen, C. E. Leiserson, and R. L. Rivest. *Introduction to Algorithms*. MIT Press, Cambridge, MA, 1990.

习　题

1. 设计顺序表的查找的递归算法。
2. 举一个不使用栈消除递归的例子。
3. 分析 Hanoi 问题的递归算法的时间和空间复杂度。
4. 设计逆序输出顺序表中元素的递归算法。
5. 一个递归函数的时间复杂度可以用递推公式 $C(n)=C(n-1)+2+2n$ 表示,则该算法的时间复杂度为多少? 请给出推导过程。
6. 比较递归算法和迭代算法的优缺点。
7. 求广义表的深度。我们规定空的广义表的深度为 0,而一般地有:

$$\text{Depth}(s) = \begin{cases} 0 & \text{若 } s \text{ 是一个原子} \\ 1+\max\{\text{Depth}(\alpha_0), \cdots, \text{Depth}(\alpha_{n-1})\} & \text{若 } s \text{ 是广义表}(\alpha_0, \alpha_1, \cdots, \alpha_{n-1}) \end{cases}$$

编写一个求解广义表 s 的深度的函数。

第 6 章 树、二叉树和森林

> 树是一种常见的非线性结构,很多信息都可以组织成树的结构。另一方面,更加复杂的非线性结构,例如图上的问题有时候也要借助树来求解,因此树有着广泛的应用。

6.1 基本概念

树(tree)是由一个或多个结点组成的有限集 T,它满足下面两个条件:

(1) 有一个特定的结点,称之为根结点(root);

(2) 其余的结点分成 m(m≥0) 个互不相交的有限集 $T_0, T_1, \cdots, T_{m-1}$,其中每个集合又都是一棵树,称 $T_0, T_1, \cdots, T_{m-1}$ 为根结点的子树(subtree)。

值得指出的是,一棵树至少有一个结点。图 6-1 是一棵树,它是由结点集合 $T = \{k_0, k_1, k_2, k_3, k_4, k_5, k_6, k_7\}$ 构成,其中 k_0 是这棵树的根结点。T 中其余结点分成三个互不相交的有限集合,它们分别是 $T_0 = \{k_1, k_2, k_3\}$,$T_1 = \{k_4\}$,$T_2 = \{k_5, k_6, k_7\}$。T_0、T_1 和 T_2 本身又都是一棵树,也就是根结点 k_0 的子树。由 T_0 构成的子树的根结点是 k_1,而 T_0 的其余结点又分成两个互不相交的集合 $T_{00} = \{k_2\}$ 和 $T_{01} = \{k_3\}$,分别由 T_{00} 和 T_{01} 构成的树都是 k_1 的子树,它们也都只有一个根结点,没有子树。由 T_1 构成的树仅含有一个根结点。由 T_2 构成的树其根结点是 k_5,T_2 的其余结点 $\{k_6, k_7\}$ 也构成一棵 k_5 的子树,它的根结点是 k_6,而 k_6 的子树是仅含有一个根结点 k_7 的树。

一个结点的子树的个数称为该结点的次数(度数 degree)。次数为 0 的结点称为叶子结点(leaf),即叶子结点没有子树。树中每一个非叶子结点至少有一棵子树。称树中各结点的次数的最大值为该树的次数(树的度)。在图 6-1 的树中,结点 k_0 的次数是 3,结点 k_1 的次数是 2,结点 k_5 和 k_6 的次数都是 1,而叶子结点 k_2, k_3, k_4, k_7 的次数都为 0。图 6-1 的树的次数为 3,也称图 6-1 的树是一棵三次树。假设树 T 是一棵 m 次树,如果 T 中非叶子结点的次数都为 m,那么称树 T 为一棵 m 次完全树(complete tree)。

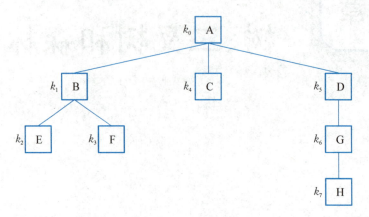

图 6-1　一棵树

在用图形表示的树中,用线段连接两个相关联的结点。如果结点 k_i 和结点 k_j 被一线段所连接,结点 k_i 位于该线段的上端,结点 k_j 位于该线段的下端,那么称 k_i 是 k_j 的**父结点**(parent)(也称**双亲结点**),称 k_j 是 k_i 的**子结点**(child)(也称**孩子结点**或**子女结点**)。如果结点 k 有两个或两个以上的子结点,那么称结点 k 的这些子结点互为**兄弟结点**(brother)。定义一棵树的根结点所在的层次为 0,而其他结点所在的层次等于它的父结点所在的层次加 1。在图 6-1 中,k_0 是根结点,它的层次为 0;k_0 是 k_1,k_4 和 k_5 的父结点,k_1,k_4 和 k_5 是 k_0 的子结点,k_1,k_4 和 k_5 是兄弟结点,故 k_1,k_4 和 k_5 的层次是 1。以此类推,可知 k_2,k_3 和 k_6 在第二层上,而 k_7 在第三层上。

对于树中的任意两个不同的结点 k_i 和 k_j,如果从 k_i 出发能够"自上而下地"通过树中的结点到达结点 k_j,那么称 k_i 到 k_j 存在一条**路径**(path)。用路径所经过的结点序列表示这条路径,路径的长度等于这条路径上的结点个数减 1。在图 6-1 的树中,结点 k_0 到结点 k_2 存在一条路径,用 (k_0, k_1, k_2) 表示这条路径,它的长度为 2;结点 k_0 到结点 k_7 存在一条路径 (k_0, k_5, k_6, k_7),它的长度为 3;结点 k_5 到结点 k_6 存在一条路径 (k_5, k_6),它的长度为 1。然而,结点 k_1 和结点 k_7 之间不存在路径,这是因为结点 k_1 和 k_7 位于 k_0 的两棵不同的子树中。一棵树的根结点到树中的其余结点一定存在着路径。路径中所包含的边的数量称为**路径长度**(path length)。如果从结点 k_{i0} 到结点 k_{in} 有路径 $(k_{i0}, k_{i1}, \cdots, k_{in})$,则称结点 $k_{i0}, k_{i1}, \cdots, k_{in-1}$ 都是结点 k_{in} 的**祖先**(aucestor)。这里约定:结点 k_i 的祖先不包括结点 k_i 本身。称结点 $k_{i1}, k_{i2}, \cdots, k_{in}$ 都是结点 k_{i0} 的**后代**(descendant)。这里约定:结点 k_i 的后代不包括结点 k_i 本身。从根结点到树上某一结点 k 的路径所经过的结点的个数(包括根结点,但不包括 k)称为结点 k 的**层次**(level)。树中层次最大的结点的层次称为**树的高度**(height)。

如果在给定的 m 次树中,给树中的每个结点的每棵子树规定好它们的序号,那么称此树为**有序树**(ordered tree)。在后面所讨论的有序树中,总是从左到右用整数 0,1,2,$\cdots$,$m-1$ 给结点的各棵子树规定序号。

树结构有着广泛的应用,经常被用来定义层次关系,例如家族的辈分关系。此外,有序树还可以指明结点的某种顺序关系。例如,简单算术表达式 (A+B)*5/(2*(C-D)) 可以用图 6-2 中的(a)和(b)两种方法分别表示之。

进一步,可以推广树的概念,有限棵树构成的集合称为**森林**(forest)。

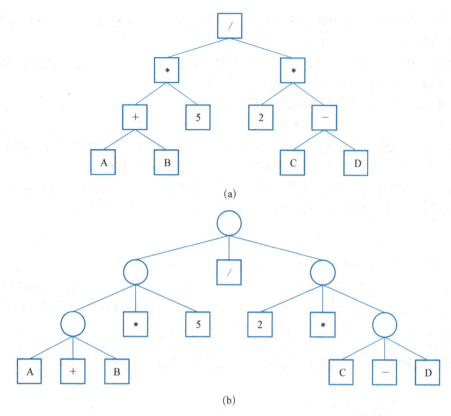

图 6-2 用树表示算术表达式

6.2 树的存储结构

由于树是非线性结构,所以不能简单地用一维数组或线性链表存储树。必须在存储结构中反映树中各个结点之间的关系。

一种直观的存储方法是把一个结点用两个部分表示,数据部分存放结点的数据(关键字),指针部分存放指向子结点的指针,由于可能存在多个子结点,因此也就需要存放多个指针。实际应用中常常限定指针最多为 m 个,这种方法的缺点是 m 不容易确定,如果 m 太小,则不能适应有多个子结点的情况,如果 m 太大,则在只有很少子结点的情况下,就会造成浪费。

另一种存储法是双亲表示法。在这种方法中,每个结点由两个部分构成,第一个部分是数据,第二个部分是指向双亲结点的指针。由于树中每个结点最多只有一个双亲,因此每个结点只需要保存一个指针,由于只有根结点没有双亲,因此可以根据双亲指针是否为空判断一个结点是否为根。可以根据需要规定结点的存放顺序,例如按照前序遍历的次序(详见本章 6.4 节)等。

6.3 树的线性表示

在许多应用中,要求能给出树的线性表示。其实,树的线性表示的最基本的应用在于把树的结点输入计算机中,从而建立树的结构。这里,给出两种树的线性表示,它们分别是树的层号和树的括号表示(广义表表示)。

为了定义树的层号表示,首先定义树中结点的层号,如果 k 是树中的一个结点,那么为 k 规定一个整数 lev(k)作为 k 的层号,它满足以下两个条件:

(1) 如果 k′是 k 的子结点,那么 lev(k′)>lev(k);

(2) 如果 k′和 k″都是 k 的子结点,那么 lev(k′)=lev(k″)。

这里的层号与前面定义的结点所在的层次含义不同,结点的层次是唯一的,而结点的层号则不然,只要满足层号的两个条件的整数都可以作为结点的层号。

有了结点的层号,就可以定义树的层号表示,树的层号表示是按前序写出树中全部结点,并在结点之前带上结点的层号。例如前面图 6-1 的树就可以表示成:

$$(0, k_0),(1, k_1),(2, k_2),(2, k_3),(1, k_4),(1, k_5),(2, k_6),(3, k_7)$$

广义表表示法是把根结点表示为广义表的表头。对于每个结点 A,A 的每个子结点 C,如果 C 是非叶子结点,则在 A 表中有一个对应于 C 的子表结点,对应子表的表头结点为 C;如果 C 是叶子结点,则在 A 表中有一个对应 C 的原子结点。例如图 6-1 的树可以表示成:

$$k_0(k_1(k_2, k_3), k_4, k_5(k_6(k_7)))$$

在后面讲到二叉树时,还可以用左孩子右兄弟的方法把树转换成二叉树表示。

6.4 树的遍历

树的遍历(traversal)就是按一定的顺序访问树中的每个结点,同时每个结点只能被访问一次。树的遍历方式有多种,以下介绍几种常见的遍历方法。

(1) 树的前序遍历(preorder traversal):首先访问根结点,然后按前序遍历根结点的各棵子树。

(2) 树的后序遍历(postorder traversal):首先按后序遍历根结点的各棵子树,然后访问根结点。

(3) 树的层次遍历(level-order traversal):首先访问处于第 0 层的根结点,然后访问处于第一层上的结点,再访问处于第二层上的结点,再依次访问以下各层上的结点。

其中前序和后序遍历都属于深度优先遍历(depth-first traversal),层次遍历又称为广度优先遍历(breadth-first traversal)。

对于有序树来说,由于树中结点的子树总是从左到右进行编号,所以访问树中的结点时,总是从左到右遍历各棵子树,因此上述每一种遍历方法遍历所得到的结点序列都是唯一的。例如对于图 6-3 的树的各种遍历序列如下:

前序遍历的结点序列——ABECFGHD

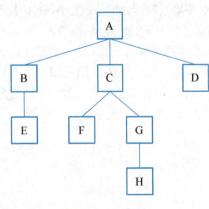

图 6-3 一棵树

后序遍历的结点序列——EBFHGCDA

层次遍历的结点序列——ABCDEFGH

在下面的例子中,首先介绍几种实现树的前序遍历的方法,然后再介绍如何实现树的层次遍历。

因为树的前序遍历的定义是递归的,所以用递归的程序实现树的前序遍历是方便的。假设给定的 m 次树是按照标准形式存储的,给出有关的说明见程序 6-1。

程序 6-1 Tree 类的定义

```cpp
#include <iostream.h>
#define MAXM 10
template <class Type> struct node {
    Type data;
    struct node *child[MAXM];
};
typedef node<int> NODE;

class Tree {
private:
    NODE *root;
public:
    void preorder(NODE *t)    //m次树前序遍历的递归函数实现
    {
        int m = MAXN;
        if(t! = NULL)
        {
            cout << t->data << endl;
            for(int i = 0; i < m; i++) preorder(t->child[i]);
        }
    }
};
```

如果不用递归的程序来实现树的前序遍历,那么可以用一个栈来实现这个过程。程序 6-2 中的栈用来保存尚未遍历完的子树的根结点的地址。

程序 6-2 Tree 类利用栈的非递归程序

```cpp
Stack<NODE *> s;
void s_preorder(NODE *t, int m)
{
    if(t == NULL) return;
    s.push(t);
    while(! s.IsEmpty()) {
        t = s.top();
```

```
          s.pop();
          cout << t->data << endl;
          for(int i = m-1; i >= 0; i--)
            if(t->child[i] != NULL) s.push(t->child[i]);
     }
}
```

程序 6-3 给出实现按层次遍历给定的 m 次树的算法。在遍历的过程中,使用一个顺序存储的队列存放还没有处理的子树的根结点的地址。假设树中的结点值是字符,按标准形式存储给定的树。这里假设所使用的队列不会出现队列溢出的情况。注意,这里的队首和队尾指针分别指向队首结点和下次进队结点的存放位置。

程序 6-3 Tree 类的层次遍历
```
void levorder(NODE *t, int m)
{
   NODE *p;
   Queue< NODE * > q;
   q.enqueue(t);
   while(! q.IsEmpty())
   {
      q.dequeue(&p);
      cout << p->data << endl;
      for(int i = 0; i < m; i++)
         if(p->child[i] != NULL) q.enqueue(p->child[i]);
   }
}
```

6.5 二叉树

在树的应用中,二叉树特别重要。这是因为处理树的许多算法用到二叉树的时候变得非常简单;另外,存在简便的方法可以把任意次树转换成相应的二叉树。

其实,二叉树是一种二次有序树,但与二次有序树有差别。对于二叉树中的任意结点,最多有两个子结点,它可能有第一个子结点,同时有第二个子结点;也可能只有第一个而没有第二个子结点;也可能没有第一个而有第二个子结点;甚至可能两个子结点都没有。特别要指出的是:二叉树可以是空的,空的二叉树不包含任何结点,而一般的树至少有一个结点。在讨论二叉树时,常常把第一和第二个子结点(或子树)分别称为左和右子结点(子树)。有时称结点的左和右子结点分别为该结点的左孩子和右孩子。

二叉树更正式的定义为:二叉树(binary tree)是一个有限的结点集合,这个集合或者为空;或者有一个根结点及表示根结点的左、右子树的两个互不相交的结点集合所组成,而根结点的左、右子树也都是二叉树。称用空集表示的二叉树为空的二叉树。空的二叉树不含有结点。

以下是常用的二叉树的一些性质:

(1) 如果从 0 开始计数二叉树的层次,则在第 i 层最多有 2^i 个结点。($i \geqslant 0$)。

(2) 高度为 h 的二叉树最多有 $2^{h+1}-1$ 个结点。($h \geqslant 0$)

(3) 任意一棵二叉树,如果其叶结点有 n_0 个,次数为 2 的非叶结点有 n_2 个,则有

$$n_0 = n_2 + 1$$

第一条性质可以用数学归纳法证明。第二条性质可以用求等比级数前 k 项和的公式证明,也就是 $2^0 + 2^1 + 2^2 + \cdots + 2^h = 2^{h+1} - 1$。

以下是第三条性质的证明:

若设次数为 1 的结点有 n_1 个,总结点个数为 n,总边数为 e,则根据二叉树的定义有如下等式:

$$n = n_0 + n_1 + n_2 \qquad e = 2 \times n_2 + n_1 = n - 1$$

因此,有 $2 \times n_2 + n_1 = n_0 + n_1 + n_2 - 1$;

因此,有 $n_2 = n_0 - 1$ 和 $n_0 = n_2 + 1$。

满二叉树(full binary tree)是一类特殊的二叉树,在满二叉树中,每一层结点数目都达到了最大。因此,高度为 k 的满二叉树就有 $2^{k+1}-1$ 个结点。

还有一类特殊的二叉树是**完全二叉树**(complete binary tree)。对于一棵二叉树,除最后一层外,其他各层的结点个数都达到最大,最后一层则从右向左连续缺若干结点,这就是完全二叉树。完全二叉树具有以下性质:

具有 $n(n \geqslant 0)$ 个结点的完全二叉树的高度为 $\lceil \log_2(n+1) \rceil - 1$

证明:设完全二叉树的高度为 h,则有

$$2^h - 1 < n \leqslant 2^{h+1} - 1$$

也就是 $\qquad 2^h < n+1 \leqslant 2^{h+1}$

两边取对数得到 $\qquad h < \log_2(n+1) \leqslant h+1$

因此有 $\qquad \lceil \log_2(n+1) \rceil = h+1$

也就是 $\qquad h = \lceil \log_2(n+1) \rceil - 1$

如果给一棵有 n 个结点的完全二叉树中的结点按照层间自顶向下,层内自左向右的顺序连续编号为 $0, 1, 2, \cdots, n-1$,则这些编号之间有以下关系:

如果 $i=0$,则结点 i 无双亲;如果 $i>0$,则结点 i 的双亲为 $\lfloor (i-1)/2 \rfloor$。

如果 $2 \times i + 1 < n$,则结点 i 的左孩子为 $2 \times i + 1$,若 $2 \times i + 2 < n$,则结点 i 的右子女为 $2 \times i + 2$。

如果 i 为偶数,且 $i \neq 0$,则结点 i 的左兄弟为结点 $i-1$,如果 i 为奇数,且 $i \neq n-1$,则结点 i 的右兄弟为 $i+1$。

把任意次树转换成相应的二叉树的方法是:把具有 m 个子结点 $k_0, k_1, \cdots, k_{m-1}$ 的结点 k 转换成以 k_0 作为结点 k 的左子结点,并且 k_{i+1} 作为 $k_i (i=0, 1, \cdots, m-2)$ 的右子结点。可以用图 6-4 表示这种描述性的转换方法。这种方法又称为左孩子右兄弟法。

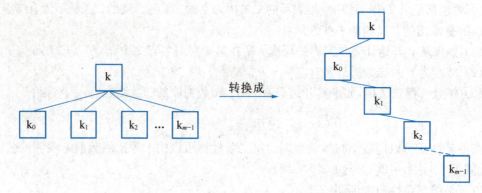

图6-4 左孩子右兄弟转换方法的示意图

运用左孩子右兄弟法,可以把图6-5中的三次树的根及其子结点转换成图6-6所示的树,新形成的父子关系用虚线表示,在原来树中未改变的关系仍然用实线表示。然后,再用同样的方法进行处理,便得到如图6-7所示的二叉树。它就是与图6-5中的树相对应的二叉树。

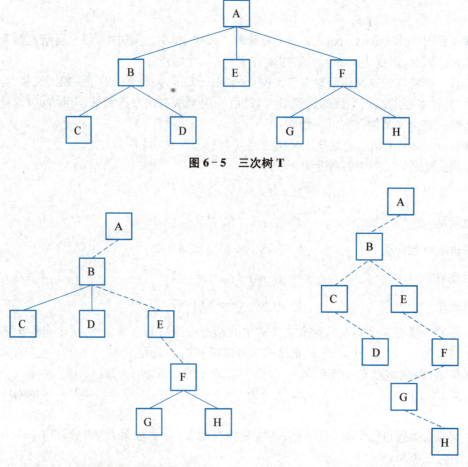

图6-5 三次树T

图6-6 对三次树T的根进行转换　　　图6-7 与T对应的二叉树

如果考虑到可能存在多棵树构成的森林需要转化为二叉树表示的情况,则可以给出更一般的转换方法。若$T=(T_0, T_1, \cdots, T_{m-1})$是由$m(m \geqslant 0)$棵树构成的森林,则得到与T

相对应的二叉树 β(T) 的方法如下：

(1) 如果 $m=0$，那么 β(T) 为空的二叉树；

(2) 如果 $m>0$，那么 β(T) 的根结点就是 T_0 的根结点；β(T) 的根结点的左子树是 β(A_0, A_1, …, A_{r-1})，其中(A_0, A_1, …, A_{r-1}) 是 T_0 的根结点的子树；β(T) 的根结点的右子树是 β(T_1, …, T_{m-1})。

如果假定 T 是有序树构成的森林，那么所得到的与 T 相对应的二叉树 β(T) 是唯一的。如果知道二叉树 T_2 是由某个树林 T 转换而成的，那么可以通过一个简单的算法把 T_2 转换成相应的森林。这就是上述转换算法的逆转换，这个逆转换的算法的设计请读者自行完成。

可以利用上述转换方法把图 6-8 中由三棵有序树 T_0, T_1 和 T_2 所构成的有序树林转换成图 6-9 中的二叉树。在这里，假设从左到右排列有序树林中的树。

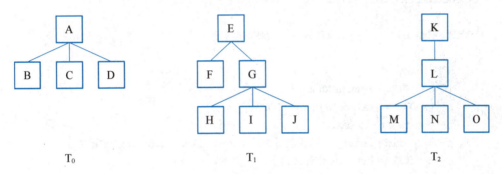

图 6-8 三棵三次树构成的有序树林

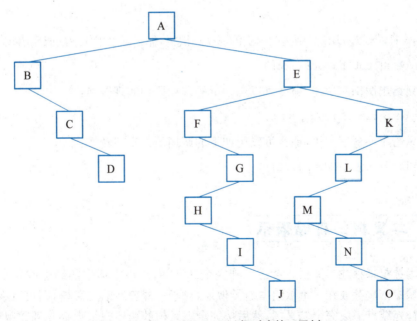

图 6-9 与 T=(T_0, T_1, T_2) 相对应的二叉树

程序 6-4 实现了上述的转换算法。这里假设被转换的树是三次树，且树中的结点值是字符。在程序之前定义了在三次树和二叉树中结点的类型。

程序6-4 三次树转换为二叉树的程序
```cpp
template <class Type> struct node3 {
    Type data;
    struct node3  *child[3];
};
typedef node3<int> NODE3;
template <class Type> struct node2 {
    Type data;
    struct node2 *lchild;
    struct node2 *rchild;
};
typedef node2<int> NODE2;

NODE2 *beta(NODE3 *p, NODE3 *q, NODE3 *r)
{
    NODE2 *t;
    if(p==NULL) return NULL;
    t=(NODE2 *)malloc(sizeof(NODE2));
    t->data=p->data;
    t->lchild=beta(p->child[0],p->child[1],p->child[2]);
    t->rchild=beta(q,r,NULL);
    return t;
}
```

如果root1,root2,root3分别指向给出的三棵三次树,那么可以用如下的调用语句实现转换:

root = beta(root1, root2, root3);

如果只给出两棵三次树,那么可以用如下的调用语句实现转换:

root = beta(root1, root2, NULL);

如果只给出一棵三次树,那么可以用如下的调用语句实现转换:

root = beta(root1, NULL, NULL);

6.6 二叉树的存储表示

可以用数组来存放二叉树。考虑一棵完全二叉树,可以把树中的结点按照从上到下从左到右的顺序依次存放在一个数组中。类似地,对于一棵普通的二叉树,则可以在这棵二叉树上通过补充结点形成完全二叉树,然后按完全二叉树的顺序把结点存放到数组中,数组中对应补充的结点的位置保持为空。

用数组存储二叉树的一个缺点是可能会有较多的空间浪费,当遇到二叉树的每个非叶子结点都只有一个子结点的所谓单枝树的情况,空间浪费最多。另一个缺点是删除或者添加树上的结点的时候,被删除或者添加的结点的子结点的层次会发生变化,需要大量移动数组中的元素来反映这种变动,这会降低算法的执行效率。而如果采用链表结构则可以避免这种缺点。用链表表示二叉树时,每个结点包含3个域,一个用于存放结点本身的数据,一个用于存放指向左子结点的指针,一个用于存放指向右子结点的指针。这种链表称为**二叉链表**,它可以很方便地从双亲结点找子结点,但要从子结点找双亲结点则很困难。为此可以为每个结点增加一个指向双亲结点的指针,这种链表称为**三叉链表**。

6.7 二叉树的各种遍历

前面已经介绍了一般有序树的几种遍历方法,这些方法同样也适用于二叉树。此外,还可以按照中序顺序遍历树中的结点。为了清晰起见,把二叉树的前序、中序和后序遍历方法一起列在下面。二叉树的层次遍历方法与一般有序树的完全相同,不再给出。

(1) 前序遍历
首先访问根结点;
然后按前序遍历根结点的左子树;
最后按前序遍历根结点的右子树。

(2) 中序遍历
首先按中序遍历根结点的左子树;
然后访问根结点;
最后按中序遍历根结点的右子树。

(3) 后序遍历
首先按后序遍历根结点的左子树;
然后按后序遍历根结点的右子树;
最后访问根结点。

根据二叉树中序遍历的定义,对图6-10中的二叉树进行中序遍历时,所得到的结点序列是 D,B,A,E,C,F,G。

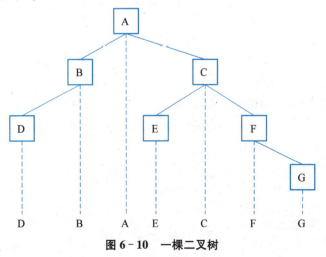

图6-10 一棵二叉树

如果按下面的方法画出给定的二叉树：对于树中的任一个非叶子结点 k，把 k 的非空的左子树和右子树分别完全画在 k 的左边和右边，于是，采用图 6-10 所示的"投影"方法就能够得到树中结点的中序。

假设用标准形式存储一棵给定的二叉树，程序 6-5 实现了按中序遍历给定二叉树的算法。

程序 6-5　中序遍历算法的定义
```cpp
template <class Type> struct node{
    Type data;
    struct node * lchild;
    struct node * rchild;
};
typedef node<int> NODE;

void s_midorder(NODE * t)
{
    Stack<NODE *> s;
    while(t != NULL || !s.IsEmpty())
    {
        while(t != NULL)
        {
            s.push(t);
            t = t->lchild;
        }
        if(!s.IsEmpty())
        {
            t = s.top();
            s.pop();
            cout << t->data << endl;
            t = t->rchild;
        }
    }
}
```

只要把程序 6-5 中的输出语句调整到一个适当的位置上，就能实现二叉树的前序遍历。请读者自己完成这一工作。

因为二叉树的中序遍历是递归定义的，所以用递归程序实现中序遍历更为方便。程序 6-6 是二叉树中序遍历的递归程序的实现，类似地，还给出了二叉树前序和后序遍历的程序。

程序 6-6　中序遍历的递归算法
```cpp
void r_midorder(NODE * t)
{
    if(t != NULL)
    {
```

```
            r_midorder(t->lchild);
            cout<<t->data<<endl;
            r_midorder(t->rchild);
        }
    }

    void r_preorder(NODE *t)
    {
        if(t! = NULL)
        {
            cout<<t->data<<endl;
            r_preorder(t->lchild);
            r_preorder(t->rchild);
        }
    }

    void r_posorder(NODE *t)
    {
        if(t! = NULL)
        {
            r_posorder(t->lchild);
            r_posorder(t->rchild);
            cout<<t->data<<endl;
        }
    }
```

除了前、中、后序三种遍历顺序外,还有一种称为层次遍历的方法,就是逐层遍历二叉树,二叉树有时也按这种顺序进行存储。在前面介绍的树的三种存储结构中,最重要、最常用的是用带有孩子指针的结点表示的方法,这种方法有时称为标准形式。对于按标准形式存储的树中任何结点,只要把它的子结点所在的地址填在它的指针部分的适当位置上,就能体现树中结点之间的关系,所以树中各个结点可以存放在任何存储单元中。这样,树的这种存储结构具有极大的灵活性,这种灵活性对于那些经常要在树中删除和插入结点的动态操作提供了方便。然而,这种灵活性并非在任何情况下都是必要的。例如,当构造好一棵二叉树后,就不再进行插入和删除操作,这种灵活性就失去了应有的作用。实际上,可以把树中的结点按某种"适当的次序"依次存放在一组连续的存储单元中,使得结点的这种次序能反映树结构的信息。

为此,对于具有 n 个结点的序列$(k_0, k_1, \cdots, k_{n-1})$,可以这样来构造一棵二叉树:令 $i=\lfloor \log_2(n+1) \rfloor$,首先把前面$(2^i-1)$个结点依次从上到下、从左到右放满第 0 层到第$(i-1)$层,当 $n-(2^i-1)>0$ 时,再把剩下的 $n-(2^i-1)$ 个结点依次从左到右放在第 i 层上。例如由 12 个结点组成的序列$(k_0, k_1, \cdots, k_{11})$,因为 $i=\lfloor \log_2(12+1) \rfloor=3$,所以首先把结点序列最前面的 7 个结点 k_0 到 k_6 存放在第 0 层到第 2 层上,又因为 $12-(2^3-1)=12-7=5$,所以把剩下的 5 个结点 $k_7, \cdots, k_{11}$ 依次从左到右存放在第三层上。这样就得到了图 6-11 的二叉树,根结点存放在连续存储区域的首单元中。

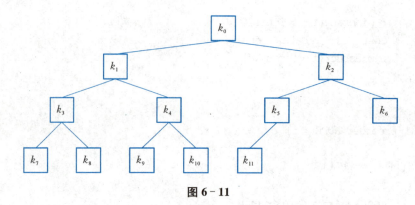

图 6-11

用这样的方法构造的二叉树具有以下性质(其中 n 为树中结点的个数):

当 $0 \leqslant i \leqslant \lfloor (n-2)/2 \rfloor$ 时,k_i 有左子结点 k_{2i+1};否则,k_i 没有左子结点。

当 $0 \leqslant i \leqslant \lfloor (n-3)/2 \rfloor$ 时,k_i 有右子结点 k_{2i+2};否则,k_i 没有右子结点。

当 $1 \leqslant i \leqslant n-1$,时,$k_i$ 有双亲结点 $k_{\lfloor (i-1)/2 \rfloor}$。

当 $0 \leqslant i \leqslant \lfloor (n-3)/2 \rfloor$ 时,结点 k_{2i+1} 和结点 k_{2i+2} 有相同的双亲结点 k_i,k_{2i+1} 和结点 k_{2i+2} 是兄弟结点。满足上述性质的二叉树称为完全二叉树(complete binary tree)。

可以用一个一维数组 $a[m]$ 存放二叉树中的结点,把结点 $k_i(1 \leqslant i \leqslant n-1)$ 存放在 $a[i]$ 的存储单元中。因为按层次排列的结点序列与数组 a 的存储单元的序列相一致,所以进行这样的顺序存储不需要另外附加信息就能表现一棵二叉树的结构。

6.8 线索化二叉树

前面二叉树遍历算法不论是递归或非递归,都隐式或显式地使用了栈。在递归算法中,使用了运行时栈。在非递归的算法中,显式定义使用了由用户维护的栈。因此,这些程序需要花费额外的时间和空间来维护栈。

如果能在树中保存一部分原来放在栈中的信息会更有效。为此,在二叉树的结点中引入**线索**(threads)。在中序遍历的时候,结点中的线索指向该结点的前驱与后继结点,这样的二叉树称为**线索树**。这种方法带来的一个问题是需要额外的空间存放线索,而这可以通过利用二叉树中的空闲指针来解决。

当用标准形式存储一棵二叉树时,树中有一半以上的指针是空的。对于一棵具有 n 个结点的二叉树,如果按标准形式来存储,那么总共有 $2n$ 个指针,其中只有 $(n-1)$ 个用来指向子结点,另外 $(n+1)$ 个指针是空的。这显然是浪费,应该设法利用这些空的指针,其中一种做法就是对树进行线索化。

设 T 是一棵二叉树,采用标准形式存储这棵二叉树。对于 T 中的每个结点 k,如果它没有左(或右)子结点,而 k' 是 k 的按中序的前面(或后面)结点,那么置结点 k 的左(或右)指针为 k' 的地址。为了与 k 的真正子结点相区别,在结点上增加两个字段,即 ltag 和 rtag。当结点 k 的左(或右)指针用来指向该结点的按中序的前(或后)面结点时,则置结点 k 的 ltag(或 rtag)为 1。当结点 k 的左(或右)指针用来指向真正的左(或右)子结点时,则置结点 k 的 ltag(或 rtag)为 0。只有当 k 是二叉树 T 按中序的最前面(或最后)一个结点时,k 的左(或右)指针才为空,同时 k 的 ltag(或 rtag)取值为 0。称通过这样处理的二叉树 T 为中序线索树。除用一个指针 root 指向根结点外,还用一个指针 head 指向按中序的最前面一个结点。

为了体现上述的线索树的结构,线索树的结点采用如下形式的结构:

| lchild | ltag | Data | rtag | Rchild |

对于图 6-12 的二叉树,如果把它线索化,那么可得到图 6-13 所示的线索树。图中的实线是树中真正的指针,虚线表示线索。

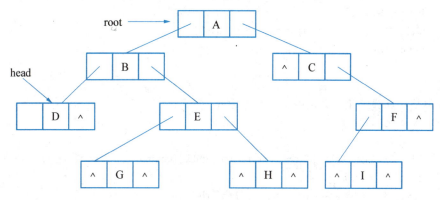

图 6-12　二叉树 T

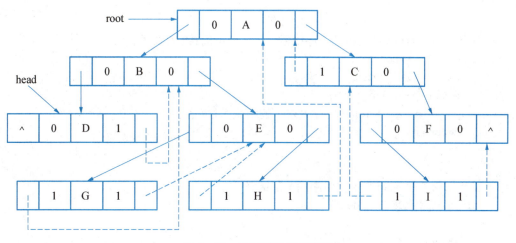

图 6-13　二叉树 T 的线索树

在本节的程序中,结点的类型均采用如下的说明:

template < **class** Type > **struct** node
{
　　Type data;
　　struct node * lchild, * rchild;
　　int ltag, rtag;
}
typedef node< Type > NODE;

下面介绍有关线索树的几个操作。在给定的线索树中，找出由指针 t 所指结点的按中序的前面结点和后面结点，这两个操作分别由程序 6-7 中方法 pred(t) 和 succ(t) 实现。

程序6-7 线索树的各种操作
```
//寻找中序线索化二叉树中结点 t 的前驱
NODE * pred(NODE * t)
{
    if(t->ltag==1 || t->lchild==NULL) return t->lchild;
    t=t->lchild;
    while(t->rtag==0) t=t->rchild;
    return t;
}

//寻找中序线索化二叉树中结点 t 的后继
NODE * succ(NODE * t)
{
    if(t->rtag==1 || t->rchild==NULL) return t->rchild;
    t=t->rchild;
    while(t->ltag==0) t=t->lchild;
    return t;
}

//寻找由 current 指向根的中序线索化二叉树中的第一个结点
first (NODE * current) {
    NODE * p=current;
    while (p->ltag==0)
        p=p->lchild; //最左下的结点
    return p;
}

//输出树中从 head 开始按中序的全部结点
void midorder(NODE * head)
{
    while(head != NULL)
    {
        cout<<head->data<<endl;
        head=succ(head);
    }
}
```

程序 6-8 中方法 left_insert() 实现了在给定的线索树中，把存放在地址为 q 的结点插在 p 所指向的结点按中序的前面（左面）。假设 head 是指向线索树按中序的首结点的指针，而 p_head 是指向这个指针变量的指针。这里让 p_head 作为参数是为了在调用之后，使

head 总是指向按中序的首结点。因此，调用格式为 left_insert(*p*, *q*, &*head*)。而程序 6-8 中方法 right_insert() 实现了在给定的线索树中，把存放在地址为 *q* 的结点插在 *p* 所指向的结点按中序的后面（右面），其调用的格式为 right_insert(*p*, *q*)。

程序 6-8 线索树上的插入操作

```
void left_insert(NODE * p, NODE * q, NODE * * p_head)
{
    NODE * r;
    if(p->ltag==1 || p->lchild==NULL)
    {
        q->lchild = p->lchild;
        q->ltag = p->ltag;
        q->rchild = p;
        q->rtag = 1;
        p->lchild = q;
        p->ltag = 0;
        if(q->lchild == NULL) * p_head = q;
    }
    else {
        r = pred(p);
        q->rchild = r->rchild;
        q->rtag = r->rtag;
        q->lchild = r;
        q->ltag = 1;
        r->rchild = q;
        r->rtag = 0;
    }
}

void right_insert(NODE * p, NODE * q)
{
    NODE * r;
    if(p->rtag==1 || p->rchild==NULL)
    {
        q->rchild = p->rchild;
        q->rtag = p->rtag;
        q->lchild = p;
        q->ltag = 1;
        p->rchild = q;
        p->rtag = 0;
    }
    else {
        r = succ(p);
        q->lchild = r->lchild;
```

```
            q->ltag = r->ltag;
            q->rchild = r;
            q->rtag = 1;
            r->lchild = q;
            r->ltag = 0;
        }
    }
```

如何用线索树进行排序呢？首先，用给定的 n 个结点的序列建造一棵线索树，使得树中每个结点的值大于该结点的非空左子树中所有结点的值，而都小于该结点的非空右子树中所有结点的值，称这样的树为**线索排序树**。然后，按中序遍历线索排序树，这时得到 n 个结点的新序列，它是由小到大排好序的。这种利用线索树进行排序的方法称之为**线索排序**。

假设给定的结点序列为 T=(E, B, H, C, F, A, D, G)，使用上面所述方法，就得到图 6-14 所示的线索排序树。

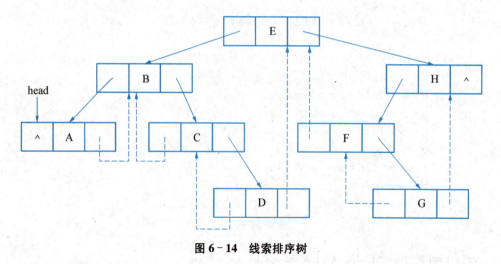

图 6-14 线索排序树

程序 6-9 给出建立线索排序树的方法，而树中的结点值由数组 a 前 n 个元素提供：

程序 6-9 建立线索树
```
NODE * thread_sort_tree(char a[], int n)   //n>=0
{
    NODE *root, *head, *p, *r;
    int i;
    if(n==0) return NULL;
    root = (NODE *)malloc(sizeof(NODE));
    root->data = a[0];
    root->lchild == NULL;
    root->ltag = 0;
    root->rtag = 0;
```

```
        head = root;
        for(i = 1; i < n; i++)
        {
            r = (NODE *)malloc(sizeof(NODE));
            r-> data = a[i];
            p = root;
            while(1)
            {
              if(r-> data < = p-> data)
                if(p-> ltag == 0 && p-> lchild ! = NULL) p = p-> lchild;
                else break;
              else if(p-> rtag == 0 && p-> rchild ! = NULL) p = p-> rchild;
                  else break;
            }
            if(r-> data < p-> data)
            {
              r-> lchild = p-> lchild;
              r-> ltag = p-> ltag;
              r-> rchild = p;
              r-> rtag = 1;
              p-> lchild = r;
              p-> ltag = 0;;
              if(r-> lchild == NULL) head = r;
            }
            else if(r-> data > p-> data)
            {
              r-> rchild = p-> rchild;
              r-> rtag = p-> rtag;
              r-> lchild = p;
              r-> ltag = 1;
              p-> rchild = r;
              p-> rtag = 0;
            }
        }
        return head;
}
```

有了建立线索排序树的函数 thread_sort_tree(a, n),以及上面给出的 succ($head$) 和 midorder($head$) 函数,可以用程序 6-10 中的 thread_sort(a, n) 对存放在字符数组 a 的前 n 个元素进行排序。

程序 6-10 中序输出线索树
```
void thread_sort(char a[], int n)
{
```

```
        NODE * head;
        head = thread_sort_tree(a, n);
        cout << " Output mid_order: ";
        midorder(head);
    }
```

森林是树的集合,以下是常见的几种遍历森林的过程:
(1) 先序遍历森林,具体过程为:
　　如果森林非空,则
　　　　访问森林中的第一棵树的根结点;
　　　　先序遍历第一棵树的根结点的子树森林;
　　　　先序遍历其他树组成的森林。
(2) 中序遍历森林,具体过程为:
　　如果森林非空,则
　　　　中序遍历第一棵树的根结点的子树森林;
　　　　访问森林中的第一棵树的根结点;
　　　　中序遍历其他树组成的森林。
(3) 后序遍历森林,具体过程为:
　　如果森林非空,则
　　　　后序遍历第一棵树的根结点的子树森林;
　　　　后序遍历其他树组成的森林;
　　　　访问森林中的第一棵树的根结点。
按照森林转换为二叉树的方法可以证明,森林的前序、中序和后序遍历的顺序与所转换的二叉树的前序、中序和后序遍历的顺序相同。

6.9 堆

假设二叉树 T 是一棵完全二叉树,如果树 T 中的任一结点的值不小于它的任一子结点的值(如果存在子结点的话),那么称树 T 是一个**堆**(heap)。

对于具有 n 个结点的完全二叉树 T,可以按层次序把树中的所有结点存放在数组 $a[n]$ 中。这样,就可以用数组 $a[n]$ 表示完全二叉树 T。

如果具有 n 个结点的完全二叉树 T 是一个堆,那么按层次序存放树 T 的数组 $a[n]$ 中的元素具有如下的性质:

(1) 若 $2i+1 < n$,则 $a[i] \geqslant a[2i+1]$;

并且

(2) 若 $2i+2 < n$,则 $a[i] \geqslant a[2i+2]$。

图 6-15 中的二叉树表示一个堆,而数组表示该堆的存储结构。

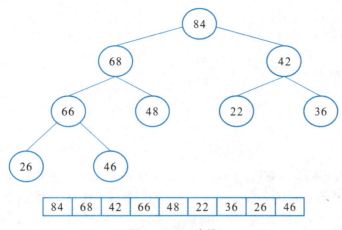

图 6-15 一个堆

如果用 a[0],a[1],…,a[n−1] 表示一个堆,那么根据堆的性质 a[0] 是最大的。将 a[0] 与 a[n−1] 对调,把最大值调到 a[n−1]。然后,对 a[0],a[1],…,a[n−2] 进行调整,使之成为一个新的堆。调整后,a[0] 是 a[0],a[1],…,a[n−2] 中最大的,也是全部结点中值第二大的。再将 a[0] 与 a[n−2] 对调,把值第二大的结点调到 a[n−2]。然后,再对 a[0],a[1],…,a[n−3] 进行调整,使之成为堆。再进行类似的对调和调整,如此重复进行,直到调整范围内只含一个结点 a[0] 为止。这时,a[0] 是全部结点中值最小的。经过这样处理之后,a[0],a[1],…,a[n−1] 已按从小到大的次序排了序。称这样的处理过程为**堆排序**。由此可见,堆排序是借助堆结构进行处理的排序。

在堆排序的处理过程中,主要工作是调整堆。对于具有 n 个结点的堆,共需要进行 $(n-1)$ 次对调和调整。在进行第 i 次对调前,a[0],a[1],…,a[n−i] 是一个堆,当 a[0] 与 a[n−i] 对调之后,a[n−i] 是值为第 i 大的结点。这时,调整范围缩小到 a[0],a[1],…,a[n−i−1],除了根 a[0] 外,其余结点 a[1],a[2],…,a[n−i−1] 仍然保持堆的结构,这是因为堆中的每一棵子树也是一个堆。为了使 a[0],a[1],…,a[n−i−1] 构成一个新堆,需要把 a[0] 向下移动到适当位置,同时把 a[0],a[1],…,a[n−i−1] 中值最大的结点移到 a[0],以此实现调整堆的工作。程序 6-11 中的函数 siftdown(a, i, n) 实现堆的调整。调整的对象是以 a[i] 为根的二叉树,树中各棵子树都是堆,且树中各结点在数组 a 中的下标都小于 n。

程序 6-11 堆调整算法
```
void siftdown(int a[], int i, int n)
{
    int j;
    int t;
    t = a[i];
    while((j = 2 * i + 1) < n)
    {
        if(j < n - 1 && a[j] < a[j + 1]) j++;
        if(t < a[j])
        {
```

```
            a[i] = a[j];
            i = j;
        }
        else break;
    }
    a[i] = t;
}
```

现在给出堆排序的具体算法。假设 a[0],a[1],…,a[n−1] 是由待排序的全部结点组成的序列。首先需要把 a[0],a[1],…,a[n−1] 调整成一个堆。为此，令 $i=(n-2)/2$，$(n-2)/2-1$,…,1,0，依次调用 siftdown(a, i, n)，使初始的堆逐渐扩大。当执行完 siftdown($a, 0, n$) 后，a[0],a[1],…,a[n−1] 已构成了包含全部结点的初始堆。然后，令 $i=n-1, n-2, \cdots, 2, 1$，分别进行这样的处理：将 a[0] 与 a[i] 对调，并执行 siftdown($a, 0, i$)。这个算法用程序 6-12 中的方法 heap_sort(a, n) 描述：

程序 6-12 堆排序算法
```
void heap_sort(int a[], int n)
{
    int i;
    int t;
    for(i = (n−2)/2; i >= 0; i−−) siftdown(a, i, n);
    for(i = n−1; i > 0; i−−)
    {
        t = a[0];
        a[0] = a[i];
        a[i] = t;
        siftdown(a, 0, i);
    }
}
```

在 siftdown(a, i, n) 的执行过程中，循环外的语句的执行时间为 $O(1)$，执行一次循环体中的语句所需的时间也是 $O(1)$。而循环的执行次数与表示堆的二叉树的层数有关，其执行次数不会超过树的层数。因为表示具有 n 个结点的堆的二叉树的层数为 $\lfloor \log_2 n \rfloor + 1$，因此调用一次 siftdown($a, i, n$) 的执行时间不会超过 $O(\log_2 n)$。接下来考虑 heap_sort(a, n) 的执行时间。第一次循环最多执行 $n/2$ 次，因此执行时间为 $O(n\log_2 n)$。而第二个循环的执行次数为 $(n-1)$，因此执行时间为 $O(n\log_2 n)$。所以，整个 heap_sort(a, n) 的执行时间为 $O(n\log_2 n)$。

另外，堆排序是不稳定的排序算法。

堆的插入过程需要调用堆的另一种调整算法 siftup。新结点总是先插入在已经建成的堆的最后，然后由算法 siftup 按照与 siftdown 相反的路径，与双亲结点比较，依次从下向上进行调整。程序 6-13 描述了这个过程，假设新的元素先被放在堆的末尾，位置 k 的单元中：

程序6-13　插入结点后的堆调整算法
```
siftup (int a[], int k) {
    int j = k,  i = (j-1)/2;
    int t = a[j];
    while (j > 0) {
        if (a[i] > = t) break;
        else {a[j] = a[i]; j = i;  i = (i-1)/2;}
    }
    a[j] = t;
}
```

以上讨论的都是<u>最大堆</u>，即上层结点都大于下层结点。相反，如果上层结点小于下层结点，这样的堆称为<u>最小堆</u>，可以参照上述 siftdown 和 siftup 算法设计出最小堆的 siftdown 和 siftup 算法。

6.10 计算二叉树的数目

本节介绍一种确定具有 n 个结点的二叉树数目的方法。若 $n=0$ 或 $n=1$，则只有一棵二叉树；若 $n=2$，则有两棵不同的二叉树，见图 6-16(a)；若 $n=3$，则有 5 棵不同的二叉树，见图 6-16(b)；如果有 n 个结点，那么将有多少棵不同的二叉树呢？

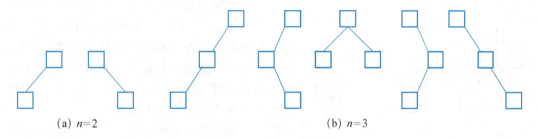

(a) $n=2$　　　　　　　　　　(b) $n=3$

图 6-16　$n=2,3$ 时，各种不同的二叉树

从前面所介绍的二叉树遍历可知：对于给定的一棵二叉树，能够得到它的前序和中序，并且这两个结点序列是唯一的。那么，如果给出同一棵二叉树的前序和中序，是否只能构造出唯一的一棵二叉树呢？回答是肯定的。假如给定同一棵二叉树的前序为 A、B、C、D、E、F、G、H、I，中序为 B、C、A、E、D、G、H、F、I，根据前序的定义，A 必定是根结点；再根据中序的定义，在中序内，A 前面的所有结点必定在 A 的左子树中，而 A 后面的所有结点必定在 A 的右子树中。因此，所要确定的二叉树一定具有图 6-17(a) 的结构，它为构造正确的二叉树作了第一次近似。沿着前序向右移动，B 应成为下一个根结点，再根据中序，可看到 B 的左子树为空，C 是 B 的右子树。这时，得到正确的二叉树的第二次近似，如图 6-17(b) 所示。如此继续进行下去，可得到图 6-17(c) 的二叉树。把上面的讨论形式化，就能证明每棵二叉树均可由它的前序和中序唯一确定。

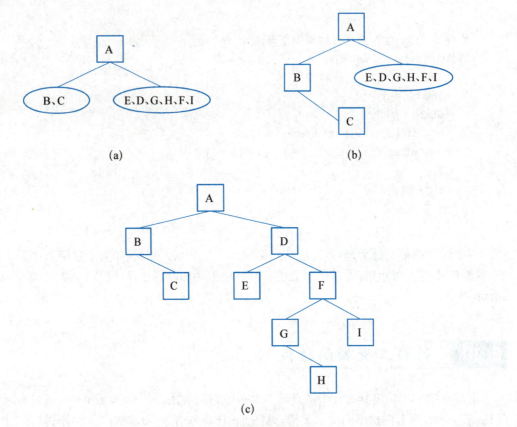

(a)

(b)

(c)

图 6-17 二叉树的构造过程

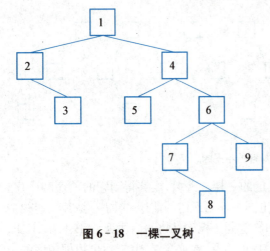

图 6-18 一棵二叉树

如果二叉树有 n 个结点，并用 1 到 n 对结点编号。它的前序和中序是对该二叉树分别进行前序遍历和中序遍历得到的。例如，图 6-18 是由 9 个编了号的结点所构成的二叉树，它的前序是 1、2、3、4、5、6、7、8、9，它的中序是 2、3、1、5、4、7、8、6、9。

如果对二叉树的结点进行编号，使得它的前序是 1, 2, …, n。从上面的讨论可知，不同的二叉树确定了不同的中序。因此，不同的二叉树的数目等于具有前序为 1, 2, …, n 的二叉树可能得到的不同中序的数目。

假设具有 n 个结点的不同二叉树的数目为 b_n，那么 b_n 是用下列方法所形成的所有可能的二叉树的总数：首先挑选这 n 个结点中的一个作为根结点，令 i ($0 \leqslant i \leqslant n-1$) 是根结点的左子树中结点的个数，那么剩下的 $(n-i-1)$ 个是在根结点的右子树中。因此，$b_i b_{n-i-1}$ 给出了左子树具有 i 个结点的二叉树的数目。但是，为了求得具有 n 个结点的二叉树数目，必须对 i 取遍其所有可能值，获得具有 $b_i b_{n-i-1}$ 这样形式的所有项，然后再把它们加起来。因此，可得到如下的关系式：

$$b_0 = 1$$
$$b_1 = 1$$
$$b_n = b_0 b_{n-1} + b_1 b_{n-2} + \cdots + b_{n-1} b_0 \qquad n > 1$$

即 $\quad b_n = \sum_{i=0}^{n-1} b_i b_{n-i-1}$

为了求得具有 n 个结点的二叉树数目，必须求解这个递推关系。首先令

$$G(x) = b_0 + b_1 x + b_2 x^2 + \cdots$$

即
$$G(x) = \sum_{i \geqslant 0}^{n} b_i x^i$$

然后让 $G(x)$ 自乘，得

$$\begin{aligned} G^2(x) &= G(x) G(x) \\ &= (b_0 + b_1 x + b_2 x^2 + \cdots)(b_0 + b_1 x + b_2 x^2 + \cdots) \\ &= b_0 b_0 + (b_0 b_1 + b_1 b_0) x + (b_0 b_2 + b_1 b_1 + b_2 b_0) x^2 + \cdots \\ &= \sum_{n \geqslant 0} \left(\sum_{i=0}^{n} b_i b_{n-i} \right) x^n \end{aligned}$$

根据前面 b_n 的表达式知，$G^2(x)$ 的 x^n 项的系数正好是 b_{n+1}。因此，有

$$G^2(x) = \sum_{n \geqslant 0} b_{n+1} x^n$$

如果用 x 乘 $G^2(x)$，则有

$$x G^2(x) = b_1 x + b_2 x^2 + \cdots$$

两边都加上 b_0，又因为 $b_0 = 1$，故有

$$1 + x G^2(x) = \sum_{i \geqslant 0} b_i x^i$$

也就是
$$1 + x G^2(x) = G(x)$$

所以有 $\quad x G^2(x) - G(x) + 1 = 0$

求解这个二次方程，得到

$$G(x) = \frac{1 \pm \sqrt{1 - 4x}}{2x}$$

由 $G(x) = \sum_{i \geqslant 0} b_i x^i$ 及 $b_0 = 1$，得到

$$G(0) = b_0 = 1$$

所以，二次方程式只有 $\dfrac{1 - \sqrt{1 - 4x}}{2x}$ 这个解。再根据二项式定理，将 $\sqrt{1 - 4x}$ 展开，得

$$G(x) = \frac{1}{2x}\left[1 - \sum_{n\geqslant 0}\binom{1/2}{n}(-4x)^n\right]$$

令 $n = m+1$，则有

$$G(x) = \sum_{m\geqslant 0}\binom{1/2}{m+1}(-1)^m 2^{2m+1} x^m$$

比较 $G(x) = \sum_{i\geqslant 0} b_i x^i$，可以看到 b_n 是上式中 x^n 项的系数。因此有

$$b_n = \binom{1/2}{n+1}(-1)^n 2^{2n+1}$$

通过化简，得

$$b_n = \frac{1}{n+1}\binom{2n}{n}$$

因此，具有 n 个结点的不同二叉树共有 $\dfrac{1}{n+1}\dbinom{2n}{n}$ 棵。

6.11 二叉树的应用：霍夫曼树和霍夫曼编码

给定一个具有 n 个结点的序列 $F = k_0, k_1, \cdots, k_{n-1}$，它们的权都是正整数，分别为 $w(k_0), w(k_1), \cdots, w(k_{n-1})$。以 $k_0, k_1, \cdots, k_{n-1}$ 作为叶子结点构造一棵二叉树 T，把这些叶子结点称为外部结点，非叶子结点称为内部结点，把从根结点到所有外部结点的路径长度的总和称为二叉树的外部路径长度。**霍夫曼树**（Huffman Tree）就是在给定叶子结点的条件下，具有最小加权外部路径长度的二叉树，使得

$$\sum_{i=0}^{n-1} w(k_i) \cdot \lambda k_i$$

达到最小，其中 λk_i 是从根结点到达叶子结点 k_i 的路径长度。**霍夫曼算法**是通过构造霍夫曼树寻找具有最小加权外部路径长度的二叉树的算法。

显然，为了达到霍夫曼树的要求，权值越大的结点应该离根越近。霍夫曼算法的关键在于使用 m 个结点序列 A（初始时，A=F，$m=n$），对 $t = 1, 2, \cdots, n-1$ 执行如下的构造步骤：

设 A=$a_0, a_1, \cdots, a_{m-1}$，A 中的结点都是已形成的子树的根。如果 a_i 和 a_j 分别是 A 中权最小和次最小的结点，那么用具有权 $w(b_t) = w(a_i) + w(a_j)$ 的新结点 b_t 和 a_i、a_j 形成图 6-19 的新子树，其中 b_t 是根结点，a_i 和 a_j 分别是 b_t 的左和右子结点。然后，从 A

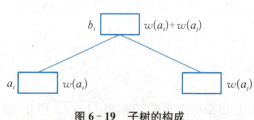

图 6-19 子树的构成

中除去 a_i 和 a_j，并把 b_t 作为 A 的最后一个结点，m 减去 1。

注意到 A 中的结点都是已形成的子树的根，当 A 中的 a_i 和 a_j 成为某个内部结点的左、右子结点之后，以 a_i 和 a_j 为根的子树已不是作为独立的子树存在，而已成为 b_t 的左、右子树。算法中提到从 A 中除去 a_i 和 a_j 的意思是指在以后各次构造步骤中，a_i 和 a_j 不能再成为被挑选的结点。

设给定的五个结点的序列 F＝k_0，k_1，k_2，k_3，k_4，它们的权分别为 $w(k_0)=10$，$w(k_1)=5$，$w(k_2)=20$，$w(k_3)=10$，$w(k_4)=18$。使用上述霍夫曼算法时，结点序列 A 的变化情况如图 6-20 所示。最后得到图 6-21 的树。为清晰起见，在树中用圆圈表示内部结点 b_t。在图 6-19、图 6-20 和图 6-21 中，把权写在结点的右边。

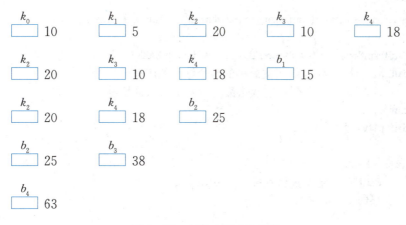

图 6-20　序列 A 的变化情况

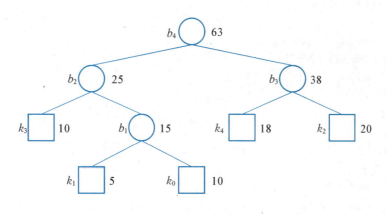

图 6-21　霍夫曼树

程序 6-14 实现了霍夫曼算法。假设初始结点的值是英文字母，结点的权是正整数。在程序中，先把初始结点的权取负值，每次新产生子树时，把新子树的根结点的权取负值，值取为"＊"，而把该根结点的左右子树的根结点的权恢复为正值。这样，每次扫描各结点选择要合并的子树的时候，如果遇到权为负的结点，那么此结点是一棵候选子树的根，可以和其他子树合并产生新的子树。在算法完成退出前，把最终形成的整棵树的根的权恢复为正数。

程序6-14　构造霍夫曼树

```cpp
#include <iostream.h>
#define MAXN 100
struct HuffmanNode
{
    char data;
    int lchild;
    int rchild;
};

HuffmanNode *create_huffman_tree(char a[], int w[], int n)
{
    HuffmanNode *nodes = new HuffmanNode[2*MAXN-1];
    int n1, n2;    //当前权重最小的两个结点的序号
    int min1, min2;    //当前权重最小的两个结点的权重
    int i, j;
    int u, v;

    if(n > MAXN) {
        cout << "结点数量太多" << endl;
        return NULL;
    }

    for(i = 0; i < n; i++)
    {
        nodes[i].data = a[i];
        nodes[i].lchild = -1;
        nodes[i].rchild = -1;
        w[i] = -w[i];
    }

    for (i = n; i < 2*n-1; i++)
    {
        n1 = -1;
        min1 = 9999;
        n2 = -1;
        min2 = 9999;
        for(j = 0; j < i; j++)
        {
            v = w[j];
            u = -v;
            if(u > 0)
                if(u < min1)
                {
```

```
                    min2 = min1;
                    n2 = n1;
                    min1 = u;
                    n1 = j;
                }
                else if(u < min2)
                {
                    min2 = u;
                    n2 = j;
                }
            }
            nodes[i].data = ' * ';
            nodes[i].lchild = n1;
            nodes[i].rchild = n2;
            w[i] = w[n1] + w[n2];
            w[n1] = - w[n1];
            w[n2] = - w[n2];
        }
        w[2 * n - 2] = - w[2 * n - 2];
        return &(nodes[2 * n - 2]);
    }
```

霍夫曼树的一个经典应用是为信息 M_0, M_1, …, M_{n-1} 求得一组最佳编码,每个编码都是二进制位串。进行通信的发送方应用二进制位串传送一定的信息,而接收方使用译码树把所接收的二进制位串翻译成相应的信息。译码树是一棵二叉树,用这棵二叉树中的外部结点表示翻译的信息结点,从根到达某个外部结点的路径上的树枝表示所使用(或接收)的二进制位串。每个信息 M_i 对应于译码树的一个外部结点。若把 M_0, M_1, …, M_{n-1} 的使用频率看作是对应的权,就可以用霍夫曼算法构造出一棵霍夫曼树作为译码树。

例如,给定一些仅由五个字母(信息) a, b, c, d, e 组成的单词,在这些字母中,它们的使用频率依次为 10, 5, 20, 10, 18。以这些频率为权重,图 6-21 恰好就是构造出的霍夫曼树。其中由左到右依次用 d, b, a, e, c 作为外部结点,如果把树中向左分支记为 0,向右分

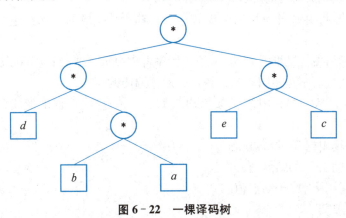

图 6-22 一棵译码树

支记为1。于是就得到一种编码：d 是 00，b 是 010，a 是 011，e 是 10，c 是 11。这种根据霍夫曼树得到的编码称为**霍夫曼编码**。用霍夫曼树可以对霍夫曼编码的信息进行译码。图6-22给出对应上述霍夫曼编码的译码树，每种合格的编码都能用图6-22的译码树容易地得到相应的、唯一的译码。例如，0100110010 的相应译码是 $bade$。当然，并不是任意的二进制位串都能得到译码，如不合格的编码 001110111 就得不到相应的译码。

当每个字符使用的频率不同时，用霍夫曼树编码相对于定长编码方案的优点是可以压缩信息的编码总长度，提高通信效率。虽然霍夫曼编码是不定长编码方案，但用霍夫曼树译码不会出现歧义，因为任何一个字符的霍夫曼编码都不会是另一个字符的霍夫曼编码的前缀。

6.12 进阶导读

树是最常用的一种数据组织方式，有着广泛的应用。例如图书馆中的书目分类；一本书中内容的目录结构；应用软件菜单的层次结构；编译中则往往会把程序解析成一棵语法树；计算机文件系统中的目录结构等。传统数据库的网状、层次和关系结构中，层次关系就是以树为基础的一种结构。目前受到广泛重视的 XML，本质上也是一种树的结构。XML 也常常被解析为树形模型进行处理，XML DOM 就是 W3C 为 XML 的处理定义的标准文档对象模型，XML DOM 解析器会根据所解析的 XML 文档，建立对应的 DOM 树，利用这个 DOM 树，就可以在内存中方便地访问 XML 中不同的结点中的数据[1]。基于 XML 的更进一步的数据处理技术，包括 Xpath 和 Xquery 也都是基于树模型的[2]。

参考文献

[1] Akmal B. Chaudhri、Awais Rashid、Roberto Zicari 编著，邢春晓、张志强、李烨竟等译.《XML 数据管理 纯 XML 和支持 XML 的数据库系统》. 清华大学出版社.

[2] http://www.xquery.com/.

习　题

1. 给出图6-1的树的前序、后序和层次遍历的序列。
2. 设计算法，将由 m 棵有序树组成的有序森林所转换成的二叉树进行逆变换，转换回有序森林。
3. 假设二叉树按标准形式存储，请编写程序将树中每个结点的左右子树互换。
4. 设计利用栈而不是递归对二叉树进行后序遍历的算法。
5. 已知 T1 是从一棵有序树 T 转换出来的二叉树，已经按标准形式存储，设计以下的算法：

(1) 按前序输出树 T 的结点值。
(2) 按后序输出 T 的结点值。
(3) 输出 T 中所有叶子结点值。
(4) 求 T 的次数。

6. 设计一个算法判断给定的二叉树是否是完全二叉树。

7. 给定二叉树相似的定义如下：两棵都为空的二叉树是相似的；如果两棵二叉树的根结点的左右子树都是相似的，则这两棵二叉树是相似的。请编写判断二叉树相似的算法。

8. 写一个算法前序遍历一棵中序线索二叉树。

9. 给定权值集合{5，6，3，7，4}，请构造对应的霍夫曼树。

10. 给定 n 个结点的中序顺序，可以构造多少棵二叉树？

11. 堆中第 $n+1$ 层的元素一定大于第 n 层的元素吗？为什么？

12. 写一个二叉树前序遍历的非递归算法。

13. 用尽量少的辅助空间，写一个二叉树后序遍历的非递归算法（提示：可以用栈）。

14. 写一个递归算法统计二叉树中的结点数量。

15. 写一个递归算法比较两棵二叉树是否相等。

16. 利用队列写一个算法对二叉树进行层次遍历。

17. 在前序线索化二叉树上怎样寻找给定的任意一个结点 $node$ 的后继？

18. 在后序线索化二叉树上怎样寻找给定的任意一个结点 $node$ 的前驱？

19. 写一个算法，根据一个给定值，在堆中寻找该值是否存在。

20. 写一个算法根据霍夫曼树进行译码。

21. 对于任意的二叉树，如果用层次遍历的顺序进行存储，会有什么问题，怎样解决？

22. 如果要把一棵树 T 用一棵二叉树 BT 表示，可以从 T 的树根开始，把 T 上的每个结点转换成 BT 上的一个结点，T 上的每个结点 N 的第一个孩子结点 FC 在 BT 上作为 N 的左孩子，N 在 T 中的右边第一个兄弟结点 BR 在 BT 中作为 N 的右孩子。按这样的过程找一棵树作为例子，看能否转换成一棵二叉树。按怎样的规则再把这棵二叉树还原成原来的树？

23. 根据第 22 题的思路，怎样把一个森林转换成二叉树表示？怎样从二叉树还原成森林？

24. 根据第 22 题的思路把树 T 转换为二叉树 BT 后，T 的前序遍历与 BT 的什么遍历得到的结果相同？T 的后序遍历与 BT 的什么遍历得到的结果相同？

25. 具有 5 个结点的二叉树共有多少种？

第 7 章 查找与索引

> 查找(search)是计算机软件中最常用的操作之一,从大规模的数据中找到某个数据是当前很多计算机应用系统面临的挑战。性能问题是其中的主要难点,而索引(index)是解决大规模数据访问性能的最有效的方法之一。

7.1 查找与索引的概念

一、查找

查找是数据处理中最常见的一种操作。其基本功能是针对用户给定的一个值 k,从一个数据对象的集合中寻找关键码或某个属性为 k 的数据对象。如果找到则返回该数据对象,如果没有找到则返回失败标志。例如学校经常需要通过学生的学号在学生信息表中查找某个同学的信息。当前大家在学习和生活中常用的 Google、Yahoo、百度等搜索引擎中所需要解决的问题就是高效查找的问题。

查找操作的实施方法和计算复杂性同数据的存储结构有很大的关系,总体讲数据的存储结构和操作方式可以有如下两种分类方式:

- 静态和动态

所谓静态的数据结构,其设计不考虑插入和删除操作,例如存储某个班学生基本信息的列表,在一般情况下是不会或很少发生变化的。而动态数据结构是指在使用过程中频繁地有数据的插入和删除操作,需要在动态的过程中维持数据在数据结构中的数据分布模式。例如,在任务调度系统中需要在任务数组不断发生变化的过程中保持数据的排序状态。

- 内存和外存

所谓基于内存的数据结构是指整个数据结构完全存放在内存中,而基于外存的存储结构是指数据部分或全部存放在磁盘上,为此在查找和数据组织中需要充分考虑磁盘的读写特点。

二、索引

索引是用于支持查找操作的数据结构及其操作,其目标是提高查找操作的性能。目前索引被认为是提升大规模数据查询和检索操作性能的最有效的手段之一。B+树、倒排索引等都是目前在数据库系统和信息检索系统中最常用的索引结构。作为一个索引结构,在设计一个索引结构的过程中需要从如下方面进行考虑:

1. 能够实现对大规模数据的管理能力。
2. 能够支持高效的查找操作。
3. 能够有效地支持频繁的插入、删除和修改操作。
4. 索引结构需要考虑数据存储介质的特点。例如在以磁盘为存储介质的索引结构应该考虑磁盘按块存取的特点。
5. 能够有效地支持数据结构本身的特点。

同时在不同的应用中,对数据操作的特点是不一样的,因此需要在索引结构的设计过程中进行调整,例如有的应用修改操作比较少,而查找操作所占的比例比较大,索引结构在设计的过程中可以基于静态的数据结构进行扩充和设计。

总体讲查找操作是构建在索引结构上的,在这一章中我们将论述顺序表、二叉查找树、B—树和 Trie 树四种不同的数据存储结构,这四种数据结构均是在实践中常用的索引结构,并基于这四种数据结构论述其相应的查找操作的实现方法。

7.2 基于顺序表的查找

7.2.1 顺序表

顺序表(sequential list)是一种基本的数据结构类型。数组和链表是两种顺序表的结构。

数组就是一种典型的静态顺序表数据结构。在数组中,数据以顺序的方式连续存储在数据结构中,通过数组的下标可以对数据进行访问。数据在插入、删除过程中数据结构不发生变化,但是数据的排列顺序和特征有可能会发生变化。例如数据可以按照插入的顺序存储在数组中,也可以按照字母顺序存储在数组中。

程序 7-1 定义的就是一个典型的整型数据的数组,其长度最大为 10。

程序 7-1 数组线性表
```
const int DefaultSize = 10;                    //缺省线性表的长度
template< class ElementType >
class list{                                    //线性表的类定义
private:
    int length;                                //当前线性表的长度
    int MaxLength;                             //线性表的最大长度
    int Cursor = 0;                            //遍历时的当前位置
    int GetElementPos(const ElementType element);
                                               //当前元素 vertex 在表中的位置
public:
    ElementType * head;
```

```
    list(int size);                                  //构造函数
    ~list(){delete []head;}                          //析构函数
    int listEmpty() const {return length==0;}        //判断表空否
    int listFull() const {return length==MaxLength;}
                                                     //判断线性表满否
    int getLength() {return length;}                 //返回线性表中数据的数量
    int search(ElementType element);                 //返回元素取值为 element 的数据
                                                     //  项所在的位置
    ElementTypegetvalue(int n);                      //返回位置为 n 的元素的取值
    int insert(ElementType element);                 //向线性表中插入元素取值为
                                                     //  element 的数据项
    int dlt(ElementType element);                    //线性表中删除元素取值为 element
                                                     //  的数据项
}
```

数据在数组中可以有两种存储方式,一种是有序的,另一种是无序的。对于无序的顺序表只能用顺序查找的方式进行查找。而如果数据是以有序的方式存储的,则可以用折半查找、斐波那契查找等方法进行查找。

链表也是一种常用的线性表数据结构,它通过指针将数据链成一个串,同数组相比链表不需要事先申请连续的空间,同时其长度也没有上限,因此也是一种常用的线性表结构。本节主要以数组为例,对基于线性表的查找方法进行论述。

7.2.2 顺序查找

对以下两种线性表结构的查找需要采用顺序查找的方法:

- 数据在数组中是以无序的方式存储的。
- 数据存储在链表中,而链表上又没有辅助的存储结构。

顺序查找的基本思想是逐个对数组中的数据进行比对,直到找到满足查找条件的数据。程序 7-2 中函数 search 将用于查找到线性表中给定数据 n 所出现的位置。

程序 7-2 顺序查找
```
template<class ElementType>
intlist<ElementType>::search(Elementtype n)
{
    int i;
    for(i=0;i<length-1;++i){
        if (n!=getvalue(i))
            i++;
        else return i;
    }
    return -1;  //没有找到
}
```

该算法的计算复杂性为 $O(n)$，其中 n 为线性表的长度。

7.2.3 有序顺序表上的查找操作

数据在线性表中可以以不同的次序排列，可以是排序的，也可以是无序的。如果顺序表中的数据是无序的，只能通过上节讲的顺序查找的方法进行查找。而如果数据的排列是有序的，则存在很多高效的算法，如折半查找、斐波那契查找等。当然在动态环境下要维护顺序表的有序性，相比无序的顺序表还需要更多的开销。

一、折半查找

折半查找(binary search)的基本原理是，首先和线性表中间位置的数据进行比较，如果比中间位置的数据大，则继续数组的后半部进行查找，如果比中间位置的数据小，则在前半部继续进行查找。这样每次循环查找的空间都是原来的 1/2。直到最终找到所需要查找的数据。这样最多通过 $\log_2 n$(n 为线性表的长度)次循环就可以找到最终的结果。

折半查找的算法如程序 7-3 所示。

```
程序 7-3 折半查找
template < class ElementType >
int List < ElementType > ::search(ElementType n)
{
    int i;
    int low = 0;
    int high = length - 1;
    while(low < = high){
        tmp = (low + high) /2;                    //取中点
        if(n = = getvalue(tmp))
            return tmp;
        if(n > getvalue(tmp))                     //大于中点,更新下界
            low = tmp + 1;
        else                                      //小于中点,更新上界
            high = tmp - 1;
    }
    return - 1;
}
```

例 7.1 设有一个有序的线性表{0，1，2，3，4，5，6，7，8，9，10，11}，需要查找关键字为 8 的数据，首先和线性表的中间位置的数据 5 进行比较，发现它比 5 大，所以第二次就和后面一半（即 6～11）的中间结点 8 进行比较，这样通过 2 次比较就可以查找到最终的数据。而如果采用顺序查找的方法则需要经过 9 次比较才能找到最终的结果。

如果我们基于数组来实现折半查找，每次总是取查找区间的中点的数据进行比较。在这种方式下每次查找区间的缩减为原来的 1/2，所以查找次数的最差复杂性是 $O(\log n)$。

那么还有什么方法能够更快地缩减查找的区间呢？

二、插值查找

在很多应用中,系统很有可能可以知道数据的分布情况,因此可以充分利用数据的分布情况提高查找的性能。如果我们知道数据在数据结构中的分布是比较均匀的,我们可以充分利用检索数据的取值进行定向性的缩减。基本思路是根据查找数据的取值预估被查找数据在数据结构中的位置。**插值查找**(interpolating search)的算法参见程序7-4。

程序7-4 插值查找

```
template< class ElementType >
int list< ElementType > :: search(ElementType n)
{
    int tmp;
    int low = 0;
    int high = length - 1;
    while(low< = high)
    {
        //先根据插值公式计算插值点
        tmp = (n - getvalue(low)) /(getvalue(high) - getvalue(low)) *
            (high - low) + low;
        if(n = = getvalue(tmp))
            return tmp;
        if(n > getvalue(tmp))         //大于插值点,更新下界
            low = tmp + 1;
        else                          //小于插值点,更新上界
            high = tmp - 1;
    }
    return -1;
}
```

从上面的程序可以看出它与折半查找的主要差别在于中点的计算充分考虑了检索数据的取值和数据的分布。

例 7.2 设有一个有序的线性表{0, 1, 2, 3, 4, 5, 6, 7, 8, 9, 10, 11},需要查找关键字为8的数据,由于8在0~11的区间中的位置是66.6%,首先和线性表的中位于66.6%位置的数据进行比较,在这个位置上的数据就是8,因此通过1次比较就能找到最终的结果。

三、斐波那契查找

插值查找的前提是数据在线性表中的分布是比较均匀的,但是在很多情况下数据的分布是不均匀的,而且其分布也是事先未知的。为了追求更好的平均性能,斐波那契查找是一个很好的选择,其基础是斐波那契数。斐波那契数的定义是:

$$F(n) = n(n = 0, 1);\ \text{或}\ F(n) = F(n-1) + F(n-2)\ (n \geqslant 2)$$

对于长度为$F(n)$的查找空间,其比较的中点是$tmp = F(n-1)$。如果$n = list[tmp]$,查找成功。否则,如果$n < list[tmp]$,则在前$F(n-1)$的区间中进一步比较,否则在后$F(n-2)$的区间中进一步比较其算法参见程序7-5。

程序7-5 斐波那契查找
```cpp
template< class ElementType >
int list< ElementType >::search(ElementType n)
{
    int i;
    int low = 0;
    int high = length - 1;
    int tmp;
    while(low <= high){
        i = reFib(high - low);          //获取上述 F(n)中的 n,不足应向上取整
        tmp = Fib(i - 1) + low;         //取比较中点,这里规定 Fib(-1) = 0;
        if(getvalue(tmp) == n)
            return tmp;
        if(getvalue(tmp) < n)
            low = tmp + 1;
        else
            high = tmp - 1;
    }
    return -1;
}
```

在斐波那契查找中查找空间的缩减速度近乎黄金分割的比例,所以在面向大部分的数据分布的情况下具有比较好的性能。

我们也同样可以链表的方式来实现线性表,但是基于链表来实现折半查找,那么其 getvalue 函数计算复杂性将达到 $O(n)$(而在数组中 getvalue 函数的计算复杂性只有 $O(1)$),所以其计算复杂性除了顺序查找以外均会比较高。

7.3 二叉查找树

7.3.1 二叉查找树的结构

在有序线性表的查找中,虽然折半查找、插值查找等方法也具有很好的性能,但是线性表必须是顺序存储的。在很多应用中经常需要插入和删除数据,而对于线性表而言,每次插入和删除操作均需要做大量的移动操作,性能差,这时二叉查找树是解决这个问题的一个很好的手段。

我们首先给出二叉查找树的结构,然后再介绍在二叉查找树上的查找、插入和删除操作的实现方法。

二叉查找树(binary search tree) T 是一棵二叉树,它或者空,或者满足下面 4 个条件:
(1) 二叉查找树的每个结点包括三个属性:键值、左子结点和右子结点。
(2) 如果树 T 的根结点的左子树非空,那么左子树中的所有结点的键值都小于 T 的根

结点的键值；

（3）如果树 T 的根结点的右子树非空，那么右子树中的所有结点的键值都大于 T 的根结点的键值；

（4）树 T 的根结点的左右子树也都是二叉查找树。

图 7-1 就是四棵二叉查找树，如果按中序遍历二叉查找树 T 的结点，那么我们就得到一个排好序的结点序列。所以，我们也可以认为对于一棵给定的二叉树 T，如果树 T 中的结点已按中序遍历排好序，那么我们称树 T 是一棵<u>二叉查找树</u>。

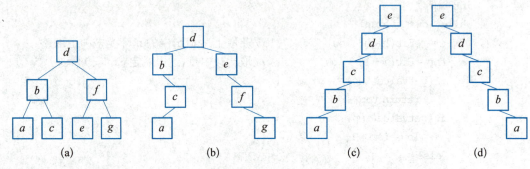

图 7-1 四棵二叉查找树

以下是二叉查找树结点的数据结构定义：

template < **class** ElementType >
class Node { //边结点的类定义
private:
    ElementType data; //边上的权值
    Node < ElementType > * right; //指向右结点的指针
    Node < ElementType > * left; //指向左结点的指针
public:
    Node() {} //构造函数
    Node(ElementType c):dest(d), cost(c), link(NULL) {} //构造函数
};

以下是二叉查找树的数据结构：

template < **class** ElementType >
class search_tree { //二叉查找树的类定义
private:
    Node * root; //指向根结点
    int length; //二叉树中元素的个数
public:
    search_tree (**int** size); //构造函数
    ~search_tree (); //析构函数
    int treeEmpty() const {**return** length == 0;} //判断二叉查找树空否
    int getLength() {**return** length;} //返回二叉查找树中数据的数量
    Node< ElementType > * search(ElementType element);
                          //返回元素取值为 element 的数据项所在的位置

```
ElementType getvalue(Node n);    //返回位置为 n 的元素的取值
int insert(ElementType element);
                                 //向二叉查找树中插入元素取值为 element 的数据项
int dlt(ElementType element);
                                 //二叉查找树中删除元素取值为 element 的数据项
};
```

其中我们定义每个结点中均包含一个数据项 $data$，用于存储二叉查找树中包含的数据。

7.3.2 二叉查找树上的查找

二叉查找树有一个非常好的特性，就是每个结点的左子树中结点的键值均比它本身的键值大，右子树中结点的键值均比其小。

下面给出在二叉查找树(t 为根结点)，t 中找出包含给定键值 a 的结点算法的基本思想：
(1) 如果 t 为空，那么查找失败，算法结束；否则，转(2)。
(2) 如果 $t->data$ 等于 a，那么查找成功，算法结束；否则，转(3)。
(3) 如果 $a<t->data$，那么 $t->lchild=>t$，继续在其左子树中查找；
否则，$t->rchild=>t$，继续在其右子树中查找。

程序 7-6 给出了上述查找算法的 C++实现。

程序 7-6　在二叉查找树上的查找
```
template<class ElementType>
Node<ElementType> *search_tree<ElementType>::search(
                        ElementType n){
    Node<ElementType> *p_q=root;
    while((p_q!=NULL)&&(p_q->data!=n)){
        if(a<getvalue(p_q))
            p_q=p_q->lchild;
        else
            p_q=p_q->rchild;
    }
    return p_q;
}
```

程序 7-6 中用结点指针 p_q 在二叉查找树中进行遍历，查找 a 所在的结点。如果 p_q 指向 NULL，则代表访问到叶结点，即二叉查找树中没有包含一个结点其键值为 a，所以查找失败。如果指针变量 t 指向给定的查找树 T 的根结点，a 即是所要查找的结点的键值。

从 n 个结点的二叉查找树 T 中找出结点 k(这里假定结点 k 在二叉查找树中，所以每次查找都是成功的查找)所需的比较次数，是从根结点到结点 k 的树枝长度 $\lambda(k)$ 加 1，因此可以得到：

$$\text{查找的最大代价} = \max\{1+\lambda(k) \mid \text{树 } T \text{ 中的所有结点 } k\}$$
$$\text{查找的平均代价} = \sum p(k)(1+\lambda(k))$$

其中 $p(k)$ 是结点 k 被查找概率。

如果我们只考虑所有结点的被查找的概率都相等的情况,那么对树 T 中的任一结点 k 都有 $p(k)=1/n$。此时,有

$$平均查找代价 = \frac{1}{n}\sum_{T中的k}(1+\lambda(k))$$

显然,当树中结点尽量靠近树根时,平均查询代价的值达到最小;而当查找数退化成链表时,平均查询代价的值达到最大。

7.3.3 基于二叉查找树的遍历

对二叉查找树进行中序遍历得到的数据序列是排好序的,所以可以通过对二叉查找树进行遍历的方法得到数据的一个排序,同时有时也需要回答用户的一些查询,如比某个结点大一个或小一个的结点等。为了高效实现这些查询,可以使用**扩展的二叉查找树**(extended binary search tree)。扩展的二叉查找树每个结点的结构在原有的左子结点、键值、右子结点三个属性以外,又增加了左子结点标签、右子结点标签两个属性。左子结点标签的含义是,如果左子结点是其树中的左子结点,则标签为 1,否则为 0。如果为 0,则该指针指向比当前结点小一个的结点;右子结点标签的含义是,如果右子结点是其树中的右子结点,则标签为 1,否则为 0。如果为 0,则指向比当前结点大一个的结点。图 7-2 就是一个扩展的二叉查找树,其中虚线就是指向其排序上的前一个和后一个的结点。

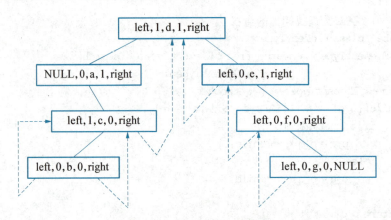

图 7-2 扩展的二叉查找树

二叉查找树构造好之后,可以对二叉查找树进行扩展,将原来指向 NULL 的指针进行修正构造扩展的二叉查找树,算法的基本想法是在遍历的同时进行构造,在中序遍历的过程中,记住结点之间的序关系,从而对指向 NULL 的结点进行修正,图 7-2 就是扩展的二叉查找树的例子。具体算法参见程序 7-7。

程序 7-7 构造扩展的二叉查找树
```
template< class ElementType >
class NodeLink{
public:
    Node< ElementType > * node;
```

```
    NodeLink<ElementType> *next;
    NodeLink(Node<ElementType> nd){node = nd; next = 0;}
    NodeLink(){}
    ~NodeLink(){}
};//定义 NodeLink,用于构造结点链表,获得先驱和后继。
NodeLink *first, *last;
template<class ElementType>
Node *search_tree<Element Type>::Create_thread(){
    first = last = NULL;
    Middleorder(root);
}
template<class ElementType>
void Search_tree<ElementType>::Middleorder(Node<ElementType *node){
    Node *tmp;
    if (node->left! = NULL)
        Middleorder(node->left);
        //随着遍历的过程,构建其中序的指针序列,
    NodeLink<ElementType> *tmp;
    if(first == NULL){
        tmp = new NodeLink<ElementType>();
        first = tmp;
        tmp->node = node;
        last = first;
    }
    else{
        tmp = new NodeLink<ElementType>();
        tmp->node = node;
        tmp->next = last;
        if(last->node->right == NULL){
            last->node->right = node;
            last->node->rightid = 0;
        }
        if (node->left == NULL){
            node->left = last->node;
            node->leftid = 0;
        }
        last = tmp;
    }
    if (node->right! = NULL)
    Middleorder(node->right);
}
```

扩展的二叉查找树构造完成以后,就可以方便地对扩展的二叉查找树进行遍历,下面介绍两个实现遍历的基本函数:next 和 previous,基于这两个函数就可以实现对二叉查找树中的数据集合进行从小到大或从大到小的遍历。

程序 7-8　在扩展二叉树中求后继结点
template< **class** ElementType >
Node< ElementType > * search_tree< ElementType >::next
　　(Node< ElementType > * node){
　　Node< ElementType > * tmp;
　　if(node->rightid==0)
　　　　return node->right;
　　else{
　　　　tmp=node->right;
　　　　while(tmp->left!=NULL&& tmp->leftid==1)
　　　　　　tmp=tmp->left;
　　　　return tmp;
　　}
}

程序 7-9　在扩展二叉树中求前驱结点
template< **class** ElementType >
Node< ElementType > * search_tree< ElementType >::previous
　　　(Node< ElementType > * node){
　　Node< ElementType > * tmp;
　　if (node->rightid==0)
　　　　return node->right;
　　else{
　　　　tmp=node->right;
　　　　while(tmp->left!=NULL)
　　　　　　tmp=tmp->left;
　　　　return tmp;
　　}
}

基于 next 函数，我们可以实现对数据从小到大的遍历。

程序 7-10　调用 next 函数遍历线索二叉树
template< **class** ElementType >
void search_tree< Element Type >::Travers(Node< ElementType > * root){
　　Node * tmp;
　　tmp=root;
　　while(tmp->left!=NULL)
　　　　tmp=tmp->left;
　　print(tmp->data)
　　while(tmp!=0){

```
        tmp = next(tmp);
        if(tmp! = NULL)
            print(tmp - > data);
    }
}
```

同样也可以基于 previous 实现对数据从大到小的遍历。

7.3.4 最优二叉查找树

在前面几节我们曾经给出在具有 n 个结点的二叉查找树中进行查找的代价,即从根结点到被查找结点的路径长度,但是要评估一个数据结构的有效性,更需要评估二叉查找树的整体性能或平均性能,下面可以给出二叉查找树的所有结点查找的平均代价:

$$\text{二叉查找树的平均查找代价} = \sum p(k)(1+\lambda(k))$$

其中 $p(k)$ 为结点 k 被查找到的概率,$\lambda(k)$ 为 k 到其根结点的路径长度。当所有的结点被查找到的概率是相同的情况,即 $p(k) = 1/n$ 时,上式可改写成:

$$\text{二叉查找树的平均查找代价} = 1/n\sum (1+\lambda(k))$$

这里假定被查找的结点 k 都在查找树中,也就是说,每次查找都是成功的查找。所谓**最优查找树**(optimal search tree),就是对于一个特定的数据集计算复杂性最小的查找树。

本节所要介绍的是一般的最优二叉查找树,不仅考虑被查找的结点在树中,还要考虑查找失败的情况;不仅考虑使用概率相同的情况,还要考虑使用概率不相同的情况。

在给定的查找树中,我们在结点(包括叶子结点)的每个空指针上都挂上一个附加结点,我们称这个附加结点为**外部结点**(external node),称原来树中的结点为**内部结点**(internal node)。在画图时,我们用圆圈表示内部结点,而用方框表示外部结点。如图 7-3(b)的树是由图 7-3(a)的二叉树通过添加外部结点所得到的扩充二叉树。具有 n 个结点的二叉树,经过扩充后,产生 $n+1$ 个外部结点。由于查找那些不在二叉查找树中的结点总是终止于一个外部结点上,所以外部结点总是代表不成功的查找,故外部结点也称为失败结点。

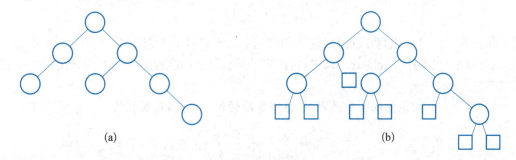

图 7-3 二叉树及其扩充二叉树

我们称由根结点到二叉树所有外部结点的路径长度的总和为二叉树的**外部路径长度**(length of external path);称由根结点到二叉树所有内部结点的路径长度的总和为二叉树

的 内部路径长度(length of internal path)。我们可求得图 7-3(b)的扩充二叉树的内部路径长度为

$$I_n = 0+1+1+2+2+2+3 = 11$$

而它的外部路径长度为

$$E_n = 3+3+2+3+3+3+4+4 = 25$$

可以证明：一棵具有 n 个内部结点的二叉树的内部的和外部的路径长度之间的关系可用如下公式表示：

$$E_n = I_n + 2n \tag{7.3.1}$$

我们可用归纳法证明(7.3.1)式成立。当 $n=1$ 时，由于只有一个内部结点，所以 $I_1 = 0, E_1 = 2$，满足(7.3.1)式。假设所有具有 n 个内部结点的扩充二叉树都满足(7.3.1)式，那么对于具有 n 个内部结点的任一棵扩充二叉树，我们把树中一个路径长度为 L 的外部结点换成一个内部结点，且在此结点的下面附加两个路径长度为 $(L+1)$ 的外部结点。经过这样处理后，原来的树就变成一棵具有 $(n+1)$ 个内部结点的扩充二叉树，且具有如下的关系：

$$I_{n+1} = I_n + L \tag{7.3.2}$$

$$E_{n+1} = E_n - L + 2(L+1) \tag{7.3.3}$$

由(7.3.2)式,得

$$I_n = I_{n+1} - L \tag{7.3.4}$$

由(7.3.3)式,得

$$E_{n+1} = E_n + L + 2 \tag{7.3.5}$$

由(7.3.1)、(7.3.4)和(7.3.5)式,得

$$\begin{aligned} E_{n+1} &= I_n + 2n + L + 2 \\ &= I_{n+1} - L + 2n + L + 2 \\ &= I_{n+1} + 2n + 2 \\ &= I_{n+1} + 2(n+1) \end{aligned}$$

从公式(7.3.1)，我们可以得出这样的结论：对于具有 n 个结点的所有二叉树中，具有最大(或最小)内部路径长度的二叉树，也一定是具有最大(或最小)外部路径长度的二叉树；反之亦然。

显然，当二叉树退化成线性链表时，其内部路径长度最大，其长度为

$$I_n = \sum_{i=0}^{n-1} i = \frac{n(n-1)}{2}$$

为了得到具有最小内部路径长度的二叉树，必须使内部结点尽量靠近根结点。根据二叉树的结构，根结点只有一个，它的路径长度为 0，而路径长度为 1 的结点最多有两个，路径长度为 2 的结点最多有 4 个，……所以具有 n 个内部结点的二叉树的最小内部路径长度为

$$I_n = 1\times 0 + 2\times 1 + 4\times 2 + 8\times 3 + \cdots = \sum_{i=1}^{n} \lfloor \log_2 i \rfloor$$

如果查找树是由结点序列 $a_1, a_2, \cdots, a_n$ 构成,且有 $a_1 < a_2 < \cdots < a_n$,那么在这棵查找树中添加 $(n+1)$ 个外部结点 $b_1, b_2, \cdots, b_{n+1}(b_1 < b_2 < \cdots < b_{n+1})$,使之成为一棵扩充的查找树。当我们查找结点值为 x 的结点时,如果 $a_i < x < a_{i+1}, 1 \leqslant i \leqslant n-1$,那么在 b_i 上终止其查找;如果 $x < a_0$,那么在外部结点 b_0 上终止其查找;如果 $x > a_n$,那么在外部结点 b_n+1 上终止其查找。

假设 $p_i(1 \leqslant i \leqslant n)$ 是内部结点 a_i 的查找概率,而 $q_j(0 \leqslant j \leqslant n)$ 是外部结点(失败结点)b_j 的查找概率,那么成功查找所需的平均比较次数为

$$\sum_{i=1}^{n} p_i(1+a_i \text{ 的路径长度}) = \sum_{i=1}^{n} p_i(1+\lambda(a_i))$$

而不成功的查找所需的平均比较次数为

$$\sum_{i=0}^{n} q_i(b_i \text{ 的路径长度}) = \sum_{i=0}^{n} q_i \times \lambda(b_i)$$

因为不仅考虑成功查找,还要考虑不成功的查找,所以查找的全部时间或代价为

$$\sum_{i=1}^{n} p_i(1+\lambda a_i) + \sum_{i=0}^{n} q_i \times \lambda(b_i) \tag{7.3.6}$$

由于所有的查找或者成功,或者不成功,两者必择其一。因此,应有

$$\sum_{i=1}^{n} p_i + \sum_{i=0}^{n} q_i = 1$$

对于由结点 $a_1, a_2, \cdots, a_n$ 构成的所有可能的查找树中,使(7.3.6)式取最小值查找树,就是 $a_1, a_2, \cdots, a_n$ 的最优查找树。

首先考虑成功和不成功查找都具有相同的查找概率的情况,即考虑 $p_1 = p_2 = \cdots = p_n = q_0 = q_1 = \cdots = q_n = 1/(2n+1)$ 的情况,此时的平均查找时间为

$$AVG = \sum_{i=1}^{n} p_i(1+\lambda(a_i)) + \sum_{i=1}^{n} q_i \times \lambda(b_i) = \frac{1}{2n+1}\Big[\sum_{i=1}^{n}(1+\lambda(a_i)) + \sum_{i=0}^{n}\lambda(b_i)\Big]$$

$$= \frac{1}{2n+1}(I_n + n + E_n) = \frac{1}{2n+1}(I_n + n + I_n + 2n) = \frac{1}{2n+1}(2I_n + 3n)$$

所以,只要 I_n 最小,AVG 就达到最小。从上面的讨论可以得知,用平分法构造出来的丰满查找树就能使 I_n 达到最小,其值为

$$I_n = \sum_{i=1}^{n} \lfloor \log_2 i \rfloor \leqslant n\log_2 n = O(n\log_2 n)$$

所以,平均代价 $= \dfrac{1}{2n+1}(2I_n + 3n) = O(\log_2 n)$

再来考虑查找概率不相等的情况,即对于给定的 n 个结点 $a_1, a_2, \cdots, a_n$ 及相应的成功查找概率 $p_1, p_2, \cdots, p_n$,以及$(n+1)$个失败结点的不成功查找概率 $q_0, q_1, \cdots, q_n$,我们要构造出相应的最优查找树。一种解决的办法是构造出所有可能的查找树,计算出每棵树的代价,然后挑选其中代价最小的树,它就是我们所要得到的最优查找树。但是,随着 n 的增加,不同的查找树的个数迅速增加,因此计算复杂性非常高。如果根据最优二叉查找树的性质,那么就能找到一种相当有效的构造算法。

在这里,权 w、使用频率 f 与使用概率 p 之间的关系。因为概率是正的小数,有时使用不方便,故引进权 w、使用频率 f 都是正整数,使用较方便。权 w 和使用频率 f 相比,权 w 的含义更广泛些。在本章中,它们的含义相同,就是使用次数。其实,权 w、使用频率 f 与使用概率 p 有其内在的联系,它们可以进行换算。如果已知结点序列 $a_1, a_2, \cdots, a_n$ 的使用频率分别为 $f_1, f_2, \cdots, f_n$,我们可以计算出结点 $a_i (1 \leqslant i \leqslant n)$ 的使用概率为 $p_i = f_i / \sum f_i$;反之,如果已知结点序列 $a_1, a_2, \cdots, a_n$ 的使用概率分别为 $p_1, p_2, \cdots, p_n$,又假设每个概率精确到小数点 t 位,这时我们可求出 $f_i = p_i * 10^t (1 \leqslant i \leqslant n)$,每个 f_i 都是整数。权 w 和使用概率 p 之间的关系和使用频率 f 与使用概率 p 之间的关系相似。

这里用 T_{ij} 表示由 $a_{i+1}, \cdots, a_j (i < j)$ 组成的一棵最优查找树,且约定:当 $0 \leqslant i = j \leqslant n$ 时,T_{ij} 为空树;当 $i > j$ 时,T_{ij} 无定义。用 c_{ij} 表示查找树 T_{ij} 的代价,根据定义,$c_{ii} = 0$。用 r_{ij} 表示 T_{ij} 的根的脚标;且令 $w_{ij} = q_i + \sum_{k=i+1}^{j}(p_k + q_k)$ 表示 T_{ij} 的权。由定义,有 $r_{ii} = 0$,$w_{ii} = q_i (1 \leqslant i \leqslant n)$。因此,$a_1, a_2, \cdots, a_n$ 的一棵最优查找树是 T,它的代价是 c,权为 w,根是 r。

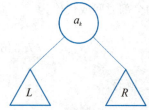

图7-4 最优查找树的结构

如果 T_{ij} 是由 $a_{i+1}, \cdots, a_j$ 组成的一棵最优查找树,并且 $r_{ij} = k\ (i < k \leqslant j)$,那么 T_{ij} 有两棵子树 L 和 R(见图7-4)。其中 L 为根结点 a_k 的左子树,它由结点 $a_{i+1}, \cdots, a_{k-1}$ 组成;R 是根结点 a_k 的右子树,它由结点 $a_{k+1}, \cdots, a_j$ 组成,T_{ij} 的代价 c_{ij} 为

$$c_{ij} = p_k + \mathrm{Cost}(L) + w(L) + \mathrm{Cost}(R) + w(R)$$

其中 $\mathrm{Cost}(L)$ 和 $\mathrm{Cost}(R)$ 分别是左子树 L 和右子树 R 的代价,而

$$w(L) = w(T_{ik-1}) = w_{ik-1}$$

$$w(R) = w(T_{kj}) = w_{kj}$$

因此,有

$$c_{ij} = p_k + w_{ik-1} + w_{kj} + \mathrm{Cost}(L) + \mathrm{Cost}(R)$$

所以

$$c_{ij} = w_{ij} + \mathrm{Cost}(L) + \mathrm{Cost}(R) \tag{7.3.7}$$

最优查找树具有这样的性质:一棵最优查找树的所有子树都是最优查找树。利用这个性质,可把(7.3.7)改写成:

$$c_{ij} = w_{ij} + c_{ik-1} + c_{kj} \tag{7.3.8}$$

由于 T_{ij} 是最优查找树,从(7.3.8)可得出 $r_{ij}=k$ 必定满足如下关系:

$$w_{ij} + c_{ik-1} + c_{kj} = \min_{i < t \leqslant j}\{w_{ij} + c_{it-1} + c_{tj}\}$$

即有

$$c_{ik-1} + c_{kj} = \min_{i < t \leqslant j}\{c_{it-1} + c_{tj}\} \tag{7.3.9}$$

因为

$$w_{ij} = q_i + \sum_{k=i+1}^{j}(p_k + q_k) = q_i + \sum_{k=i+1}^{j-1}(p_k + q_k) + p_j + q_j$$

所以

$$w_{ij} = w_{ij-1} + p_j + q_j \tag{7.3.10}$$

关系式(7.3.8)、(7.3.9)和(7.3.10)式给出了从 $T_{ii} = \Phi$ 和 $c_{ii} = 0$ 获得最优查找树的一种方法。此方法的基本原理就是从已形成的较小的最优查找树出发,系统的寻找越来越大的最优查找树。

下面用一个例子说明构造最优查找树的过程。

例 7.3 假设 $n=4$,且 $(a_1, a_2, a_3, a_4) = (a, b, c, d)$,取 $(p_1, p_2, p_3, p_4) = (3, 3, 1, 1)$,$(q_0, q_1, q_2, q_3, q_4) = (2, 3, 1, 1, 1)$,为了计算方便,$p$ 和 q 都已乘上16。开始时,取 $w_{ii} = q_i$,$c_{ii} = 0$ 和 $r_{ii} = 0$ $(0 \leqslant i \leqslant 4)$,使用(7.3.8)、(7.3.9)和(7.3.10)式便可得到有关的子树,从而构造出所需的最优查找树。在下面的叙述中,为了书写方便,把 T_{ij} 的根结点的左和右子树分别记为 T_{ij}^l 和 T_{ij}^r。

当 $j-i=1$ 时,因为

$$w_{01} = w_{00} + p_1 + q_1 = 8$$
$$c_{01} = w_{01} + c_{00} + c_{11} = 8$$

所以

$$r_{01} = 1, \ T_{01}^l = T_{00}, \ T_{01}^r = T_{11}$$

因为

$$w_{12} = w_{11} + p_2 + q_2 = 7$$
$$c_{12} = w_{12} + c_{11} + c_{22} = 7$$

所以

$$r_{12} = 2, \ T_{12}^l = T_{11}, \ T_{12}^r = T_{22}$$

因为

$$w_{23} = w_{22} + p_3 + q_3 = 3$$
$$c_{23} = w_{23} + c_{22} + c_{33} = 3$$

所以
$$r_{23} = 3, T^l_{23} = T_{22}, T^r_{23} = T_{33}$$

因为
$$w_{34} = w_{33} + p_4 + q_4 = 3$$
$$c_{34} = w_{34} + c_{33} + c_{44} = 3$$

所以
$$r_{34} = 4, T^l_{34} = T_{33}, T^r_{34} = T_{44}$$

当 $j - i = 2$ 时,因为
$$w_{02} = w_{01} + p_2 + q_2 = 12$$
$$c_{02} = w_{02} + \min\{c_{00} + c_{12}, c_{01} + c_{22}\} = 19$$
$$c_{00} + c_{12} < c_{01} + c_{22}$$

所以
$$r_{02} = 1, T^l_{02} = T_{00}, T^r_{02} = T_{12}$$

因为
$$w_{13} = w_{12} + p_3 + q_3 = 9$$
$$c_{13} = w_{13} + \min\{c_{11} + c_{23}, c_{12} + c_{33}\} = 12$$
$$c_{11} + c_{23} < c_{12} + c_{33}$$

所以
$$r_{13} = 2, T^l_{13} = T_{11}, T^r_{13} = T_{23}$$

因为
$$w_{24} = w_{23} + p_4 + q_4 = 5$$
$$c_{24} = w_{24} + \min\{c_{22} + c_{34}, c_{23} + c_{44}\} = 8$$
$$c_{22} + c_{34} = c_{23} + c_{44}$$

所以
$$r_{24} = 3, T^l_{24} = T_{22}, T^r_{24} = T_{34}$$

或
$$r_{24} = 4, T^l_{24} = T_{23}, T^r_{24} = T_{44}$$

当 $j - i = 3$ 时,因为
$$w_{03} = w_{02} + p_3 + q_3 = 14$$

$$c_{03} = w_{03} + \min\{c_{00}+c_{13}, c_{01}+c_{23}, c_{02}+c_{33}\} = 25$$
$$c_{01} + c_{23} < c_{00} + c_{13}, \ c_{01} + c_{23} < c_{02} + c_{33}$$

所以
$$r_{03} = 2, \ T_{03}^l = T_{01}, \ T_{03}^r = T_{23}$$

因为
$$w_{14} = w_{13} + p_4 + q_4 = 11$$
$$c_{14} = w_{14} + \min\{c_{11}+c_{24}, c_{12}+c_{34}, c_{13}+c_{44}\} = 19$$
$$c_{11} + c_{24} < c_{12} + c_{34}, \ c_{11} + c_{24} < c_{13} + c_{44}$$

所以
$$r_{14} = 2, \ T_{14}^l = T_{11}, \ T_{14}^r = T_{24}$$

当 $j - i = 4$ 时,因为
$$w_{04} = w_{03} + p_4 + q_4 = 16$$
$$c_{04} = w_{04} + \min\{c_{00}+c_{14}, c_{01}+c_{24}, c_{02}+c_{34}, c_{03}+c_{44}\} = 32$$
$$c_{01} + c_{24} \text{ 都小于 } c_{00} + c_{14}, \ c_{02} + c_{34}, \ c_{03} + c_{44}$$

所以
$$r_{04} = 2, \ T_{04}^l = T_{01}, \ T_{04}^r = T_{24}$$

在上面的计算过程中,可以构造出图 7-5 中各棵树。依据根和子树之间的关系,把它们装配起来,就可以得到图 7-6 中的两棵最优查找树,它们的根结点都是 b,最小代价都为 32。

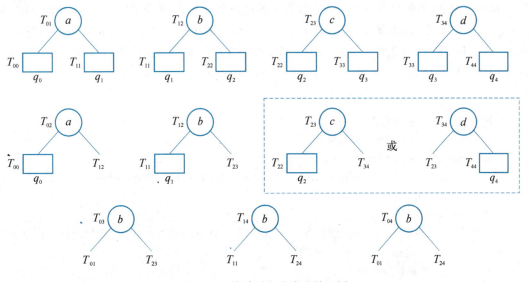

图 7-5　构造过程中产生的子树

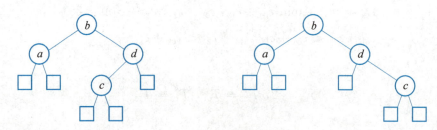

图 7-6 两棵最优查找树

例 7.3 说明了如何使用(7.3.8)、(7.3.9)和(7.3.10)式计算各棵有关子树的 w,c 和 r 值,以及知道了 r 之后如何构造出最优查找树。

下面讨论计算代价 c 的复杂性。在计算 c_{ij} 时,按 $j-i=1,2,\cdots,n$ 的次序进行。当 $j-i=1$ 时,计算 $c_{01},c_{12},\cdots,c_{(n-1)n}$;当 $j-i=2$ 时,就是 $c_{02},c_{13},\cdots,c_{(n-2)n}$;等等。当 $j-i=m$ 时,就需计算 $(n-m+1)$ 个 c_{ij},而计算 c_{ij} 时又需要从 m 个数中找出其最小者。因此,所需的时间为

$$(n-m+1)m = nm - m^2 + m$$

而且 m 是从 1 取到 n,故总的时间为

$$\sum_{m=1}^{n}(nm-m^2+m) = \frac{1}{6}(n^3+3n^2+2n) = \frac{1}{6}n(n+1)(n+2) = O(n^3)$$

7.3.5 动态二叉查找树

一、非平衡二叉查找树

前面介绍了静态二叉查找树的基本结构,在静态二叉查找树中可以直接通过插入和删除操作实现对数据的动态操作。

1. 二叉查找树的插入操作

在给定的查找树 T 中插入一个键值为 a 的结点的操作,首先调用 search(),如果键值为 a 的结点在树 T 中,则不做插入;如果键值为 a 的结点不在树 T 中,则 search 函数最终返回和与 a 相邻的结点,因此将根据 a 同其相邻结点的大小比获得适当位置,所以插入操作插入的位置总是在叶结点。如果插入成功,那么 insert()返回 0,否则,insert()返回 1。

程序 7-11 在二叉查找树中插入元素
```
template< class ElementType >
int search_tree< ElementType >::insert(
                Node < ElementType > * &p_t,ElementType a){
    Node *p, *q, *r;
    search(p_t,a,p,q);
        //从根结点 *p_t 查找含元素 a 的结点,q 返回其所在结点(或者应该插入的位置),
        //p 返回该结点的父结点。
    if(q! = NULL)return 1;
    r = new Node< ElementType >();
```

```
        r - > data = a;
        r - > left = NULL;
        r - > right = NULL;
        if (p == NULL) p_t = r;
            else if(p - > data > a){
               p - > left = r;
        }
         else p - > right = r;
        return 0;
    }
```

如果指针变量 t 指向给定的查找树 T，a 是插入结点的值，那么可用下面的语句实现插入：

$$i = \text{insert}(t, a)$$

在 insert() 函数中，采用指针变量的指针作为参数是为了在对空的查找树进行插入时，使指针变量 t 能指向新的根结点。

2. 二叉查找树的删除操作

在查找树中进行删除结点的操作，首先给出删除结点的算法，然后再给出实现删除算法的程序。删除结点的算法思路如下：

（1）首先调用 search()，从而确定被删除结点在树中的位置。

（2）如果被删除结点不在树中，则删除结束。

（3）如果删除结点在树中，则进行下面的删除：

a) 如果被删除结点是根结点，那么：

i. 若被删除结点无左子结点，则用被删除结点的右子树作为删除后的树；

ii. 若被删除结点有左子结点，则用被删除结点的左子结点作为根结点，同时把被删除结点的右子树作为被删除结点的左子树按中序最后一个结点的右子树。

b) 如果被删除结点不是根结点，那么：

i. 若被删除结点无左子结点，则

① 如果被删除结点是它父结点的左子结点，那么把被删除结点的右子树作为被删除结点的父结点的左子树；

② 如果被删除结点是它父结点的右子结点，那么把被删除结点的右子树作为被删除结点的父结点的右子树。

ii. 若被删除结点有左子结点，则把被删除结点的右子树作为被删除结点的左子树按中序最后一个结点的右子树。同时进行：

① 如果被删除结点是它父结点的左子结点，那么被删除结点的左子树作为被删除结点的父结点的左子树；

② 如果被删除结点是它父结点的右子结点，那么被删除结点的左子树作为被删除结点的父结点的右子树。

（4）回收被删除结点的存储单元，算法结束。

以上的删除算法并不是唯一的，可以采用其他算法，只要在删除结点之后，使得树仍然是一棵查找树就行。

程序 7-12 实现了上述删除算法的 C++函数 dlt(),若删除成功,则返回 0;否则,返回 1。

程序 7-12　从二叉查找树中删除元素
```cpp
template<class ElementType>
int search_tree<ElementType>::dlt(
            Node<ElementType> * &p_t,ElementType a){
    Node *p,*q,*r;
    search(p_t,a,p,q);
    if(q==NULL)return 1;
    if(p==NULL){
      if(q->left==NULL)
        p_t=q->right;
      else{
        r=q->left;
        while(r->right!=NULL) //针对普通二叉查找树
          r=r->right;
        r->right=q->right;
        p_t=q->left;
      }
    }
    else if(q->left==NULL){
      if(q==p->left)
        p->left=q->right;
      else p->right=q->right;
    }
    else{
      r=q->left;
      while(r->right!=NULL)
        r=r->right;
      r->right=q->right;
      if(q==p->left)
        p->left=q->left;
      else p->right=q->left;
    }
    delete q;
    return 0;
}
```

如果指针 t 指向给定的查找树 T,a 是所要删除的结点的键值,那么可用如下的语句实现删除:

$$i=\mathrm{dlt}(t,a);$$

在 dlt()函数中采用指针的指针作为参数是为了在删除根结点后,使指针 t 能指向新的根结点。

如果按照上述的删除方法,在图 7-7(a)的二叉查找树中依次删除 a,e,d,c,b 各个结点,就得到图 7-7(b)~(f)各棵二叉查找树。

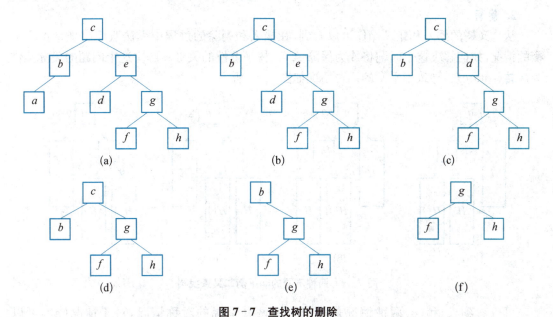

图 7-7 查找树的删除

3. 二叉查找树的性能分析

在二叉查找树中树的高度分布在 $\log n$ 到 n 之间,由于二叉查找树的查询、插入和删除操作的性能均与树的高度相同,所以在二叉查找树中其操作的复杂性在 $\log n$ 到 n 之间。当二叉查找树的高度为 n 时,则系统性能较差。造成这一现象的原因在于一般二叉查找树可能过于不平衡,为了解决这个问题,需要一个平衡性较好的数据结构。

二、AVL 树

AVL 树(AVL tree)就是一个高度平衡的二叉查找树。其目标就是在执行插入删除过程中保持树的平衡性,从而减少树的高度,提高树上查找、插入和删除操作的性能。

1. AVL 树的结构

AVL 树的基本思想是其每个结点的左子树和右子树的高度差不超过 1,例如对图 7-8(a)每个结点的左、右子树的高度差均不超过 1,为平衡的 AVL 树。而图 7-8(b)中结

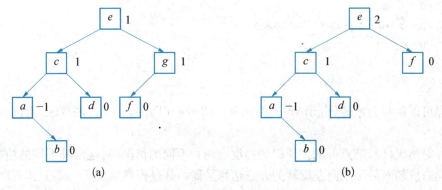

图 7-8 AVL 树的结构

点 e 的左右子树的高度差为 2，所以是不平衡的树。在每个结点上所标注的数字表明了左右子树的高度差（左子树高度－右子树高度），称为**平衡因子**（balance factor）。

2. 旋转

从二叉树的插入和删除操作可以看到，在插入和删除的过程中无法避免出现结点不平衡的情况，如何解决这个问题将成为保障 AVL 树平衡性的关键。解决这个问题的关键操作为**旋转**（rotate）。导致不平衡的四种情况如图 7-9 所示。

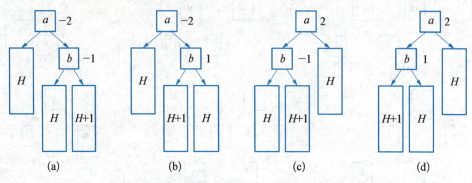

图 7-9 四种不同的非平衡二叉查找树

可以看到（c）和（d）两种情况是（a）和（b）两种情况的对称情况，对于情况（a），可以通过向左旋转（参见图 7-10），将不平衡的 AVL 树转换成平衡的 AVL 树。同样可以通过右旋转操作（参见图 7-11），将情况（c）对应的不平衡树调整成平衡的状态。具体程序如下：

程序 7-13 AVL 树的左旋
```
template< class ElementType >
void search_tree< ElementType >::left-rotate(Node< ElementType > * &n){
    //对以 n 为根结点的 AVL 树左旋,旋转后新根在 n
    Node< ElementType > * p, * q;
    p = n; //保存要左旋的结点
    q = n->right; //要左旋结点的右子树
    p->right = q->left;
    q->left = p;
    p->balance = q->balance = 0;
    n = q;
}
```

同样可以编写右旋转（right-rotate(Node<ElementType> * n)）的算法,由读者自己实现一下。

同样对情况（b），结点 b 的左子树的高度有两种不同的情况，对这两种不同的情况，可以先采用向右旋转然后采用向左旋转的方法达到平衡。其过程参见图 7-12,具体程序参见程序 7-14 中 right-left-rotate 函数。

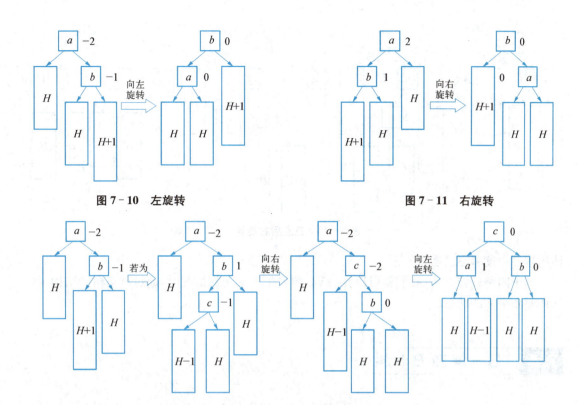

图7-10 左旋转　　　　　　　　　图7-11 右旋转

图7-12 先右后左旋转

程序7-14 AVL树先右后左旋转
```
template<class ElementType>
void search_tree<ElementType>::right-left-rotate(Node<ElementType> *node)
{
    Node<ElementType> *subL = node;
    Node *subR = subL->right;
    node = subR->left;
    //接下来对失衡结点的右子树左旋
    subR->left = node->right;
    node->right = subR;
    if(node->factor! = -1) subR->factor = 0;
        else subR->factor = 1;
    //接下来开始左旋
    subL->right = node->left;
    node->left = subL;
    if(node->factor == 1) subL->factor = -1;
        else subL->factor = 0;
    node->factor = 0;
}
```

同样可以编写先左后右旋转(left-right-rotate(node n))的算法,其过程参见图7-13,具

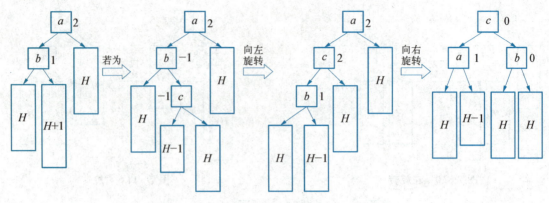

图 7-13 先左后右旋转

体的程序由读者自己实现一下。

基于四种旋转方法,我们就可以在 AVL 树发生不平衡的情况时,通过调整树的结构,将树调整到平衡的状态。

7.4 B-树和B+树

7.4.1 B-树的结构

B-树是一种平衡的多叉树,在对 B-树进行操作时,具有较为简单的算法。B-树以及其改进形式由于充分考虑了磁盘的存储访问特性和对大规模数据的管理能力,已经成为索引文件的一种有效的结构,并得到广泛的应用,特别是在关系数据库系统中得到非常成功的应用。

一棵 *m* 阶 B-树(m-level B-tree)是具备下列 5 种性质的树:

(1) 每个结点的子结点个数 $\leqslant m$;

(2) 除根和叶子之外,每个结点的子结点个数 $\geqslant \lceil m/2 \rceil$;

(3) 根结点至少有两个子结点,除非它同时又是叶子,此时它没有子结点;

(4) 所有叶子都出现在同一层上,而且不带有信息;

(5) 具有 k 个子结点的非叶子结点含有 $k-1$ 个键值。

在上面的定义中,叶子是终端结点,它没有子结点,在实际应用中 B-树的叶子结点是具有实际意义的,例如在数据库中它是指向元组在磁盘上的存储位置。但是本书中主要强调 B-树本身的结构特点,所以书中规定它不带有信息。所以,可以把它看作实际上不在树中的外部结点。B-树的阶 m 是事先任意指定的,一旦指定后,就固定不变了。

在 m 阶 B-树中,每个结点具有如图 7-14 所示的形式。其中:

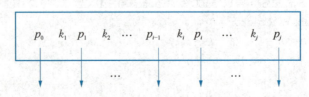

图 7-14 B-树的结点形式

(1) $j \leqslant m-1$;
(2) $k_i (1 \leqslant i \leqslant j)$ 是键值,且所有的键值都是唯一的;
(3) $p_i (0 \leqslant i \leqslant j)$ 是指向该结点的子结点的指针。

结点中的键值是排好序的,如果按升序排列,即有 $k_1 < k_2 < \cdots < k_j$,那么 p_0 指向一棵键值都小于 k_1 的子树的根结点;$p_i (0 < i < j)$ 指向一棵键值都在 k_i 和 k_{i+1} 之间的子树的根结点;p_j 指向一棵键值都大于 k_j 的子树的根结点。

例 7.4 图 7-15 是一棵 5 阶 B—树。对于 5 阶 B—树来讲,除根和叶子外,每个结点都有 $\lceil 5/2 \rceil \sim 5$ 个子结点,所以可以有 2,3 或 4 个键值,有 3,4 或 5 个子结点。根结点可以有 1~4 个键值,有 2~5 个子结点。在本例中,根结点只有一个键值,故有 2 个子结点。在每个结点中,键值是从左到右按递增的顺序排列的。所有叶子用小空框表示,它们都在第三层上,叶子结点的总数比键值的总数多 1 个。由于叶子结点不保存数据,所以可用空指针表示。

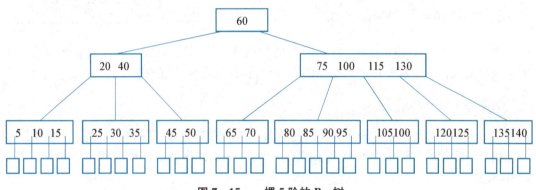

图 7-15 一棵 5 阶的 B—树

对于阶为 1 或 2 的 B—树,我们并不感兴趣,我们只考虑 $m \geqslant 3$ 的情况。阶为 3 的 B—树,就是有些书上所介绍的 2-3 树。

7.4.2 B—树的查询

为了在给定的 m 阶 B—树中查找一个给定的键值 k,必须从根结点开始进行查找。当一个被查找的结点从外存取入内存之后,我们就在该结点的键值序列 $k_1, k_2, \cdots, k_j$ 中查找 k。当 m 较小时,可用顺序查找法;当 m 较大时,可用二分查找法。假设当前被查找的结点中有 j 个键值,在查找键值 k 时,有如下几种情况:

(1) 若 $k = k_i (1 \leqslant i \leqslant j)$,则查找成功。
(2) 若 $k < k_1$,则:
    (a) 如果 p_0 为空,那么查找失败;
    (b) 如果 p_0 非空,那么从外存取得 p_0 所指向的结点,再继续进行查找。
(3) 若 $k_i < k < k_i+1 \ (1 \leqslant i < j)$,则:
    (a) 如果 p_i 为空,那么查找失败;
    (b) 如果 p_i 非空,那么从外存取得 p_i 所指向的结点,再继续进行查找。
(4) 若 $k_j < k$,则:
    (a) 如果 p_j 为空,那么查找失败;
    (b) 如果 p_j 不为空,那么从外存取得 p_j 所指向的结点,再继续进行查找。

在实际使用中，B—树的结点不仅包含有键值，而且还可包含与该键值相对应的记录的存放地址。当查找成功时，我们就可以找到具有查找键值的记录。

对于给定的一棵 m 阶 B—树，在最坏情况下，查找一个键值最多要向外存存取多少个结点？其实，存取结点的个数是依赖于树的层数。假设树中有 N 个键值，那么在第 t 层上有 $N+1$ 个叶子。我们可得各层上最少的结点个数如下：

因此有

$$N+1 \geqslant 2 \times (\lceil m/2 \rceil)^{t-1}$$

即

$$t \leqslant 1 + \log_{\lceil m/2 \rceil} \frac{N+1}{2}$$

表 7-1 B—树的层数与结点个数

层数	最少的结点个数
0	1
1	2
2	$2\lceil m/2 \rceil$
3	$2\lceil m/2 \rceil^2$
⋮	⋮
T	$2\lceil m/2 \rceil^{t-1}$

当 $N=1\,999\,998$ 和 $m=199$ 时，t 最多是 4；也就是说，最多只要存取四个结点，就能找到所要找的键值。由于从外存读取结点的次数少，这样就提高了查找速度。

7.4.3 B—树的插入

由于 B—树的查找操作的计算复杂性与 B—树的树高直接相关，所以对 B—树而言，必须在插入和删除的过程中尽可能保证树的平衡性，从而使得树的高度能够得以控制。算法的基本思路是：

(1) 在插入之前先进行查找，如果插入的键值已在树的结点中，则不需要进行插入操作；

(2) 如果不在树中，通过查找，我们就得到被插入结点的位置，被插入结点总是位于叶子层的上面一层上：

(a) 如果被插入结点的键值个数不满时，直接把键值插入就行了；

(b) 如果被插入结点的键值个数已满，在插入时需进行"**分裂**"(split)。

一般地，当我们把一个新键值插到一棵 m 阶 B—树时，如果所有的叶子都在第 t 层上，那么我们就把新键值插入到第 $(t-1)$ 层的相应结点中。如果被插入的结点在插入之前，键值的个数少于 $(m-1)$ 个，那么把新键值直接插在这个结点的适当位置即可；如果这个结点在插入之前，键值的个数为 $(m-1)$ 个，连同插入的新键值共有 m 个，那么我们把这 m 个键值 k_1, k_2, ⋯, k_m 分裂成左右两个结点，左面结点由键值 k_1, k_2, ⋯, $k_{\lceil m/2 \rceil - 1}$ 组成，右面结点由键值 $k_{\lceil m/2 \rceil + 1}$, ⋯, k_m 组成，同时把 $k_{\lceil m/2 \rceil}$ 插到父结点中。于是，父结点中指向被插入结点的指针 p 改成 p, $k_{\lceil m/2 \rceil}$, p'。指针 p 指向分裂后的左面结点，指针 p' 指向分裂后的右面结点。在向父结点进行插入时，又可能使父结点变成具有 m 个键值的结点，我们还要用相同的方法进行分裂。如果一直分裂到根结点，我们把原来的根结点分离成两个结点，而把中间的键值 $k_{\lceil m/2 \rceil}$ 往上推，作为一个新的根结点，此时，B—树长高了一层。

例7.5 在图7-16(a)的 5 阶 B—树中插入新的键值 32 时，由于被插入结点的键值个数不满，所以只要做简单的直接插入就行了，插入后的状态见图 7-16(b)。例如，在图 7-16(b)的 5 阶 B—树中插入新的键值 34 时，由于被插入结点的键值个数已满，此时被插入结点已经没有空位了。所以，要把结点分裂成两个结点，把结点中位于中间的键值推到被插入结点的父结点中进行插入。插入后的状态如图 7-16(c)所示。

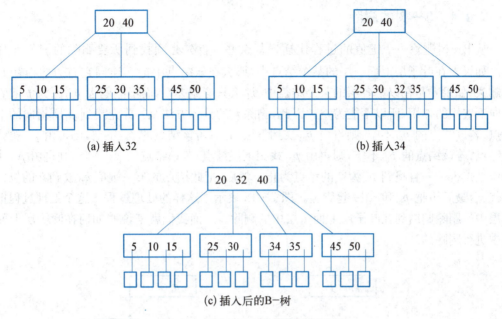

图 7-16 在 5 阶 B—树中插入键值

例 7.6 在图 7-17(a)的 5 阶 B—树中插入键值 86，经过自下而上的两次分裂之后，得到图 7-17(b)的 5 阶 B—树。

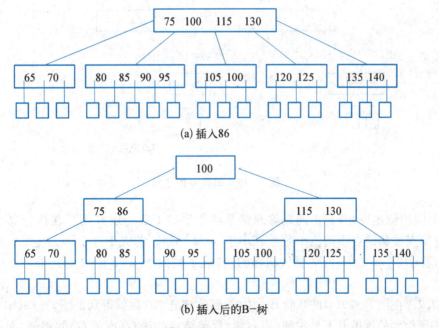

图 7-17 在 5 阶 B—树中插入键值

从上面的过程中，可以看到插入操作不会造成 B—树的不平衡，因为每次插入之后如果造成结点的分裂,则最多会造成所有的叶结点的深度共同加1,而不会造成叶结点之间的高度差。

7.4.4 B—树的删除

从 B—树删除一个键值的过程比插入复杂些。首先必须找到所要删除的键值 k_i 的位置。如果 k_i 在叶子层上面一层的某个结点中,那么在该结点中把 k_i 连同它右边的指针 p_i 一起删去;如果 k_i 是在以上各层的某个结点中,那么只能删去 k_i,而不能删去 p_i,因为 p_i 起着指引向下查找的作用,所以不能为空。因此,删除 k_i 的具体方法是:首先找到 p_i 所指向的下层结点;若该结点的 p_{01} 不空,则再由 p_{01} 找到下层结点;若该结点的 p_{02} 不空,则再由 p_{02} 找到相应结点;若该结点的 p_{01} 不空,则再由 p_{01} 找到下层结点;若该结点的 p_{02} 不空,则再由 p_{02} 找到相应结点……一直找到 p_{t0} 为空的结点为止。然后,把此结点的第一键值 k_{t1} 放到 k_i 的位置上替代 k_i,最后再把 p_{t0} 和 k_{t1} 一起删去。图 7-18 表示了这样的处理过程。这个处理过程把在高层中的删除归结到在叶子层上面一层中的删除。下面我们就来说明如何在叶子层上面一层中进行删除的。

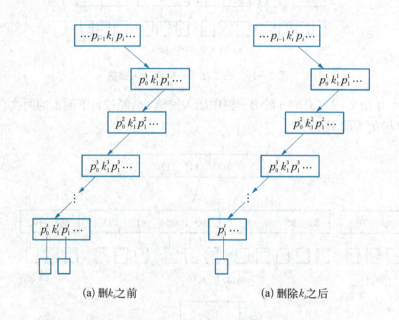

(a) 删除k_i之前   (a) 删除k_i之后

图 7-18 删除 k_i 的过程

从上面的叙述可知,真正的删除总是从叶子层的上面一层开始。在执行真正的删除后,还要检查被删结点中键值个数是否小于 $\lceil m/2 \rceil - 1$。若大于等于 $\lceil m/2 \rceil - 1$,则删除过程结束;若小于 $\lceil m/2 \rceil - 1$,则要从相邻的、键值个数大于 $\lceil m/2 \rceil - 1$ 的兄弟结点中借一个键值。

例 7.7 在图 7-19(a)的 5 阶 B—树中,删除键值 200 后就得到了图 7-19(b)的树。注意:我们所借到的键值并不是左邻(或右邻)兄弟结点的最右(或最左)的键值,而是它们的父结点中介于这两个子结点之间的键值,然后把左邻(或右邻)兄弟结点的最右(或最左)的键值替代父结点中被取走的键值。如果借键成功,那么删除过程结束。

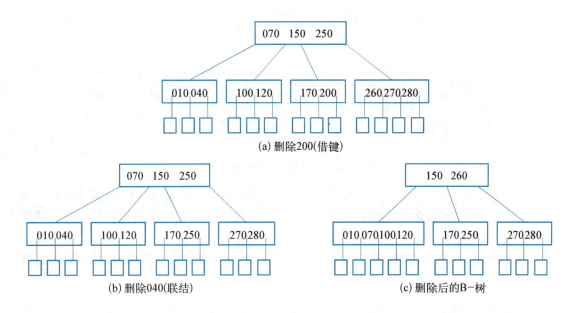

图 7-19 从 5 阶 B—树删除 200 和 040

如果相邻的兄弟结点的键值个数都是 $\lceil m/2 \rceil - 1$，那么就借不到键值。这时，就要进行与分裂相反的处理过程——**联结**（merge），即把两个结点中的键值连同介于其中间的父结点的键值组成一个新结点，此时父结点就少了一个键值。如果在进行联结之后，虽然位于上一层的父结点的键值减少了一个，但键值个数仍然大于等于 $\lceil m/2 \rceil - 1$ 个，那么删除过程到此结束。例如，在图 7-19(b) 的 5 阶 B—树中，删除 040 之后，就得到图 7-19(c) 的树。

如果所进行的联结使得位于上一层的父结点的键值个数少于 $\lceil m/2 \rceil - 1$，那么还需要在上一层中再次进行借用键值或者联结的处理。由此可见，下层结点的联结可能造成上层结点的联结，甚至造成根结点下面一层结点的联结。如果此时根结点只有一个键值，那么联结的结果就会使整棵 B—树减少一层。

例 7.8 在图 7-20(a) 的 5 阶 B—树中，我们要删除键值 500。按上面所介绍的方法，首先把处于叶子层上面一层的键值 600 替代键值 500，然后进行自下而上的两次联结之后，就可得到图 7-20(b) 的 B—树。

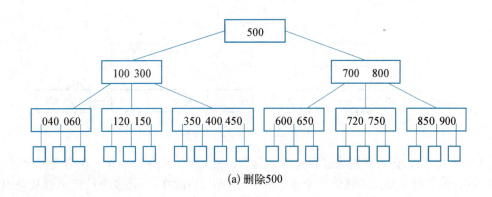

(a) 删除 500

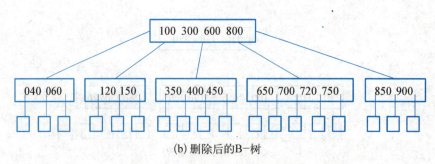

(b) 删除后的B-树

图 7-20 在 5 阶 B-树中删除 500

从上面的过程中,可以看到删除操作不会造成 B-树的不平衡,因为每次插入之后如果造成结点的合并,则最多会造成所有的叶结点的深度共同减 1,而不会造成叶结点之间的高度差。

为了便于 B-树的查找、插入和删除的实现,我们可以在结点上附加一个信息,用它指明结点当前有多少键值。

7.4.5 B+树

在索引文件组织中,经常使用 B-树的一些变形,其中 B+树是一种应用广泛的变形。

m 阶 **B+树**(m-level B+ tree)的定义如下:

(1) 每个结点最多可以有 m 个子结点;

(2) 除根结点和叶子结点外,每个结点至少有 $\lfloor (m+1)/2 \rfloor$ 个子结点;

(3) 根结点至少有 2 个子结点,最多有 m 个子结点;

(4) 有 k 个子结点的结点必有 k 个键值;

(5) 所有叶子结点包含全部键值及指向相应记录的指针,而且叶子结点按照键值从小到大的顺序链接;

(6) 所有非叶子结点仅包含其子树中的最大键值。

B+树是可以在其叶子结点上存储信息的树,所有叶子结点包含了树中所有键值,且包含了指向记录的相应指针;同时,叶子结点按照键值从小到大的顺序链接起来。这样,使 B+树既可以进行随机查找,也可以进行顺序查找。B+树中的非叶子结点只包含它的子树中最大的键值。图 7-21 表示的是一棵 3 阶 B+树。

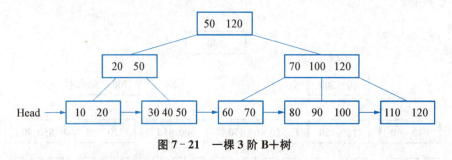

图 7-21 一棵 3 阶 B+树

B+树的查找、插入和删除过程基本上与 B-树相似,但有些差异。在 B+树上进行随机查找时,若非叶子结点的键值等于查找键值,则查找不能终止,还要继续向下查找,一直查到叶子结点上的这个键值。也就是说，每次查找的路径长度总是相等的。B+树还可以在由叶子结点开始进行的。当被插结点的键值个数大于 m 时，要进行分裂，分裂后的两个结点分别有$\lceil (m+1)/2 \rceil$个键值和$\lfloor (m+1)/2 \rfloor$个键值。

例7.9 在图7-22(a)的3阶B+树插入15之后，就变成图7-22(b)所示的3阶B+树。如果在图7-22(b)的3阶B+树插入45之后，就变成图7-22(c)所示的3阶B+树。B+树的删除是在叶子结点中开始进行的。当叶子结点中的最大键值被删除时，该键值在非叶子结点中可以保留，而作为一个"分界键值"存在。如果因为删除而使结点中键值的个数少于$\lfloor (m+1)/2 \rfloor$时，需进行联结，其联结过程与B-树的处理相似。

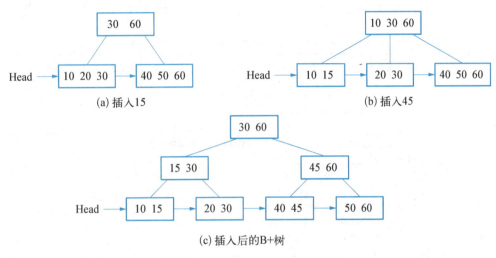

图7-22 3阶B+树的插入过程

7.5 Trie 树

7.5.1 Trie 树的定义

在前面介绍的二叉查找树和B-树中，都是假设键值是数字、字符等简单类型的数据，但是在很多应用中，需要对键值的位数比较大同时是变长的数据类型（比如字符串）进行管理。对于这些数据而言，数据比较操作其本身的计算量就比较大。这时采用这些索引结构就不合适了，而 Trie 结构就是针对这种类型数据的有效的索引结构。Trie 是由 retrieve（检索）中间四个字母组成的，可以用一张表格或一棵树表示一个 Trie 结构。因为用树表示 Trie 结构更加直观，所以在这里用树表示 Trie 结构。当用一棵树表示一个 Trie 结构时，不妨称它为一棵 Trie 树。**Trie 树**(Trie tree)是一棵 m ($m \geq 2$)次树，其中每层上的分支不是由整个键值所确定，而只是由键值的一部分所确定。

例7.10 图7-23是由键值"head"、"heap"、"he"、"heading"、"pointer"、"painter"和"yourself"所构成的一棵 Trie 树。在这棵树中，含有两种结点：一是分支结点，我们用方框表示；二是信息结点，我们用椭圆表示。假定键值是由26个小写英文字母组成，并且用'\0'

作为键值的结束标记。因此,每个分支结点都含有 27 个指针,这些指针可以指向分支结点或信息结点。如果既不指向分支结点,也不指向信息结点,则应置为空。至于指向哪种结点,应该加以区别,这里就不详细说明了。位于 Trie 树第 0 层上的根结点键值中序号为 0 的字符,把所有键值划分成 27 个互不相交的集合。如果假设 t 是 Trie 树的根结点,那么 $t\text{-}>link[i]$($1\leqslant i\leqslant 26$)指向一棵 Trie 子树,这棵子树所包含的键值都是以英文字母表第 i 个字母开头。在 Trie 树的第 j 层上,结点的分支情况由键值中序号为 j 的字符所确定。如果一棵 Trie 子树只有一个键值,那么用一个信息结点代替这棵 Trie 子树,这个结点包含该键值及有关的其他信息,例如该键值所在记录的存放地址等。

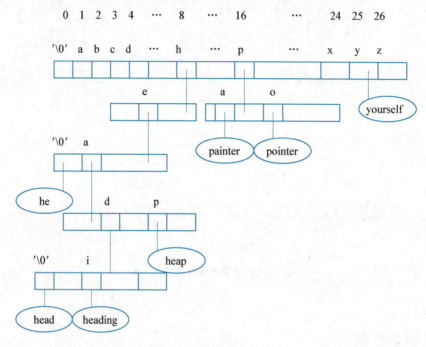

图 7‑23　用树表示的 Trie 结构

7.5.2　Trie 树的查找

如果要在一棵 Trie 树中查找键值 x,就必须把 x 分解出一个一个字符,并按照这些字符所确定的分支进行查找。下面用描述性的程序 Trie(t, x)来说明在给定的 Trie 树 t 中查找键值 x(字符串),且假设树中的结点类型为 Node。如果 p 指向一个信息结点,那么我们用 $p\text{-}>key$ 表示该结点的键值;如果 p 指向一个分支结点,那么我们用 $p\text{-}>link[j]$ 表示该结点中序号为 j($1\leqslant j\leqslant 26$)的指针。如果查找成功,那么返回具有键值 x 的信息结点的地址;否则,返回 NULL。

程序 7‑15　在 Trie 树中查找字符串 x[]
```
Node *trie(Node *t,char x[])
{
    char c;
```

```
    int i,j;
    i = 0;
    while(t 是一个分支结点){
        c = x[i];
        if(c == '\0')j = 0;
        else j = c - 'a' + 1;
        t = t -> link[j];
        i++;
    }
    if(t -> key == x)return t;
    else return NULL;
}
```

在介绍 Trie 树的插入和删除操作时,为直观和叙述方便,我们用 $p\text{->}link['\backslash0']$,$p\text{->}link['a']$,$p\text{->}link['b']$,…,$p\text{->}link['z']$ 分别表示结点 p 中序号为 $0,1,2,…,26$ 的指针。

7.5.3 Trie 树的插入和删除

一、插入

对 Trie 树进行插入的操作并不困难,我们用两个例子说明插入的过程,而把实现插入的程序留给读者去完成。

例 7.11 在图 7-24 的 Trie 树中插入 "computation"。令 x 取值 "computation",通过查找后,我们发现,$p4\text{->}link['p']$ 为空,说明 x 不在树中。我们可以在此处进行插入,插入后的状态见图 7-25。

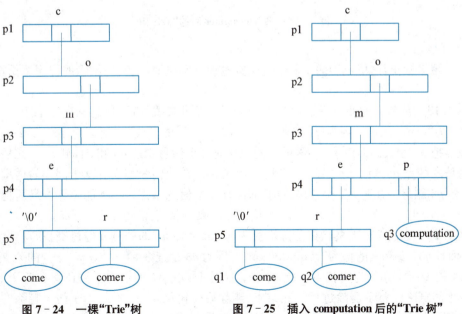

图 7-24　一棵 "Trie" 树　　　　图 7-25　插入 computation 后的 "Trie 树"

例 7.12 在图 7-25 的 Trie 树中插入"computer"。先令 x 取值"computer",经过查找后,我们得到信息结点 $q3$。因为 $q3$ 是挂在 $p4$ 结点的分支上,所以我们用 $q3->key$ 和 x 构成一棵 Trie 子树,把它作为分支结点 $p4$ 的子树。经过比较,发现 $q3->key$ 和 x 中序号为 4 和 5 的字符相同。因此,依次产生 $p6$、$p7$ 和 $p8$ 三个分支结点;同时,把 $p6$ 挂在 $q3$ 原来所挂的分支上,把 $p7$ 挂在 $p6->link['u']$ 的分支上,把 $p8$ 挂在 $p7->link['t']$ 的分支上。再把含有键值 $q3->key$ 和 x 的两个信息结点 $q3$ 和 $q4$ 分别挂在 $p8->link['a']$ 和 $p8->link['e']$ 的分支上。插入后的状态见图 7-26。

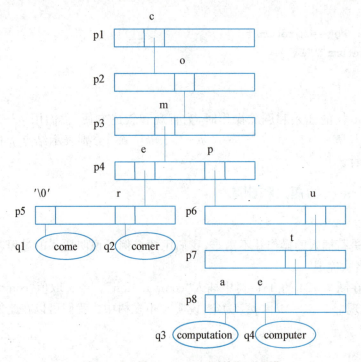

图 7-26 插入 computer 后的"Trie 树"

二、删除

对于删除操作,这里也用两个例子说明其过程。同样地,把实现删除的程序留给读者去完成。

例 7.13 从图 7-26 删去键值"computer"。经过查找,得到信息结点 $q4$,而且 $q4->key$ 的值为"computer"。因为 $q4$ 挂在 $p8->link['e']$ 的分支上,所以置 $p8->link['e']$ 为空就能把 $q4$ 删去。但以 $p8$ 为根的子树只含有两个信息结点 $q3$ 和 $q4$,删去 $q4$ 之后,只剩下一个信息结点 $q3$,所以分支结点 $p8$ 没有存在的必要,把 $p8$ 删去。基于同样的道理,依次把 $p7$ 和 $p6$ 删除。此时,以 $p4$ 为根的子树含有三个信息结点,$p4$ 不能删除。最后把 $q3$ 挂在 $p4->link['p']$ 的分支上。至此,删除过程结束,删除后的树见图 7-25。

例 7.14 在图 7-25 的树中删除键值为"computation"的结点。经过查找,得到信息结点 $q3$,而且 $q3->key$ 的值为"computation"。因为 $q3$ 是挂在 $q4->link['p']$ 的分支上,所以置 $p4->link['p']$ 为空就可以把 $q3$ 删去。这时,以 $p4$ 为根的子树还含有两个信息结点,$p4$ 不能删除。整个删除过程到此结束,删除后的树见图 7-24。为了便于删除的实现,可以在每个分支结点中增加一个附加信息,用它指明以该分支结点为根的子树当前还有多少个信息结点。

7.6 Hash 查找

Hash,音译"哈希"或意译"散列",是另一种重要的查找方法。如果经常要从一个结点集合中找出具有给定键值的结点,那么采用 Hash 存储和 Hash 查找是一种好办法。

Hash 方法的设计思想和本章前面介绍的几种查找方法完全不同,之前介绍的方法都是通过对键值进行一系列的比较来确定被查找键值的存放地址,而 Hash 查找方法是通过对键值做某种运算来确定键值的存放地址。

Hash 查找的前提是数据采用 **Hash 存储**,即首先通过 Hash 函数将键值映射到表中某个位置来存储数据元素,然后根据键值用同样的方法直接访问。

Hash 函数的作用是在结点存储地址 $address$ 与其关键字 key 之间建立一个确定的对应关系,使每个关键字与一个唯一存储地址相对应:

$$address = \text{hash}(key)$$

在查找时,先对结点的关键字进行函数计算,把函数值当做结点的存储位置,并按此位置取结点做比较。若关键字相等,则查找成功。在存放结点时,依相同函数计算存储位置,并按此位置存放。

例 7.15 设 F 是含有 6 个结点的线性表,其中的键值分别为: 7,11,12,16,20,22,使用有 10 个结点的数组 $T[0\cdots9]$ 作为 Hash 表存储,Hash 函数 $h(key)=key\%7$,那么 Hash 表的存储情况如图 7-27 所示。如果要找键值为 22 的结点,只要计算 $22\%7=2$ 就能在 $T[2]$ 中找到。

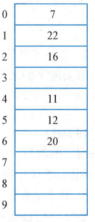

图 7-27 一个 Hash 存储例子 ($address=key\%7$)

Hash 函数是一个压缩映象函数。一般关键字集合比 Hash 表地址集合大得多。因此有可能经过 Hash 函数的计算,把不同的关键码映射到同一个 Hash 地址上。即使把存放结点的 Hash 表的容量取得很大,有时也难以找到一个足够简单的一一对应函数。因此在绝大多数情况下使用的 Hash 函数都不保证一一对应。如图 7-27 所示的例子中,如果我们再插入一个键值为 8 的结点,会发现其对应的存储位置 $T[1]$ 已经被键值为 22 的结点占用,即不同的关键字映射到同一个 Hash 地址上,这种情况称为**冲突**(collision),这些产生冲突的 Hash 地址相同的不同关键字为**同义词**(synonym)。

综上所述,Hash 方法包括两个主要问题:一是选取 Hash 函数,二是选取解决冲突的方法。不失一般性,在下面的讨论中我们假定键值均是正整数。

7.6.1 Hash 函数

好的 Hash 函数不但要简单,而且要使得冲突现象少发生。构造 Hash 函数时考虑的一般原则有:

(1) Hash 函数应是简单的、能在短时间内计算出结果。

(2) Hash 函数的定义域必须包括需要存储的全部关键码,如果 Hash 表允许有 m 个地址时,其值域必须在 0 到 $m-1$ 之间。

(3) 关键字集合中的关键字,经 Hash 函数映射到地址集合中任何一个地址的概率都是相等的。

Hash 函数的种类很多,这里只介绍一些常见的 Hash 函数构造方法。

1. 除留余数法

取关键字被某个不大于 Hash 表表长 m 的数 p 除后所得余数为 Hash 地址:

$$\text{hash}(key) = key \% p \quad p \leqslant m$$

除数 p 一般取一个不大于 m ,最接近于或等于 m 的质数。

例 7.16 有一个关键码 $key=100$,Hash 表大小 $m=15$,取质数 $p=13$。Hash 函数 $\text{hash}(key)=key\%p$。则 Hash 地址为

$$\text{hash}(100) = 100 \% 13 = 9$$

2. 直接定址法

取关键字的某个线性函数值作为 Hash 地址:

$$\text{hash}(key) = a * key + b \quad a, b \text{ 为常数}$$

比如在一个 0~100 岁的年龄统计表中,我们就可以把年龄作为地址。这类 Hash 函数是一对一的映射,一般不会产生冲突。但是,它要求 Hash 地址空间的大小与关键码集合的大小相同,给应用带来限制。

3. 数字分析法

数字分析法通过分析关键码每一位数值的分布情况,来选取其中的几位作为 Hash 函数值,即 Hash 地址。

设有 n 个 d 位数,每一位可能有 r 种不同的符号。这 r 种不同的符号在各位上出现的频率不一定相同。可根据 Hash 表的大小,选取其中各种符号分布均匀的若干位作为 Hash 地址。

这种方法适用于事先明确知道表中所有关键码每一位数值的分布情况,它完全依赖于关键码集合。

例 7.17 下面是某实验室 8 位学生的学号,

```
09210240043
09210240054
10210240008
10210240029
10210240054
10210240092
10210240106
07301020014
```

经分析,前 9 位重复的可能性大,取这几位造成冲突的机会增加,所以尽量不取这些位,

可以取后 2 位作为 Hash 地址。

4. 平方取中法

先通过求关键字的平方值扩大相近数的差别,然后根据表长度取中间的几位数作为 Hash 函数值。又因为一个乘积的中间几位数和乘数的每一位都相关,所以由此产生的 Hash 地址较为均匀。

5. 折叠法

将关键字分割成位数相同的几部分(最后一部分的位数可以不同),然后取这几部分的叠加和(舍去进位)作为 Hash 地址。有两种叠加方法:
- 移位法:把各部分的最后一位对齐相加;
- 分界法:各部分不折断,沿各部分的分界来回折叠,然后对齐相加,将相加的结果当做 Hash 地址。

例 7.18　设给定的关键码为 $key=435561786934934$,若存储空间限定 4 位,则划分结果为每段 4 位。上述关键码可划分为 4 段:

$$4355 \quad 6178 \quad 6934 \quad 934$$

图 7-28 所示是分别按移位叠加法和分界叠加法求 Hash 地址的例子。

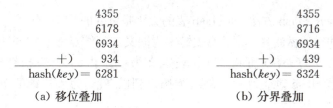

(a) 移位叠加　　　　　　　　(b) 分界叠加

图 7-28　折叠法求 Hash 地址

7.6.2　解决冲突的方法

如前所述,冲突是不能完全避免的,因此必须有解决冲突的方法。这里介绍两种常见的解决冲突的方法:<u>开放定址法</u>(open addressing)和<u>拉链法</u>(chaining)。

1. 开放定址法

开放定址法是一种闭 Hash 方法,即 Hash 表的大小是固定不变的。在闭 Hash 方法中,所谓解决冲突,就是在发生冲突的时候,给要插入的结点找到另一个"空的"Hash 地址,即新地址上没有存放其他结点。在 Hash 表中找到一个空的 Hash 地址的过程,可能得到一个地址系列 $h_1, h_2, \cdots$ 设 Hash 表容量为 m,开放定址法的形式化表示如下:

$$h_i = (\mathrm{hash}(key) + d_i + m) \% m \quad i=1, 2, \cdots, k \ (k<m)$$

其中 d_i 为增量序列,一般有 3 种选择:

(1) $d_i = i$,称为线性探测再 Hash。

(2) $d_i = \begin{cases} \lceil i/2 \rceil^2, & i \text{ 为奇数} \\ -\lceil i/2 \rceil^2, & i \text{ 为偶数} \end{cases}$,称为二次探测再 Hash。

(3) $d_i = $ 伪随机数系列,称为伪随机探测再 Hash。

在图 7-27 所示发生冲突的例子中,如果要插入键值为 8 的新结点,就会在 $T[1]$ 处发生冲突。图 7-29 展示了分别采用线性探测再 Hash 和二次探测再 Hash 解决冲突的过程。线性探测再 Hash 法依次探测了 hash(key)+1，hash(key)+2；二次探测再 Hash 法依次探测了 hash(key)+1，hash(key)−1，hash(key)+4。

图 7-29 开放定址法解决冲突的例子 ($address = key\%7$)

2. 拉链法

拉链法是一种开 Hash 方法，即 Hash 表的大小是可变的。

拉链法解决冲突的做法是：将所有关键字为同义词的结点链接在同一个单链表中。若选定的 Hash 表长度为 m，则可将 Hash 表定义为一个由 m 个头指针组成的指针数组 $T[0 \cdots m-1]$。凡是 Hash 地址为 i 的结点，均插入到以 $T[i]$ 为头指针的单链表中。T 中各分量的初值均应为空指针。

如图 7-30 所示是一个用拉链法构建的 Hash 表。$m=5$，$hash(key)=key\%5$，键值序列为 7，11，12，16，20，22，8。当发生冲突的时候，只要在该表项的链表上新增加一个链表结点插入即可。

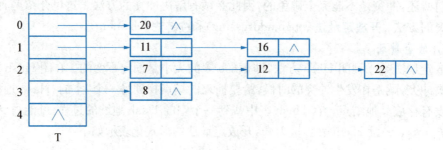

图 7-30 拉链法解决冲突的例子

7.6.3 Hash 查找的讨论

除 Hash 法外，其他查找方法的共同特征为：均是建立在比较关键字的基础上。其中顺序查找是对无序集合的查找，每次关键字的比较结果为"="或"！="两种可能，其平均时间为 $O(n)$；其余的查找均是对有序集合的查找，每次关键字的比较有"="、"<"和">"三种可能，且每次比较后均能缩小下次的查找范围，故查找速度更快，其平均时间为 $O(\lg n)$。而

Hash法是根据关键字直接求出地址的查找方法,其查找的平均时间为$O(1)$。Hash方法的典型应用包括数据库索引和字符串匹配算法。

在多种Hash函数中,除留余数法得到的Hash函数不但简单,而且平均性能在很多场合优于其他类型的Hash函数,是最常用的一种Hash函数。

冲突基本上是不可避免的,除非数据很少;我们只能采取措施尽量避免冲突,并寻找解决冲突的办法。设计好的Hash函数可以减少冲突的发生,因此Hash函数一般要求简单和均匀。

冲突的频繁程度除了与Hash函数密切相关外,还与表的填满程度相关。设m和n分别表示表长和表中填入的结点数,则将$α=n/m$定义为Hash表的装填因子(load factor)。$α$越大,表越满,冲突的机会也越大。开放定址法的$α$必须小于1。

开放定址法和拉链法是两种完全不同的冲突解决方法,已有研究表明,拉链法的平均查找长度一般小于开放定址法,因此拉链法得到更广泛的应用。与开放定址法相比,拉链法有如下几个优点:

(1) 拉链法处理冲突时,即非同义词绝不会发生冲突,平均查找长度较短。

(2) 拉链法中各链表上的结点空间是动态申请的,更适合于无法确定表长的情况。

(3) 开放定址法为减少冲突,要求装填因子$α$较小,故当结点规模较大时会浪费很多空间。而拉链法中可取$α≥1$,且结点较大时,拉链法中增加的指针域可忽略不计,因此节省空间。

(4) 在用拉链法构造的Hash表中,删除结点的操作易于实现,只要简单地删去链表上相应的结点即可。而对开放定址法构造的Hash表,删除结点时不能简单地将被删结点的空间置为空,否则将截断在它之后填入Hash表的同义词结点的查找路径。这是因为在开放定址法中,空地址单元(即开放地址)都是查找失败的条件。因此在开放定址法处理冲突的Hash表上执行删除操作,只能在被删结点上做删除标记,而不能真正删除结点。

7.7 进阶导读

查找是数据处理最常见的一种运算。随着社会的发展,需要处理的数据量出现了井喷式地增长,这就要求查找要更有效率。

查找紧密依赖于数据的组织形式和存储介质。常见的查找数据结构有顺序表、散列表、树、堆等[1]。当数据量较小时,可以把它全部放入内存,这时如何优化数据结构是其核心问题。而当数据量大到必须放入磁盘时,利用索引减少读写磁盘次数是优化的主要目标之一[2]。

索引是提高查找效率的最有效方式之一。B-树和B+树实际上是一种平衡的多路查找树,在文件系统和数据库中很有用。索引结构的选择还依赖于需要索引的数据元素。索引数值,可以用简单的二叉查找树;索引字符串,可以用较为复杂的Trie树;而索引多维数据,可以用R树[3];索引图,可使用D(k)索引[4]。

参考文献

[1] Thomal H. Cormen, Charles E. Leiserson, Ronald L. Rivest, Clifford Stein. *Introduction to*

Algorithms(*Second edition*). The MIT Press, 2002.
[2] Raghu Ramakrishnan, Johannes Gehrke. *Database Management Systems*（*Third Edition*）. Mc Graw Hill, 2003.
[3] Antonin Guttman. *R-Trees*: *A Dynamic Index Structure for Spatial Searching*, SIGMOD Conference 1984: 47-57.
[4] Qun Chen, Andrew Lim, Kian Win Ong. *D(k)-index*: *an adaptive structural summary for graph-structured data*, ACM SIGMOD, 2003.

习 题

1. 设有序顺序表中的元素依次为 017,094,154,170,274,500,521,553,680,726,889,963,988，试画出在其中用折半查找、插值查找和斐波那契查找查找 154,988 的过程示意图。

2. 假设结点序列 $F=\{60,30,90,50,120,70,40,80\}$，使用二叉查找树的插入算法，对 F 中的结点依次插入。画出由 F 中结点所构成的查找树 $T1$。再用查找树的删除算法，从查找树 $T1$ 中依次删除 40,70,60，画出删除后的查找树。

3. 试将折半查找的算法改成递归算法。

4. 可以生成图 7-31 的关键字的初始排列有几种？请写出其中的任意 5 个。

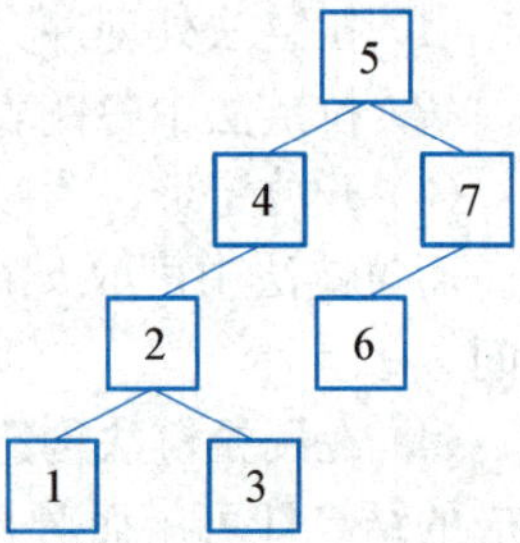

5. 设二叉树采用二叉链表表示，指针 $root$ 指向根结点。试编写一个在二叉树中查找值为 x 的结点，并打印该结点的所有祖先结点的算法。在此算法中，假设值为 x 的结点不多于一个。

6. 试编写一个算法，将用二叉链表表示的完全二叉树转换为二叉树的顺序（数组）表示。

图 7-31

7. 试写一个判别给定二叉树是否为二叉排序树的算法，设此二叉树以二叉链表为存储结构，且树中结点的关键字均不同。

8. 试写一算法，将两棵二叉排序树合并为一棵二叉排序树。

9. 参考 7.3.3 节，试编写代码，利用 previous() 遍历线索二叉树。

10. 编写递归算法，从大到小输出给定二叉排序树中所有关键字不小于 x 的数据元素。

11. 试推导含 12 个结点的平衡二叉树的最大深度，并画出一棵这样的树。

12. 设结点 k_1,k_2,k_3,k_4,k_5 的键值分别是 10,30,50,70,90，它们的相对使用频率分别为 $p_1=5,p_2=6,p_3=3,p_4=7,p_5=4$，外部结点的相对使用频率分别为 $q_0=4,q_1=2,q_2=1,q_3=2,q_4=3,q_5=4$。试构造出由 k_1,k_2,k_3,k_4,k_5 所构成的最优查找树。

13. 霍夫曼树是一种最优查找树。给定权值结合 $\{15,03,14,02,06,09,16,17\}$，构造相应的霍夫曼树，并计算它的带权外部路径长度。

14. 设有一个关键码的输入序列 $\{55,31,11,37,46,74,62,05,09\}$：
（1）从空树开始构造平衡二叉查找树，画出每加入一个新结点时二叉树的形态。若发生失衡，指明所做的平衡旋转类型和结果。
（2）计算该平衡二叉查找树在等概率下的查找成功的平均查找长度和查找不成功的平均查找长度。

15. 含 9 个叶子结点的 3 阶 B—树中至少有多少个非叶子结点？含 10 个叶子结点的 3 阶 B—树中至多有多少个非叶子结点？

16. 在含有 n 个关键码的 m 阶 B—树中进行查找时,最多访问多少个结点?

17. B+树和 B—树的主要差异是什么?

18. 图 7-32 是一个 3 阶 B—树。试分别画出在插入 65,15,40,30 之后 B—树的变化,在此基础上,再分别画出删除结点 50,55 的 B—树的变化。

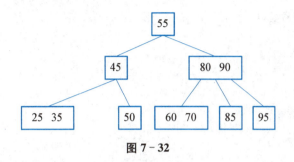

图 7-32

19. 试写出 Trie 树中删除一个关键字的算法。

20. 在初始时为空的 Trie 中,首先依次插入 over、overbalance、overbear 和 overbearing,然后再依次删除 overbalance、overbearing 和 over,画出每次插入和删除后的各棵 Trie 树。

21. 设 Hash 表长为 15,Hash 函数是 hash(key)=key%11,表中已有数据的关键字为 15、38、61、84 共 4 个,现要将关键字为 49 的结点加到表中,用二次探测再 Hash 法解决冲突,则放入的位置是多少?

22. 已知一个线性表(38,25,74,63,52,48),采用的 Hash 函数为 hash(key)=key%7,将元素散列到表长为 7 的 Hash 表中存储。若采用开放定址法中的线性探测再 Hash 法解决冲突,则在该 Hash 表上进行等概率成功查找的平均查找长度为多少?

23. 上题中如果其他条件都一样,如果采用开放定址法中的拉链法解决冲突,则进行等概率查找的平均查找长度为多少?

第 8 章 图

> 本章介绍比树更复杂的一种数据结构——图(graph),许多技术领域都把图作为解决问题的重要手段。

8.1 图的基本概念

一个**无向图**G(undirected graph)是一个有序对(V, E),V是一个有限个**顶点**(vertex)的集合,E是由V中两个不同元素组成的子集的集合,E中的元素称为**边**(edge)。通常用自然数来标识图中的顶点。在无向图G中,如果$i \ne j$, $i, j \in V$, $(i, j) \in E$,即i和j是G中两个不同的顶点,(i, j)是图G中的一条边,则称顶点i和顶点j是相邻接。

一个**有向图**(directed graph)G是一个有序对(V, E),V是一个有限个顶点的集合,E是由V中两个不同元素组成的有序对的集,E中的元素称为边。在有向图G中,如果$i \ne j$, $i, j \in V$, $<i, j> \in E$,即i和j是G中两个不同的顶点,$<i, j>$是G中的一条边,则称i是这条边的**尾顶点**,j是这条边的**头顶点**,有时称i是邻接到j的顶点,j是邻接于i的顶点。

从图的定义可知道,图中不能有一顶点到自身的边。在无向图中,一对顶点之间不能有两条边。在有向图中,一对顶点不能有相同方向的两条边,但可以有不同方向的两条边。

对于图$G = (V, E)$,可用$V(G)$表示图G的顶点集合,用$E(G)$表示图G的边的集合。图8-1给出一个无向图G_1,其中$V(G_1) = \{1, 2, 3, 4, 5\}$,$E(G_1) = \{(1, 2), (1, 3), (1, 4), (2, 3), (2, 5), (3, 4), (3, 5), (4, 5)\}$。图8-2给出一个有向图$G_2$,其中$V(G_2) = \{1, 2, 3, 4, 5\}$,$E(G_2) = \{<1, 2>, <1, 4>, <2, 1>, <2, 5>, <3, 2>, <3, 5>, <4, 3>, <5, 4>\}$。

假设有两个图G和G',$G = (V, E)$, $G' = (V', E')$,且满足

$$V' \subseteq V, E' \subseteq E,$$

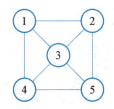
图8-1 无向图 G_1

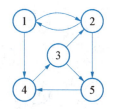
图8-2 有向图 G_2

则称 G' 是 G 的**子图**(subgraph)。注意:G 和 G' 应同是无向图,或同是有向图。图8-3(a)~(c) 中的无向图都是图8-1中的无向图 G_1 的子图,而图8-4(a)~(c) 中的有向图都是图 8-2 中的有向图 G_2 的子图。

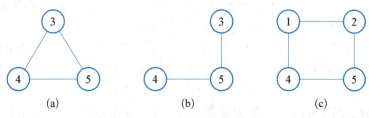

图8-3 图 G_1 的某些子图

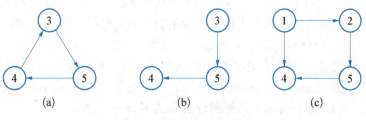

图8-4 图 G_2 的某些子图

每对顶点之间都有一条边的无向图,称为**完全无向图**(completed undirected graph)。每对顶点 i 和 j 之间都有边 $<i, j>$ 和 $<j, i>$ 的有向图,称为**完全有向图**(completed direted graph)。图 8-5(a) 是一个三个顶点的完全无向图,而图 8-5(b) 是一个三个顶点的完全有向图。具有 n 个顶点的完全无向图有 $n(n-1)/2$ 条边;具有 n 个顶点的完全有向图有 $n(n-1)$ 条边。

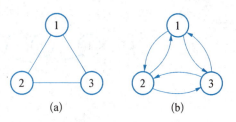

图8-5 完全图

在无向图 $G=(V, E)$ 中,从顶点 v 到顶点 w 的一条**路径**(Path)是一个由不同顶点组成的顶点序列 $(v_0, v_1, \cdots, v_k)$,其中 $v_0=v$, $v_k=w$,且 $(v_i, v_{i+1}) \in E(G)$ $(0 \leq i < k)$。通常用 $(v_0, v_1, \cdots, v_k)$ 表示这条路径,称这条路径的长度为 k。只有一个顶点时,则认为 v 到自身的路径长度为零。如果无向图 G 中每对顶点 v 和 w 都有从 v 到 w 的路径,则称无向图 G 是**连通**(connected)的。称无向图 G 中的**极大连通子图**为图 G 的**连通分量**(connected component)。图 8-1、8-3、8-6 中的各个图都是连通的无向图,而图 8-7 的图是不连通的,它有两个连通分量 H1 和 H2。

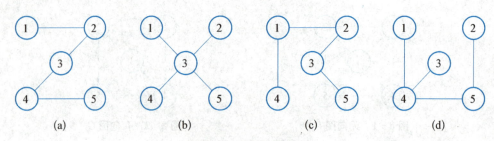

图 8-6 连通的无向图

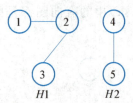

图 8-7 具有两个分量的无向图

极大连通子图是指该子图再添加一个顶点,一条边或者一个子图后不再连通。

在有向图 $G=(V,E)$ 中,从顶点 v 到顶点 w 的一条路径是一个由不同顶点组成的顶点序列 $<v_0,v_1,\cdots,v_k>$,其中 $v_0=v$,$v_k=w$,且 $<v_i,v_{i+1}>\in E(G)$ $(0\leqslant i<k)$。通常用 $(v_0,v_1,\cdots,v_k)$ 表示这条路径,称这条路径的长度为 k。只有一个顶点时,则认为 v 到自身的路径长度为零。如果有向图 G 中每对顶点 v 和 w 都有从 v 到 w 的路径,则称有向图 G 是 强连通(strongly connected)的。如果有向图 G 的每对顶点 v 和 w,有一个由不同顶点组成的顶点序列 $<v_0,v_1,\cdots,v_k>$,其中 $v_0=v$,$v_k=w$,且 $<v_i,v_{i+1}>\in E(G)$ 或者 $<v_{i+1},v_i>\in E(G)$ $(0\leqslant i<k)$,则称有向图 G 是 弱连通(weakly connected)的。强连通的有向图一定是弱连通的,反之则不然。图 8-2、8-4(a)、8-5(b)、8-8(a)、8-8(b) 都是强连通的有向图。图 8-4(b)、8-4(c) 和 8-9(a)、8-9(b) 都是弱连通的有向图,但都不是强连通的有向图。称有向图 G 的 极大强连通子图 为图 G 的 强连通分量(strongly connected compenent)(见图 8-10);称有向图 G 的 极大弱连通子图(weakly connected compomery)为图 G 的 弱连通分量(见图 8-11)。极大强(弱)连通子图是指该子图再添加一个顶点、一条有向边或者一个子图后不再强(弱)连通。

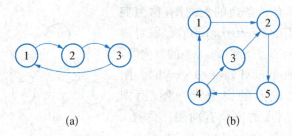

图 8-8 强连通的有向图

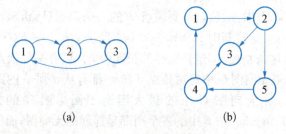

图 8-9 弱连通的有向图

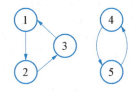
图 8-10　具有两个强连通分量的有向图

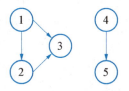
图 8-11　具有两个弱连通分量的有向图

如果图 G 中有一条路径 $(v_0, v_1, \cdots, v_k)$，且 $v_0 = v_k$，则称这条路径为回路(或环)(Loop)。如果图 G 是无向图，则称此回路为无向回路(undirected loop)；如果图 G 是有向图，则称此回路为有向回路(directed loop)。一个图如果没有回路，则称该图是一个无回路的图。一个连通的无回路的无向图可以定义一棵树。图 8-6(a)~(d)都是连通的无回路的无向图。若在连通的无回路的无向图中，任选其中一个顶点作为树的根，则可确定一棵树。

在无向图 G 中，如果 $v \in V(G)$，则与 v 邻接的顶点个数称为顶点 v 的度(degree)。在图 8-1 的无向图中，顶点 1 的度为 3，顶点 3 的度为 4。在有向图 G 中，如果 $v \in V(G)$，则邻接到 v 的顶点个数为顶点 v 的入度(in-degree)，邻接于 v 的顶点个数为顶点 v 的出度(out-degree)。在图 8-2 的有向图中，顶点 3 的入度为 1，出度为 2，而顶点 5 的入度为 2，出度为 1。

8.2　图的存储结构

表示图的存储结构有多种形式，这里只介绍其中最常用的两种，即邻接矩阵和邻接表。选用哪一种存储结构，取决于具体的应用。

8.2.1　邻接矩阵

如果 $G = (V, E)$ 是具有 $n (n \geqslant 1)$ 个顶点的无向图，则其邻接矩阵(adjacent matrix) A 是一个 $n \times n$ 阶矩阵，定义 A 为：

$$A(i, j) = \begin{cases} 1 & 若 (i, j) \in E(G) \\ 0 & 否则 \end{cases}$$

如果 $G = (V, E)$ 是具有 $n (n \geqslant 1)$ 个顶点的有向图，则其邻接矩阵 A 是一个 $n \times n$ 阶矩阵，定义 A 为：

$$A(i, j) = \begin{cases} 1 & 若 <i, j> \in E(G) \\ 0 & 否则 \end{cases}$$

例如，图 8-1 的无向图 G_1 和图 8-2 的有向图 G_2 的邻接矩阵分别为图 8-12 中的 A_1 和 A_2。

无向图 G 的邻接矩阵是对称的，因为当 $(i, j) \in E(G)$ 时，也有 $(j, i) \in E(G)$。有向图的邻接矩阵则不一定是对称的，所以用邻接矩阵表示一个具有 n 个顶点的有向图时，所需的存储空间为 n^2。由于无向图的邻接矩阵是对称的，所以可以只需存入下三角(或者上三角)的元素，因此存储空间只需 $n(n+1)/2$。

$$A_1 = \begin{bmatrix} 0 & 1 & 1 & 1 & 0 \\ 1 & 0 & 1 & 0 & 1 \\ 1 & 1 & 0 & 1 & 1 \\ 1 & 0 & 1 & 0 & 1 \\ 0 & 1 & 1 & 1 & 0 \end{bmatrix} \quad A_2 = \begin{bmatrix} 0 & 1 & 0 & 1 & 0 \\ 1 & 0 & 0 & 0 & 1 \\ 0 & 1 & 0 & 0 & 1 \\ 0 & 0 & 1 & 0 & 1 \\ 0 & 0 & 0 & 1 & 0 \end{bmatrix}$$

图 8-12 邻接矩阵

从邻接矩阵很容易看出哪两个顶点之间有边相联结,并容易求得各个顶点的度。对于具有 n 个顶点的无向图,其邻接矩阵 A 的第 i 行元素之和 $\sum_{j=1}^{n} A(i,j)$ 为顶点 i 的度。对于具有 n 个顶点的有向图,其邻接矩阵 A 的第 i 行之和 $\sum_{j=1}^{n} A(i,j)$ 为顶点 i 的出度,而邻接矩阵 A 的第 j 列之和 $\sum_{i=1}^{n} A(i,j)$ 为顶点 j 的入度。

程序 8-1 给出用邻接矩阵作为存储表示的图的类定义描述。

程序 8-1 用邻接矩阵表示的图的类定义
```
const int EdgesMaxNum = 100;   //最大边数
const int VerticesMaxNum = 20;   //最大顶点数
template <class NameType, class DistType> class Graph{   //图的类定义
    private:
        SeqList <NameType> VerticesList(VerticesMaxNum);   //顶点表
        DistType A[VerticesMaxNum][VerticesMaxNum];   //邻接矩阵
        int EdgesCurrentNum;   //当前边数
    public:
        Graph(int size = VerticesMaxNum);   //构造函数
        int GraphEmpty() const {return VerticesList.IsEmpty();}   //判断图为空否
        int GraphFull() const   //判断图为满否
            {return VerticeList.IsFull()||EdgesCurrentNum == EdgesMaxNum;}
        int VerticesNumber() {return VerticesList.*p_n + 1;}   //返回当前顶点数
        int EdgesNumber() {return EdgesCurrentNumber;}   //返回当前边数
        DistType GetWeight(int v1, int v2);
        //给出以顶点 v1 和 v2 为两端点的边上的权值
        int GetFirstNeighborVer(int v);   //给出顶点 v 的第一个邻接顶点的位置
        int GetNextNeighborVer(int v1, int v2);
        //给出顶点 v1 的某邻接顶点 v2 的下一个邻接顶点
        void InsertVertex(const NameType &vertex);   //插入新顶点 vertex
        void InsertEdge(int v1, int v2, DistType weight);
        //插入权值为 weight 一条新边(v1, v2)
        void RemoveVertex(int vertex);   //删除顶点 vertex 和所有与它相关联的边
        void RemoveEdge(int v1, int v2);   //在图中删去边(v1, v2)
};
template <class NameType, class DistType> Graph <NameType, DistType>::
```

```
                Graph(int size)
            {   //构造函数
                for(int i = 0; i < Size; i++)    //邻接矩阵初始化
                    for(int j = 0; j < size; j++)
                        A[i][j] = 0;
                EdgesCurrentNum = 0;    //图中当前边数初始化
            }
            template <class NameType, class DistType> DistType Graph <NameType, DistType>::
                GetWeight(int v1, int v2)
            {   //给出以顶点 v1 和 v2 为两端点的边上的权值
                if (v1! = -1 && v2! = -1)
                    return A[v1][v2];
                else return 0;    //带权图中权值为 0,表示无权值
            }
            template <class NameType, class DistType> int Graph <NameType, DistType>::
                GetFirstNeighborVer(int v)
            {   //给出顶点位置为 v 的第一个邻接顶点的位置,如果找不到则函数返回 -1
                if (v! = -1)
                {
                    for(int col = 0; col < = VerticesList. * p_n; col++)
                        if (A[v][col] > 0 && A[v][col] < max)
                            return col;
                }
                return -1;
            }
            template <class NameType, class DistType> int Graph <NameType, DistType>::
                GetNextNeighborVer(int v1, int v2)
            {   //给出顶点 v1 的某邻接顶点 v2 的下一个邻接顶点
                if (v1! = -1 && v2! = -1)
                {
                    for(int col = v2 + 1; col < = VerticesList. * p_n; col++)
                        if (A[v1][col] > 0 && A[v1][col] < max)
                            return col;
                }
                return -1;
            }
```

用邻接矩阵表示具有 n 个顶点的图时,要确定图中有多少条边,所需的时间为 $O(n^2)$。当图的邻接矩阵是稀疏矩阵时,为确定边的个数,有大量的零元素同样也需要被检测,这样就多花费了大量时间。因此,有必要介绍另一种存储结构——邻接表。

8.2.2 邻接表

若图 G 是一个具有 n 个顶点的无向图(或者有向图),则图 G 的**邻接表**(adjacent list)是

由 n 个链表所组成，且第 i ($1 \leqslant i \leqslant n$) 个链表中的结点是由与顶点 i 相邻接(或是由邻接于顶点 i)的顶点所构成。n 个链表的头指针通常按顺序方式进行存储，构成一个顺序表。注意：n 个链表中可能会有某一个或某几个链表为空(在什么情况下会出现这种现象？为什么？)。图 8-13 给出图 8-1 的无向图 G_1 的邻接表，而图 8-14 给出图 8-2 的有向图 G_2 的邻接表。

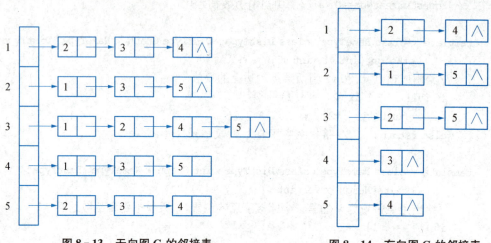

图 8-13　无向图 G_1 的邻接表　　　　图 8-14　有向图 G_2 的邻接表

如果图 G 是无向图(或有向图)，它有 n 个顶点和 e 条边，则图 G 的邻接表需要由 $2e$ (或者 e) 个结点组成的 n 个链表及由这 n 个链表的头指针组成的顺序表。显然，在边的个数较少的情况下，邻接表比邻接矩阵节省存储空间。

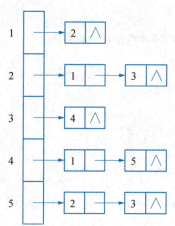

在无向图的邻接表中，第 i 个链表的结点个数就是顶点 i 的度。在有向图的邻接表中，第 i 个链表的结点个数就是顶点 i 的出度。为了求得有向图中结点 i 的入度，必须扫描邻接表中各个链表，找到顶点序号为 i 的结点个数，这显然相当麻烦。为了方便地确定有向图中顶点 i 的入度，必须建立一个**逆邻接表**，把邻接到顶点 i ($1 \leqslant i \leqslant n$) 的所有顶点构成逆邻接表中第 i 个链表。图 8-15 给出图 8-2 中有向图 G_2 的逆邻接表。这样，有向图中顶点 i 的入度恰好是逆邻接表中第 i 个链表的结点个数。

如果用邻接表表示具有 n 个顶点、e 条边的图，则确定图的边的个数所需的时间为 $O(n+e)$。

图 8-15　有向图 G_2 的逆邻接表

有时，图的边具有相关的权，这些权可以表示从一个顶点到另一个顶点的距离或所花费的代价等。边上带权的图称为**带权图**。如果 (i,j) (或 $<i,j>$) 是带权无向图(或者带权有向图)的一条边，则用 w_{ij} 表示这条边上的权。带权无向图 G 的邻接矩阵 A 可表示为：

$$A(i,j) = \begin{cases} w_{ij} & i \neq j \text{ 且 } (i,j) \in E(G) \\ 0 & \text{否则} \end{cases}$$

或表示为

$$A(i,j) = \begin{cases} w_{ij} & i \neq j \text{ 且 } (i,j) \in E(G) \\ 0 & i = j \\ \infty & \text{否则} \end{cases}$$

对于带权有向图 G 的邻接矩阵也有下面两种表示方法：

$$A(i,j) = \begin{cases} w_{ij} & i \neq j \text{ 且 } <i,j> \in E(G) \\ 0 & \text{否则} \end{cases}$$

和

$$A(i,j) = \begin{cases} w_{ij} & i \neq j \text{ 且 } <i,j> \in E(G) \\ 0 & i = j \\ \infty & \text{否则} \end{cases}$$

采用何种表示，取决于应用的需要。

程序 8-2 给出用邻接表作为存储表示的图的类定义描述。

程序 8-2 用邻接表表示的图的类定义
```cpp
const int DefaultSize = 10;    //缺省顶点个数
template <class DistType> class Graph;    //图类的前向引用声明
template <class DistType> class EdgeNode {    //边结点的类定义
    friend class Graph <NameType, DistType>;
        int dest;    //边的另一顶点位置
        DistType cost;    //边上的权值
        EdgeNode <DistType> *link;    //边结点后继指针
    public:
        EdgeNode() {}    //构造函数
        EdgeNode(int d, DistType c):dest(d), cost(c), link(NULL) {}    //构造函数
};
template <class NameType, class DistType> class VertexNode {    //顶点结点的类定义
    friend class EdgeNode <DistType>;
    friend class Graph <NameType, DistType>;
        NameType data;    //顶点名字
        EdgeNode <DistType> *adj;    //出边表的头指针
};
template <class NameType, class DistType> class Graph {    //图的类定义
    private:
        Vertex <NameType, DistType> *NodeTable;    //顶点表(各边链表的头结点)
        int VerticesNum;    //当前顶点数
        int VerticesMaxNum;    //最大顶点数
        int EdgesNum;    //当前边数
        int GetVertexPos(const NameType &vertex);    //当前顶点 vertex 在图中的位置
    public:
        Graph(int size);    //构造函数
```

```
        ~Graph();    //析构函数
        int GraphEmpty() const {return VerticesNum == 0;}    //判断图空否
        int GraphFull() const {return VerticesNum == VerticesMaxNum;}
        //判断图满否
        int VerteicesNumber() {return VerticesNum;}    //返回图的顶点数
        int EdgesNumber() { return EdgeNum;}    //返回图的边数
        DistType GetWeight(int v1, int v2);    //返回边上的权值
        int GetFirstNeighbor(int v);    //取顶点 v 的第一个邻接顶点
        int GetNextNeighbor(int v1, int v2);
        //取顶点 v1 的某邻接顶点 v2 的下一个邻接顶点
        void InsertVertex(const NameType Vertex);    //在图中插入一个新顶点
        void InserEdge(int v1, int v2, DistType weight);    //在图中插入一条新边
        void RemoveVertex(int v);    //在图中删除一个顶点
        void RemoveEdge(int v1, int v2);    //在图中删除一条边
};
template < class NameType, class DistType > Graph < NameType, DistType > ::
    Graph(int size = DefaultSize):VerticesNum(0), VerticesMaxNum(size), EdgesNum(0)
{    //构造函数
    int n, e, k, j;
    NameType name, tail, head;
    DistType weight;
    NodeTable = new VertexNode < NameType > [VerticesMaxNum];    //创建顶点表数组
    cin >> n;    //输入边数
    for(i = 0; i < e; i++)
    {
        cin >> tail >> head >> weight;    //依次输入边的两个端点与权值信息
        k = GetVertexPos(tail);
        j = GetVertexPos(head);    //获取一条边两个端点的位置
        InserEdge(k, j, weight);    //插入一条边
    }
}
template < class NameType, class DistType > Graph < NameType, DistType > :: ~Graph()
{    //析构函数
    for(int i = 0; i < VerticesNum; i++)
    {    //删除各边链表中的顶点
        EdgeNode < DistType > *p = NodeTable[i].adj;
        while (p! = NULL)
        {    //循环删除
            NodeTable[i].adj = p->link;
            delete p;
            p = NodeTable[i].adj;
        }
        delete [ ] NodeTable;    //释放顶点表数组空间
    }
```

}
```cpp
template <class NameType, class DistType> int Graph <NameType, DistType>::
    GetVertexPos(const NameType vertex)
{   //给出顶点 vertex 在图中的位置
    for(int i = 0; i < VerticesNum; i++)
        if (NodeTable[i].data == vertex)
            return i;
    return -1;
}
template <class NameType, class DistType> DistType Graph <NameType, DistType>::
    GetWeight(int v1, int v2)
{   //获取以 v1 与 v2 为两个端点的一条边的权值,若该边不存在于图中则返回权值 0
    if (v1! = -1 && v2! = -1)
    {
        EdgeNode <DistType> *p = NodeTable[v1].adj;    //边链表头指针
        while (p! = NULL)
            if (p->dest == v2)
                return p->cost;    //找到对应边,返回权值
            else p = p->link;    //否则找下一条边
    }
}
template <class nameType, class DistType> int Graph <NameType, DistType>::
    GetFirstNeighbor(int v)
{   //给出顶点 v 的第一个邻接顶点的位置,如果不存在则返回 -1
    if (v! = -1)
    {   //v 存在
        EdgeNode <DistType> *p = NodeTable[v].adj;    //边链表头指针
        if (p! = NULL)
            return p->dest;    //若第一个邻接顶点存在,则返回该边的另一个顶点
    }
    return -1;    //若不存在,则返回 -1
}
template <class NameType, class DistType> int Graph <NameType, DistType>::
    GetNextNeighbor(int v1, int v2)
{   //给出顶点 v1 的某邻接顶点 v2 的下一个邻接顶点的位置
    //若没有下一个邻接顶点则返回 -1
    if (v1! = -1)
    {   //v1 存在
        EdgeNode <DistType> *p = NodeType[v1].adj;    //边链表头指针
        while (p! = NULL)
        {   //寻找某邻接顶点 v2
            if (p->dest == v2 && p->link! = NULL)
                return p->link->data;
            else p = p->link;
```

                }
            }
            return -1;
        }

8.3 图的遍历与求图的连通分量

对于给定一个无向图 $G=(V, E)$ 和 $v \in V(G)$，希望从图 G 中某个顶点 v 出发访问图 G 中的所有顶点。当 G 是一个连通无向图时，从图 G 中任一顶点 v 出发，沿着 G 中的边访问该图中所有顶点，使每个顶点被访问且只访问一次，称这一过程为**图的遍历**（graph traversal）。

图的遍历要比树的遍历复杂得多，因为图中任一顶点都可能与其余某些顶点相邻接，所以在访问某个顶点 v 后，可能沿着图中的边又访问到已访问过的顶点 v。因此，在图的遍历过程中，为了避免同一顶点被访问多次，必须记住每个被访问的顶点。可以使用数组 Visited，Visited[i] 表示顶点 i 是否被访问过。遍历前置 Visited 各元素为 0，表示各个顶点尚未被访问过；若顶点 i 被访问过，则置 Visited[i] 为 1。

遍历图的方法有深度优先查找法与广度优先查找法两种。

8.3.1 深度优先查找法

无向图的**深度优先查找法**（Depth First Search，DFS）的遍历过程如下：首先，访问出发顶点 v；接着，选择一个 v 相邻接且未做访问过的顶点 w 访问之，再从 w 开始进行深度优先查找；每当到达一个其所有相邻接的顶点都已被访问过的顶点，就从最后所访问的顶点开始，依次退回到尚有邻接顶点未曾访问过的顶点 u，并从 u 开始进行深度优先查找；这个过程进行到所有顶点都访问过，或从任何一个已访问过的顶点出发，再也无法到达未曾访问过的顶点，则查找过程就结束。如果无向图是连通的，则在按深度优先查找法遍历图时，可得到图中所有顶点的一个序列。如果遍历图所得到的顶点序列没有包含图中所有顶点，则该图是不连通的。

用深度优先查找法从顶点 1 出发遍历图 8-16 的连通无向图 G_3，可得到顶点序列（1，2，4，5，8，3，6，9，7）。

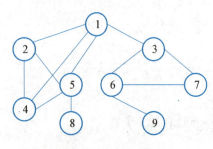

图 8-16 无向图 G_3

显然，深度优先查找法遍历图的过程是一个递归过程，因此用递归程序来实现是相当容易的。下面给出相应的程序（程序 8-3），其中 n 给出图中顶点的个数，为了方便起见，用自然数为顶点进行编号；m 给出图中边的数目；数组 e 中的元素 $e[0]$，$e[1]$，…，$e[m-1]$ 给出图中的 m 条边，e 中结点形式由类型 E_Node 所规定。这里假设采用邻接表作为图的存储结构，邻接表中的各个链表的结点形式由类型

L_Node 规定,而各个链表的头指针存放在数组 head 中。函数 Create_Adj_List 为具有 n 个顶点、m 条边的无向图建立相应的邻接表。函数 Init 把 Visited 数组各个元素置为 0,表示图中每个顶点都没有访问过。函数 DFS(u)实现从顶点 u 开始按深度优先查找法对图进行遍历。

当然,可以不用递归程序,而使用一个栈帮助实现 DFS 遍历,这里把它留给读者作为练习。

程序 8-3 图的深度优先查找

```
template < class NameType, class DistType > void Graph < NameType, DistType > :: DFS()
{
    int * Visited = new int [VerticesNumber()];   //创建辅助数组
    for(int i = 0; i < VerticesNumber(); i++ )
        Visited[i] = 0;   //辅助数组初始化
    DFS(0, Visited);   //从顶点 0 开始进行深度优先查找
    delete [ ] Visited;
}
template < class NameType, class DistType > void Graph < NameType, DistType > ::
    DFS(int v, int Visited[ ])
{   //从顶点 v 出发,按深度优先查找次序访问所有尚未访问过的顶点
    //辅助数组 Visited 用于对已访问过的顶点作已访问标记
    cout << v;   //输出访问顶点信息
    Visited[v] = 1;   //该顶点访问标志修改为已访问过
    int w = GetFirstNeighbor(v);   //寻找刚刚访问过顶点 v 的第一个邻接顶点 w
    while (w! = -1)
    {   //若邻接顶点存在
        if (! Visited[w])   //若该邻接顶点未被访问过
            DFS(w, Visited);   //则从邻接顶点 w 开始进行递归访问
        w = GetNextNeighbor(v, w);   //寻找顶点 v 的下一个邻接顶点
    }
}
```

设无向图 G 有 n 个顶点与 m 条边,因为 DFS 对邻接表中的每个结点最多检查一次,共 $2m$ 个结点,所以执行时间为 $O(m)$。如果图是用邻接矩阵表示,则决定与某个顶点 v 邻接的所有顶点所需的时间为 $O(n)$。因为有 n 个顶点要访问,所以全部时间为 $O(n^2)$。

8.3.2 广度优先查找法

广度优先查找(Breath First Search,BFS)的遍历过程如下:首先访问出发顶点 v,然后访问与顶点 v 邻接的全部顶点 $w_1, w_2, \cdots, w_t$,再依次访问与邻接的全部结点(已访问的顶点除外),再从这些已访问的顶点出发,依次访问与它们邻接的全部顶点(已访问的顶点除外)。依此类推,直到图中所有顶点都被访问到为止,或者出发顶点 v 所在的连通分量的所有顶点都被访问到为止。用广度优先查找法从顶点 1 出发遍历图 8-16 的连通无向图 G_3

时,可得到顶点序列(1,2,4,5,3,8,6,7,9)。

在这里,假设用邻接表表示给定的图。用广度优先查找法遍历图时,需要使用一个队列。实现遍历的处理过程如下:

(1) 把队列置空。
(2) 打印出发顶点,置该顶点已被访问的标志。
(3) 让出发顶点进队。
(4) 若队列不空,则
    (a) 取出队首中的顶点 v。
    (b) 在邻接表中,依次取得与顶点 v 邻接的各个顶点。
        (i) 若当前取得的邻接顶点未被访问,则
            ① 输出该顶点,置该顶点已被访问的标志。
            ② 该顶点进队。
        (ii) 取得下一个邻接顶点。
    (c) 转(4)。
(5) 若队列空,则处理过程结束。

程序 8-4 给出实现用广度优先查找法遍历图的算法。

程序 8-4 图的广度优先查找

```cpp
template < class NameType, class DistType > void Graph < NameType, DistType > ::
    BFS(int v)
{   //从顶点 v 出发,按广度优先次序进行查找,其中使用队列作为辅助存储结构
    int * Visited = new int [VerticesNumber()];    //创建辅助数组
    for(int i = 0; i < VerticesNumber(); i++)
        Visited[i] = 0;    //辅助数组初始化
    cout << v;    //输出访问顶点信息
    Visited[v] = 1;    //该顶点访问标志修改为已访问过
    Queue < int > q;    //实现分层访问的辅助存储结构——队列
    q.EnQueue(v);    //顶点 v 进队列
    while (! q.IsEmpty())
    {
        v = q.Dequeue();    //从队列中退出顶点 v
        int w = GetFirstNeighbor(v);    //寻找顶点 v 的第一个邻接顶点 w
        while (w ! = -1)
        {    //邻接顶点 w 存在
            if (! Visited[w])
            {    //邻接顶点 w 未被访问过
                cout << w << ' ';    //访问顶点 w
                Visited[w] = 1;    //更改顶点 w 的访问标记
                q.Enqueue(w);    //顶点 w 进队列
            }
            w = GetNextNeighbor(v, w);    //寻找顶点 v 的下一个邻接顶点
```

```
        }
      }
    delete [ ] Visited;
}
```

容易看出,以广度和深度优先查找法遍历图所需的时间的数量级是相同的,这是因为两种遍历方法的差别仅在于查找顶点的顺序不同而已。如果采用邻接矩阵表示图,且用广度优先查找法遍历图时,处理每行所需的时间为 $O(n)$,共有 n 行,所以总的时间为 $O(n^2)$。

8.3.3 求图的连通分量

求图的连通分量是图遍历的一种应用。当无向图是非连通时,从图中任一顶点 v 出发遍历图不能访问到该图的所有顶点,而只能访问到包含顶点 v 的极大连通子图(即连通分量)中所有结点。若从无向图的每个连通分量中的一个顶点出发遍历图,则可求得无向图的所有连通分量。

可以借助于 DFS 或者 BFS 的图遍历来求得图中所有连通分量,只是要对图的每个顶点进行检验;若被访问过,则该顶点落在已被求出的连通分量上;若未被访问过,则从该顶点出发遍历图,便可求得图的另一连通分量。在得到一个连通分量时,应输出该连通分量所包含的顶点与边。求无向图的连通分量的程序留给读者作为练习自行完成。

顺便指出,这里所介绍的图遍历方法也适用于有向图,就不再多作介绍了。

8.4 生成树与最小(代价)生成树

设 G 是一个连通无向图,若 G' 是包含 G 中所有顶点的一个无回路的连通子图,则称 G' 为 G 的一棵**生成树**(spanning tree)。显然,具有 n 个顶点的连通无向图至少有 $(n-1)$ 条边,而其生成树恰好有 $(n-1)$ 条边。在生成树 G' 中任意添加一条边,则会形成一个回路。

设 $G=(V, E)$ 是一个连通无向图,从 G 中任一顶点出发,遍历图中的所有顶点,在遍历过程中,将 E 分成两个集合 $T(G)$ 与 $B(G)$,其中 $T(G)$ 是遍历时所通过的边集合,$B(G)$ 是剩余的边集合,则 $G'=(V, T(G))$ 是 G 的一棵生成树。如果用深度优先查找法对连通无向图 G 进行遍历,则遍历时所产生的生成树是 G 的一棵 **DFS 生成树**;如果用广度优先查找法对连通无向图进行遍历,则遍历时所产生的树是 G 的一棵 **BFS 生成树**。在这里,顺便指出,连通无向图的生成树是不唯一的。图 8-17(a)与图 8-17(b)是图 8-16 中 G_3 的两棵生成树。

假设用连通无向图 G 的顶点表示城市,边表示连接两个城市之间的通信线路。若有 n 个城市,要连接 n 个城市至少要 $(n-1)$ 条线路,则图 G 的生成树表示这 n 个城市之间可行的通信网络。

如果图 G 是带权的连通无向图,则可用顶点表示城市,而边上的权可以表示两个城市之间的距离,或是建造两城市间通信线路所花的代价等。在 n 个城市间最多可建造 $n(n-1)/2$ 条线路。如何在这些可能的线路中,选择其中 $(n-1)$ 条线路,使其总的代价最小,或者线路的总长度最短?具有 n 个顶点的连通无向图可以产生许多生成树,每一棵生成树都是一个

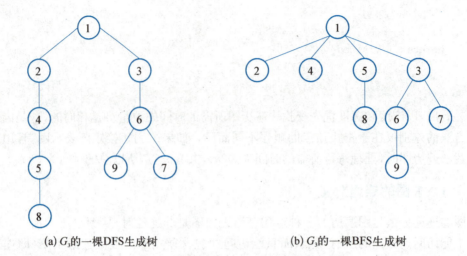

(a) G_3的一棵DFS生成树　　　　　　　(b) G_3的一棵BFS生成树

图 8-17　G_3 的两棵生成树

可行的通信网络。为了回答上面的问题,引进最小(代价)生成树的概念。一个带权连通无向图 G 的最小(代价)生成树(minimum-cost spanning tree)是 G 的所有生成树中边上的权之和最小的一棵生成树。上面的问题就是要选择一棵生成树,使得边上总的代价(或者距离)达到最小,即要求构造一棵最小(代价)生成树。这里顺便指出,最小(代价)生成树不是唯一的。

可以用以下两种算法构造最小(代价)生成树。

8.4.1　普里姆(Prim)算法

已知 $G=(V,E)$ 是一个带权连通无向图,顶点 $V=\{1,2,\cdots,n\}$,设 U 为 V 中构成最小(代价)生成树的顶点集合,初始时 $U=\{v_0\}$,v_0 是指定的某一个顶点,$v_0 \in V$;T 为构成最小(代价)生成树的边集合,初始时 T 为空。如果边 (u,v) 具有最小代价,且 $u \in U$,$v \in V-U$,则最小(代价)生成树包含边 (u,v),即把 v 加到 U 中,把 (u,v) 加入 T 中。这个过程一直进行下去,直到 $U=V$ 为止,这时 T 即为所求的最小(代价)生成树。

现在证明用上面的方法构造的生成树确是最小(代价)生成树。先证明一个结论:设 T 是带权连通无向图 $G=(V,E)$ 的一棵正在建造的生成树,如果边 (u,v) 具有最小代价,且 $u \in U$,$v \in V-U$,则 G 中包含 T 的最小(代价)生成树一定包含边 (u,v)。

用反证法证明上面提出的结论。设 G 中的任何一棵包含 T 的最小(代价)生成树都不包含边 (u,v),且设 T' 就是这样的生成树。因为 T' 是树,所以它是连通的,从 u 到 v 必有一条路径 $(u,\cdots,v)$,把 (u,v) 加入 T' 中,就构成一条回路,路径 $(u,\cdots,v)$ 中必有 (u',v'),满足 $u' \in U$,$v' \in V-U$。由假设,边 (u,v) 的代价小于边 (u',v') 的代价(因为边 (u,v) 具有最小代价),在回路中删去 (u',v'),从而破坏了这个回路,剩下的边构成另一棵生成树 T'',T'' 包含边 (u,v),且各边的代价总和小于 T' 各边的代价总和。因此,T'' 是一棵包含边 (u,v) 的最小(代价)生成树。这样,T' 不是 G 的最小(代价)生成树,这与假设相矛盾。

证明了此结论就证明了以上构造最小(代价)生成树的方法是正确的。因为从 U 包含一个顶点,T 为空开始,每一步加进去的都是最小(代价)生成树中应该包含的边。

在选择具有最小代价的边时,如果同时存在几条具有相同的最小代价的边,则可任选一条。因此,构造的最小(代价)生成树不是唯一的,但它们的代价总和是相等的。

下面给出用 **Prim 算法**构造最小(代价)生成树的步骤:

(1) 设 T 是带权连通无向图 $G=(V, E)$ 的最小(代价)生成树,初始时 T 为空,U 为最小(代价)生成树的顶点集合,初始时 $U=\{v_0\}$,v_0 是指定的某一个开始顶点。

(2) 若 $U=V$,则算法终止;否则,从 E 中选一条代价最小的边 (u, v),使得 $u \in U$,$v \in V-U$。将顶点 v 加到 U 中,将边 (u, v) 加到 T 中,转(2)。

在实现 Prim 算法中,采用邻接矩阵 Cost 表示给定的带权连通无向图,矩阵元素定义为:

$$\text{Cost}(i, j) = \begin{cases} w_{ij} & i \neq j, (i, j) \in E(G), w_{ij} \text{ 是 } (i, j) \text{ 边上的权} \\ 0 & i = j \\ \infty & \text{否则} \end{cases}$$

有时,称用权表示的邻接矩阵为代价邻接矩阵。在算法中,n 为图中顶点个数,u 为指定的开始顶点,同时使用两个数组 CloseSet 和 LowCost,其中 CloseSet 用于存放顶点序号,而 LowCost 用于存放代价。所有的顶点 CloseSet[i] ($1 \leqslant i \leqslant n$)都已在 U 中。若 LowCost[k]=0,则表明顶点 k 在 U 中;若 $0<$LowCost[j]$<\infty$,则 $j \in V-U$,且(CloseSet[j], j)是与顶点 j 邻接的且两邻接顶点分别在 U 和 $V-U$ 的所有边中代价最小的边,其最小代价就是 LowCost[j]。若 LowCost[j]=∞,则表示 CloseSet[j]与顶点 j 之间没有边,用 9 999 表示∞。

程序 8-5 Prim 算法

```
const int MAXINT = 9999;
template < class NameType, class DistType > void Graph < NameType, DistType > ::
    Prim(DistType Cost, int n, int u)
{
    int Min;
    int VerticesNum = VerticesNumber();
    int * LowCost = new float [VerticesNum];    //创建辅助数组
    int * CloseSet = new int [VerticesNum];     //创建辅助数组
    int i, j, k;
    for(i = 1; i< = VerticesNum; i++)
    {   //顶点 0 到各边的代价及最短带权路径
        LowCost[i] = Cost[u][i];
        CloseSet[i] = u;
    }
    for(i = 1; i< VerticesNum; i++)
    {   //循环 n-1 次,加入 n-1 条边
        Min = MAXINT;
        for(j = 1; j< = VerticesNum; j++)
            //求生成树外顶点到生成树内顶点具有最小权值的边
            if (LowCost[j]! = 0 && LowCost[j]< Min)
```

```
        {   //确定当前具有最小权值的边及顶点位置
            Min = LowCost[j];
            k = j;
        }
cout << CloseSet[k] << k << Min;
LowCost[k] = 0;    //加入生成树顶点集合
for(j = 1; j < = VerticesNum; j + + )
    if (Cost[k][j]! = 0 && Cost[k][j] < LowCost[j])
    {   //修改
        LowCost[j] = Cost[k][j];
        CloseSet[j] = k;
    }
    }
}
```

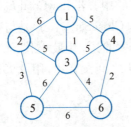

图 8-18 带权连通无向图 G_4

对于图 8-18 的带权连通无向图 G_4,如果使用 Prim 算法求其最小(代价)生成树,可用图 8-19(a)～(e)的图的序列表示最小(代价)生成树的产生过程,这里假设以顶点 1 为开始顶点。

对于具有 n 个顶点的带权连通无向图 G,用 Prim 算法产生其最小(代价)生成树的时间为 $O(n^2)$。

8.4.2 克鲁斯卡尔(Kruskal)算法

Kruskal 算法给出由一种按权值的递增次序选择合适边来构造最小(代价)生成树的方法。

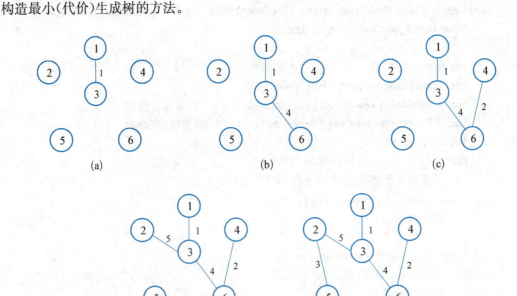

图 8-19 用 Prim 算法构造图 G_4 的最小(代价)生成树的过程

已知图 $G=(V,E)$ 是一个具有 n 个顶点的带权连通无向图，设 T 是 G 的最小(代价)生成树，初始时 $T=(V,\Phi)$，即 T 由 n 个连通分量组成，每个连通分量只有一个顶点，没有边。首先，把 E 中的边按代价(即权)的递增次序进行排序，然后按排好序的顺序选取边，即反复执行下面的选择步骤。这样的过程一直进行到 T 包含有 $(n-1)$ 条边为止，算法结束，这时的 T 便是所求的最小(代价)生成树。

选择步骤：若当前被选择的边的两个顶点在不同的连通分量中，则把这条边加到 T 中，选取这样的边可以保证不会构成回路。然后，再对下一条边进行选择，若当前被选择的边的两个顶点在同一连通分量中，则不能选取这条边，如果选取它，则必会构成回路。接着，对下一条边进行选择。

对于图 8-18 的带权连通无向图，如果使用 Kruskal 算法求其最小(代价)生成树，可用图 8-20 表示最小(代价)生成树的产生过程。

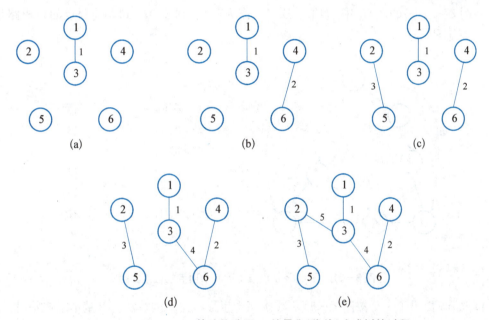

图 8-20　用 Kruskal 算法构造图 G_4 的最小(代价)生成树的过程

在此，把 Kruskal 算法的具体实现留给读者自己去完成，这里仅作些提示。可以把同一个连通分量中的所有顶点构成一个集合，并且用树的逆形式表示顶点集合。这样，就很容易地判断一条边的两个邻接顶点是否同在一个连通分量中，同时也很容易地实现两个顶点集合的并。

如果给定的带权连通无向图 G 有 m 条边，则用 Kruskal 算法求 G 的最小(代价)生成树的时间为 $O(m\log_2 m)$。

8.5　最短路径

可用带权的有向图表示交通网络，图中的顶点表示城市，边 (u,v) 表示城市 u 到城市 v 的直通公路，边上的权表示从城市 u 到城市 v 的直通公路的长度，或者走过这段直通公路所花的时间等。对于这样的交通网络，人们常常会提出如下的问题：

(1) 两地之间是否有公路可通?

(2) 在有几条公路可通的情况下,问哪一条公路最短或者所花的时间最短?

本节考虑的是带权有向图,除非特别声明,否则有向边上的权总是正的。称路径的开始顶点为源点,称路径的最后顶点为终点。路径的长度是该路径上各边的权之和。下面给出求解最短路径的两个算法:

(1) 求从某个顶点到其他顶点的最短路径。

(2) 求每一对顶点之间的最短路径。

8.5.1 求某个顶点到其他顶点的最短路径

设 $G=(V,E)$ 是一个带权有向图,v 是图 G 中指定的源点,要在 G 中找出从 v 到其他顶点的**最短路径**(shortest path)。

在图 8-21(a)的图 G_5 中,如果取顶点 1 作为源点,则顶点 1 到其他顶点的最短路径如图 8-21(b)所示。

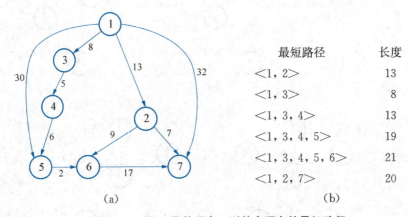

图 8-21 图 G_5 及从顶点 1 到其余顶点的最短路径

Dijkstra 提出了一个按路径长度不减次序产生最短路径的算法。其基本思想是,把图中顶点集合 V 分成两组,令 S 表示已求出最短路径的顶点集合为一组,其余的尚未确定最短路径的顶点集合为第二组。按最短路径长度的递增次序逐个把第二组的顶点加入 S 中,直至从 v 出发可以到达的所有顶点都在 S 中。在这过程中,总保持从 v 到 S 中各顶点的最短路径长度都不比 v 到第二组的任何顶点的最短路径长度长。另外,每个顶点对应一个距离,S 中的顶点的距离就是从 v 到此顶点的最短路径长度,第二组顶点的距离是从 v 到此顶点的只包括 S 中的顶点为中间顶点的当前最短路径长度。

具体做法是,初始时,$S=\{v\}$,即 S 中只包含源点 v,v 的距离为零。第二组包括其他所有顶点,而这一组的顶点的距离为:若图中有边 $<v, w>$,则 w 的距离就是这条边上的权;否则 w 的距离为一个很大的数(即 ∞,在算法中用 9 999 表示 ∞)。然后,每次从第二组的顶点中选取一个距离最小的顶点 k,把 k 加入 S 中,每次加入一个顶点到 S 中后,就要对第二组的各个顶点的距离进行一次修改。若加进顶点 k 做中间顶点,从 v 到顶点 j ($j \in V-S$) 的距离比原来不经过顶点 k 的距离短,则要修改顶点 j 的距离值。修改后,再选距离最小的顶点加入 S 中,并对 $V-S$ 中的顶点的距离进行修改。这样的过程连续进行下去,直到 G 中所

有顶点都包含在 S 中,或再也没有可加入 S 的顶点存在。

上述的做法一开始对两个组的划分和各顶点的距离的确定显然符合上述的基本思想。要证明此算法的正确性就是要证明每次 S 中加入顶点后,两个组的划分和顶点的距离仍然符合要求,也就是说,要证明第二组中顶点 k 的距离就是从 v 到 k 的最短路径长度,且 k 就是第二组中最短路径为最小的顶点。下面证明这两点。

(1) 若 k 的距离不是从 v 到 k 的最短路径的长度,另有一条从 v 经过第二组某些顶点到达 k 的路径,其长度比 k 的距离小。设经过的第二组的第一个顶点是 j,则 j 的距离小于 v 经过 j 到 k 的距离。这与 k 是第二组中距离最小的顶点相矛盾。所以,k 的距离即为从 v 到 k 的最短路径长度。

(2) 设 j 是第二组中除了 k 之外的任何其他顶点,若 v 到 j 的最短路径只包含 S 中的顶点作为中间顶点,则其路径长度必然不会小于 v 到 k 的最短路径长度,这由距离的定义就可知道。若 v 到 k 的最短路径不只包含 S 中的顶点作为中间顶点,设路径上第一个在第二组的中间顶点为 i,则 v 到 i 的路径长度就是 i 的距离,它已大于等于 v 到 k 的最短路径长度。因此,v 到 i 的最短路径长度当然不会小于 v 到 k 的最短路径长度。所以,k 是第二组中最短路径长度为最小的顶点。

设 G 是具有 n 个顶点的带权的有向图,用代价邻接矩阵 Cost 表示图 G,矩阵元素定义为:

$$\text{Cost}(i, j) = \begin{cases} w_{ij} & i \neq j, <i, j> \in E(G), w_{ij} \text{ 是 } <i, j> \text{ 边上的权} \\ 0 & i = j \\ \infty & i \neq j, <i, j> \text{ 不在 } E(G) \text{ 中} \end{cases}$$

假设源点为 v,这样可以给出从源点 v 到其余顶点的最短路径的求解算法:
(1) 把顶点 v 放入集合 S 中。
(2) 按如下步骤逐个求得从 v 到其他顶点的最短路径,直至把所有顶点的最短路径都求出为止:
(a) 选取不在 S 中,且具有最小距离的顶点 k;
(b) 把顶点 k 加入集合 S 中;
(c) 修改不在 S 中的顶点的距离。

程序 8-6 给出了上面算法的具体实现。其中,使用一个存放各顶点的当前距离的数组 Dist,一旦从源点 v 到顶点 k 的最短路径已求出,则 Dist[k] 就是从源点到顶点 k 的最短路径长度。在算法中,还使用数组 Pre,数组元素 Pre[j] 存放从源点 v 到顶点 j 的最短路径中 j 前面的顶点。有了 Pre 数组,就能很容易地求得从源点 v 到其他各个顶点的路径。下面给出的算法只求出从源点 v 到图中各个顶点的最短路径长度,同时求得 Pre 数组各元素的值,但没有求得从 v 到各个顶点的最短路径。从 Pre 数组求得从 v 到各个顶点的最短路径留给读者自行完成。在算法中,用 9 999 表示邻接矩阵的 ∞。

程序 8-6 最短路径的 Dijkstra 算法
```
const int MAXINT = 9999;
const int VerticesMaxNumber = 10;   //图中最大顶点个数
```

```cpp
class Graph {    //图的类定义
    private:
        float Cost[VerticesMaxNumber][VerticesMaxNumber];    //图的邻接矩阵
        float Dist[VerticesMaxNumber];    //存放从顶点 0 到其他各顶点的最短路径长度
        int Pre[VerticesMaxNumber];
        //存放在最短路径上该顶点的前一顶点的顶点号
        int S[VerticesMaxNumber];    //已求得的在最短路径上的顶点的顶点号
    public:
        void ShortestPath(int n, int v);
        ……
};
void Graph :: ShortestPath(int n, int v)
{    //G 是一个具有 n 个顶点的带权有向图,各边上的权值由 Cost[i][j]给出
    //建立一个数组 Dist[j], 0≤j<n,是当前求到的从顶点 v 到顶点 j 的最短路径长度
    //建立数组 path[j], 0≤j<n,存放求到的最短路径
    int i, j, k;
    float Min;
    for(i = 1; i < = n; i++)
    { //Dist、Pre 和 S 数组初始化
        Dist[i] = Cost[v][i];    //邻接矩阵第 v 行复制到 Dist 中
        S[i] = 0;
        if (Dist[i] < MAXINT)
            Pre[i] = v;
        else Pre[i] = 0;
    }
    S[v] = 1;    //顶点 v 加到 S 集合中
    Pre[v] = 0;
    for(i = 1; i < = n; i++)
    {    //从顶点 v 确定 n-1 条路径
        Min = MAXINT;
        k = 0;
        for(j = 1; j < = n; j++)    //选择当前不在集合 S 中具有最短路径的顶点 u
            if (S[j] == 0)
                if (Dist[j]! = 0 && Dist[j] < Min)
                {
                    Min = Dist[j];
                    k = j;
                }
        if (k == 0) continue;
        S[k] = 1;    //将顶点 u 加到 S 集合,表示它已在最短路径上
        for (j = 1; j < = n; j++)
            if (S[j] == 0 && Cost[k][j] < MAXINT)    //修改
                if (Dist[k] + Cost[k][j] < Dist[j])
                {
                    Dist[j] = Dist[k] + Cost[k][j];
```

```
                    Pre[j] = k;
            }
        }
    }
```

对于图 8-21 的带权(代价)有向图 G_5，可用图 8-22 表示其代价邻接矩阵，矩阵中用 * 表示 ∞，算法中用 9 999 代替。

如果顶点 1 为源点，则表 8-1 给出程序中每次迭代后有关量的数据，这里用 * 表示 ∞。

对于程序 8-6，第一个 for 循环所需的时间为 $O(n)$；第二个 for 循环执行 $(n-1)$ 次，外循环执行一次，内循环执行 n 次，所以第二个循环所需的时间为 $O(n^2)$。因此，整个程序所需的时间为 $O(n^2)$。

$$\begin{pmatrix} 0 & 13 & 8 & * & 30 & * & 32 \\ * & 0 & * & * & * & 9 & 7 \\ * & * & 0 & 5 & * & * & * \\ * & * & * & 0 & 6 & * & * \\ * & * & * & * & 0 & 2 & * \\ * & * & * & * & * & 0 & 17 \\ * & * & * & * & * & * & 0 \end{pmatrix}$$

图 8-22 图 G_5 的代价邻接矩阵

表 8-1 图 G_5 中以顶点 1 为源点时，算法中每次迭代后的数据

迭代次数	栈 S	选取顶点	Dist[1]至 Dist[7]							Pre[1]至 Pre[7]						
0	1	3	0	13	8	*	30	*	32	0	1	1	0	1	0	1
1	1, 3	2	0	13	8	13	30	*	32	0	1	1	3	1	0	1
2	1, 3, 2	4	0	13	8	13	34	22	20	0	1	1	3	1	2	2
3	1, 3, 2, 4	5	0	13	8	13	19	22	20	0	1	1	3	4	2	2
4	1, 3, 2, 4, 5	7	0	13	8	13	19	21	20	0	1	1	3	4	5	2
5	1, 3, 2, 4, 5, 7	6	0	13	8	13	19	21	20	0	1	1	3	4	5	2
6	1, 3, 2, 4, 5, 7, 6		0	13	8	13	19	21	20	0	1	1	3	4	5	2

8.5.2 求一对顶点之间的最短路径

解决这个问题的一个方法是把带权有向图 G 中 n 个顶点的每一个顶点作为源点，重复执行 8.5.1 所给的算法 n 次，就可求出每一对顶点之间的最短路径。利用这种方案求具有 n 个顶点的带权有向图中每对顶点之间的最短路径，其执行时间为 $O(n^3)$。

本节将介绍解决该问题的更为简便的算法，其由 Floyd 提出，其执行时间仍然为 $O(n^3)$。Floyd 算法的基本思想是递推地产生一个矩阵序列 $A^{(0)}, A^{(1)}, A^{(2)}, \cdots, A^{(k)}, \cdots, A^{(n)}$，其中 $A^{(0)}$ 为给定的代价邻接矩阵，$A^{(k)}(i, j)$ $(1 \leqslant i, j \leqslant n)$ 表示从顶点 i 到顶点 j 的中间顶点序号不大于 k 的最短路径的长度。若从 i 到 j 的路径没有中间顶点，则对于 $1 \leqslant k \leqslant n$，有 $A^{(k)}(i, j) = A^{(0)}(i, j) = \text{Cost}(i, j)$。递推地产生 $A^{(0)}, A^{(1)}, \cdots, A^{(k)}, \cdots, A^{(n)}$ 的过程就是逐步允许越来越多的顶点作为路径的中间顶点，直至找到所有允许作为中间顶点的顶点，算法就结束，最短路径也就求出来了。

假设已求出 $A^{(k-1)}(i, j)$ $(1 \leqslant i, j \leqslant n)$，这时应该怎样求出 $A^{(k)}(i, j)$ 呢？可根据以下两种情况分别求出：

（1）如果从顶点 i 到顶点 j 的最短路径不经过顶点 k，则由 $A^{(k)}(i,j)$ 的定义可知，从 i 到 j 的中间顶点序号不大于 k 的最短路径长度就是 $A^{(k-1)}(i,j)$，即 $A^{(k)}(i,j)=A^{(k-1)}(i,j)$。

（2）如果从顶点 i 到顶点 j 的最短路径经过顶点 k，则这样的一条路径是由 i 到 k 和由 k 到 j 的两条路径所组成。由于 $A^{(k-1)}(i,k)+A^{(k-1)}(k,j)<A^{(k-1)}(i,j)$，则 $A^{(k)}(i,j)=A^{(k-1)}(i,k)+A^{(k-1)}(k,j)$。

综上所述，可得到计算 $A^{(k)}(i,j)$ 的递推公式如下：
对于 $1\leqslant i,j\leqslant n$，有

$$\begin{cases} A^{(0)}(i,j)=\text{Cost}(i,j) \\ A^{(k)}(i,j)=\min\{A^{(k-1)}(i,j),A^{(k-1)}(i,k)+A^{(k-1)}(k,j)\} \\ 1\leqslant k\leqslant n \end{cases}$$

设图 G 是一个具有 n 个顶点的带权有向图，用代价邻接矩阵 Cost 表示图 G，矩阵元素定义为：

$$\text{Cost}(i,j)=\begin{cases} w_{ij} & i\neq j,<i,j>\in E(G),w_{ij}\text{ 是}<i,j>\text{边上的权} \\ 0 & i=j \\ \infty & i\neq j,<i,j>\text{不在}E(G)\text{中} \end{cases}$$

下面，给出求解每一对顶点之间的最短路径的函数具体实现。其中，用 MAXINT＝9 999 表示∞，输出时用 * 表示∞。函数 Floyd 求出每对顶点之间的最短路径，主要数组 A 与 Path 在函数 Floyd 执行之后，A[i][j]存放从顶点 i 到顶点 j 的最短路径的长度，若 A[i][j]＝MAXINT＝9 999，则 i 到 j 没有路径；Path[i][j]存放从 i 到 j 的最短路径的一个中间顶点，若 Path[i][j]＝0，则没有中间顶点。函数 Print_All_Path 输出由 $n\times n$ 阶邻接矩阵表示的带权有向图中的所有最短路径。

程序 8-7 最短路径的 Floyd 算法
```
const int MAXINT = 9999;
const int VerticesMaxNumber = 10;   //图中最大顶点个数
class Graph{    //图的类定义
    private:
        float Cost[VerticesMaxNumber][VerticesMaxNumber];   //图的邻接矩阵
        float A[VerticesMaxNumber][VerticesMaxNumber];
        //存放顶点之间的最短路径长度
        int Path[VerticesMaxNumber][VerticesMaxNumber];
        //存放在最短路径上终结顶点的前一顶点的顶点号
    public:
        void Floyd(int n);
        ……
};
void Graph :: Floyd(int n)
{   //Cost[n][n]是一个具有 n 个顶点的图的邻接矩阵
    //A[i][j]是顶点 i 和 j 之间的最短路径长度
    //Path[i][j]是相应路径上顶点 j 前一顶点的顶点号
```

```
int i, j, k;
for(i = 1; i < = n; i ++ )
    for(j = 1; j < = n; j ++ )   //矩阵 A 与数组 Path 初始化
    {
        A[i][j] = Cost[i][j];
        if (i! = j && A[i][j] < MAXINT)   //i 和 j 之间有路径
            Path[i][j] = i;
        else Path[i][j] = 0;   //i 和 j 之间无路径
    }
for(k = 1; k < = n; k ++ )
    for(i = 1; i < = n; i ++ )
        for(j = 1; j < = n; j ++ )   //产生 A$^{(k)}$及相应的 Path$^{(k)}$
            if (A[i][k] + A[k][j] < A[i][j])
            {   //缩短路径长度,绕过 k 到 j
                A[i][j] = A[i][k] + A[k][j];
                Path[i][j] = k;
            }
}
```

利用程序 8-7 中的算法,可求出图 8-23 中带权有向图的每对顶点之间的最短路径及其长度。图 8-24 给出图 8-23 带权有向图各顶点之间的最短路径的中间顶点及其长度的产生过程。

图 8-23 一个带权有向图及其代价邻接矩阵

由图 8-24 可得到:
从顶点 1 到顶点 2 的最短路径为(1,3,2),其长度为 7。
从顶点 1 到顶点 3 的最短路径为(1,3),其长度为 5。
从顶点 2 到顶点 1 的最短路径为(2,1),其长度为 4。
从顶点 2 到顶点 3 的最短路径为(2,1,3),其长度为 9。
从顶点 3 到顶点 1 的最短路径为(3,2,1),其长度为 6。
从顶点 3 到顶点 2 的最短路径为(3,2),其长度为 2。
显然,上面函数的执行时间为 $O(n^3)$。

8.5.3 传递闭包

求每一对顶点间的最短路径问题,首先必须确定有向图 G 中从顶点 i 到顶点 j 的路径的存在问题。本节讨论有向图顶点之间路径的存在问题。这里的路径长度是该路径所经过

$A^{(0)}$	1	2	3
1	0	10	5
2	4	0	∞
3	∞	2	0

$Path^{(0)}$	1	2	3
1	0	0	0
2	0	0	0
3	0	0	0

$A^{(1)}$	1	2	3
1	0	10	5
2	4	0	9
3	∞	2	0

$Path^{(1)}$	1	2	3
1	0	0	0
2	0	0	1
3	0	0	0

$A^{(2)}$	1	2	3
1	0	10	5
2	4	0	9
3	6	2	0

$Path^{(2)}$	1	2	3
1	0	0	0
2	0	0	1
3	2	0	0

$A^{(3)}$	1	2	3
1	0	7	5
2	4	0	9
3	6	2	0

$Path^{(3)}$	1	2	3
1	0	3	0
2	0	0	1
3	2	0	0

图 8-24 A 和 Path 的变化情况

的边的数目,主要讨论两种情况:

(1) 所有路径长度为正的。

(2) 所有路径长度为非负的,即路径长度可以为零。

设 A 为有向图 G 的邻接矩阵,则 A 的**传递闭包矩阵** A^+ 和**自反传递闭包矩阵** A^* 恰好可以表示这两种情况。

设有向图 $G=(V,E)$ 有 $n \geqslant 1$ 个顶点,则 G 的传递闭包矩阵为具有下面性质的 n 阶方阵:

$$A^+(i,j) = \begin{cases} 1 & \text{如果从顶点 } i \text{ 到顶点 } j \text{ 的路径长度大于零} \\ 0 & \text{否则} \end{cases}$$

而具有下面性质的 n 阶方阵为图 G 的自反传递闭包矩阵:

$$A^*(i,j) = \begin{cases} 1 & \text{如果从顶点 } i \text{ 到顶点 } j \text{ 的路径长度大于等于零} \\ 0 & \text{否则} \end{cases}$$

图 8-25 给出一个有向图及它的邻接矩阵 A 和传递闭包矩阵 A^+ 和自反传递闭包矩阵 A^*。A^+ 和 A^* 的区别仅在对角线上的元素,当且仅当包含顶点 i 的回路长度大于 1 时,$A^+(i,i)=1$,而从顶点 i 到顶点 i 总有一条长度为 0 的路径,因此 $A^*(i,i)=1$ 总成立。

其实,只要对 Floyd 作些修改就能用它求出邻接矩阵 A 的传递闭包矩阵 A^+,这里 A 的元素定义为:

$$A(i,j) = \begin{cases} 1 & i \neq j \text{ 且 } <i,j> \in E(G) \\ 0 & \text{否则} \end{cases}$$

$$A = \begin{bmatrix} 0 & 1 & 0 & 0 \\ 1 & 0 & 1 & 0 \\ 0 & 0 & 0 & 1 \\ 0 & 0 & 0 & 0 \end{bmatrix} \qquad A^+ = \begin{bmatrix} 1 & 1 & 1 & 1 \\ 1 & 1 & 1 & 1 \\ 0 & 0 & 0 & 1 \\ 0 & 0 & 0 & 0 \end{bmatrix} \qquad A^* = \begin{bmatrix} 1 & 1 & 1 & 1 \\ 1 & 1 & 1 & 1 \\ 0 & 0 & 1 & 1 \\ 0 & 0 & 0 & 1 \end{bmatrix}$$

图 8-25 G, A, A^+ 和 A^*

在函数 Floyd 中，除了删去使用数组 Path 的元素的语句之外，还需把下面的语句：

```
if (A[i][k] + A[k][j] < A[i][j])
    A[i][j] = A[i][k] + A[k][j];
```

改为：

```
if (A[i][j] == 0)
    if (A[i][k] + A[k][j] == 2)
        A[i][j] = 1;
```

这个语句的含义是：如果顶点 i 到顶点 j 还没有路径，那么顶点 i 到顶点 k 有路径，且顶点 k 到顶点 j 有路径，则顶点 i 到顶点 j 有路径。

下面，给出求解邻接矩阵 A 的传递闭包矩阵 A^+ 的函数具体实现。显然，求 A^+ 的时间仍然为 $O(n^3)$，由 A^+ 很容易得到 A^*，只要在 A^+ 的对角线上都置成 1，即得到 A^*。

程序 8-8 传递闭包矩阵 A^+ 和自反传递闭包矩阵 A^*

```cpp
const int VerticesMaxNumber = 10;   //图中最大顶点个数
class Graph{    //图的类定义
    private:
        float A[VerticesMaxNumber][VerticesMaxNumber];
        //图的邻接矩阵
    public:
        void A_A+ (int n);
        void A+_A* (int n);
        ……
};
void Graph :: A_A+ (int n)
{   //A-->A+
    int i, j, k;
    for(k = 1; k <= n; k++)
        for(i = 1; i <= n; i++)
            for(j = 1; j <= n; j++)
                if (A[i][j] == 0)
                    if (A[i][k] + A[k][j] == 2)
                        A[i][j] = 1;
```

```
    }
    void Graph :: A⁺_A* (int n)
    {   //A⁺ -- > A*
        int i, j;
        for(i = 1; i < = n; i++ )
            for(j = 1; j < = n; j++ )
                if (i == j && A[i][j] == 0)
                    A[i][j] = 1;
    }
```

8.6 拓扑排序

设 S 是一个集合，R 是 S 上的一个关系，a，b 是 S 中的元素，若 $(a, b) \in R$，则称 a 是 b 关于 R 的**前驱元素**，b 是 a 关于 R 的**后继元素**。设 S 是一个集合，R 是 S 上的一个关系，a，b，c 是 S 中的元素，若有 $(a, b) \in R$ 和 $(b, c) \in R$，则必有 $(b, c) \in R$，那么我们称 R 是 S 上的一个**传递关系**。若对于 S 中的任一元素 a，不存在 $(a, a) \in R$，则称 R 是 S 上的一个**非自反关系**。若 S 上的一个关系 R 是传递的和非自反的，则称 R 是 S 上的一个**半序关系**。注意：在任何一个具有半序关系 R 的有限集合中，至少有一个元素没有前驱，也至少有一个元素没有后继。若 R 是集合 S 上的一个半序关系，$A = a_1, a_2, \cdots, a_n$ 是 S 中元素的一个序列，且当 $(a_i, a_j) \in R$ 时，有 $i < j$，则称 A 是相对于 R 的一个拓扑序列。注意：若 a_i 和 a_j 关于 R 毫无关系，那么 a_i 和 a_j 在 A 中的排列次序不受限制。这里，称获得拓扑序列的过程为**拓扑排序**（topological sorting）。

有向图 G 往往可以用来表示某工程的施工图，或产品的生产流程图，或某系统的执行流程图。有向边则表示子工程或子系统之间的先后关系。在一个有向图 G 中，若用顶点表示活动或任务，用边表示活动（或任务）之间的先后关系，则称此有向图 G 为用顶点表示活动的网络，即 **AOV-网络**（Activity on Vertices - Network）。对 AOV-网络的顶点进行拓扑排序，就是对各个活动排出一个线性的顺序关系。如果条件限制这些活动必须串行的话，那么就应该按拓扑序列中安排的顺序执行。

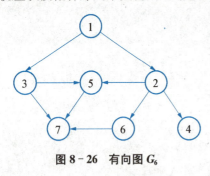

图 8-26 有向图 G_6

对图 8-26 的有向图的顶点进行拓扑排序，可以得到拓扑序列：

1, 2, 3, 4, 6, 5, 7

也可以得到拓扑序列：

1, 3, 2, 5, 6, 4, 7

从上面的例子中，可以看到：一个有向图的顶点的拓扑序列不是唯一的。

并不是任何有向图的顶点都可以排成拓扑序列，具有有向图回路的有向图的顶点不能排成拓扑序列。这是因为在具有有向回路的有向图中，用有向边体现顶点之间的先后关系不是非自反的,因而不是半序关系。例如,在图 8-27 的有向图中,因为存在有向回路,所以无法把顶点排成拓扑序列。

任何没有回路的有向图,其顶点可以排成一个拓扑序列。下面给出对 AOV-网络进行拓扑排序的方法:

(1) 在网络中选一个没有前驱的顶点,且把它输出。
(2) 从网络中删除该顶点和以它为尾的所有有向边。

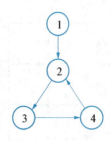

图 8-27 具有有向回路的有向图

重复执行上述两个步骤,直到所有的顶点都被输出,或者直到遗留在网络上的顶点都有前驱顶点为止,前一种情况说明用该有向图表示的工程是可行的;后一种情况说明用该图表示的工程是不可行的。

例如,按上述方法获得图 8-26 中的有向图 G_6 的拓扑序列的具体步骤如下:因为 G_6 中没有前驱顶点的只有顶点 1,首先输出顶点 1,然后将边<1,2>,<1,3>从网络中删除,得到图 8-28(a);这时,顶点 3 和顶点 2 没有前驱顶点,若输出顶点 2,并从网络中删除边<2,5>,<2,6>,<2,4>,则得到图 8-28(b);这时,没有前驱顶点的有 3,6,4,若输出 4,因为在网络中顶点 4 没有后继顶点,所以不删除边,得到图 8-28(c);这时,顶点 3 和顶点 6 没有前驱顶点,若输出顶点 6,并从网络中删除边<6,7>,则得到图 8-28(d);这时,只有顶点 3 没有前驱顶点,所以输出顶点 3,并从网络中删除边<3,5>,<3,7>,得到图 8-28(e);这时,只有顶点 5 没有前驱顶点,所以输出顶点 5,并从网络中删除边<5,7>,得到图 8-28(f);最后,输出顶点 7。于是,图 G_6 的一个拓扑排序为 1,2,4,6,3,5,7。

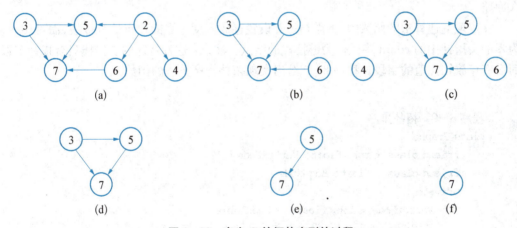

图 8-28 产生 G_6 的拓扑序列的过程

为了实现拓扑排序的算法,对于给定的有向图,采用邻接表作为存储结构,为每个顶点设立一个链表,每个链表的头指针构成一个顺序表,顺序表中的每个结点都增加一个存放顶点入度的字段。

在输入有向图的边之前,每个链表的头指针都置为空,入度为零。每输入一条有向边 <i,j> 时,在第 i 个链表中,建立一个顶点为 j 的结点,同时将顶点 j 的入度加 1。因此,在输入结束时,每个链表的头指针指向链表的第一个结点,并给出该顶点的入度。例如,对于图 8-26 中的有向图 G_6,在依次输入有向边序列<1,2>,<1,3>,<2,4>,<2,5>,<2,6>,<3,5>,<3,7>,<5,7>,<6,7>后所建立的邻接表如图 8-29 所示。注意,为了处理方便,在建立各个链表时,把各个链表当作链接栈进行处理。

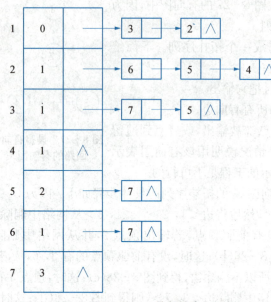

图 8-29 G_6 的邻接表

在执行拓扑排序的过程中,当某个顶点的入度为零时,就将此顶点(它没有前驱顶点)输出,同时将该顶点的所有后继顶点的入度减 1,为了避免重复检测入度为零的顶点,需要设立一个栈,用以存放入度为零的顶点。因此,执行拓扑排序的算法如下:

(1) 输入有向边的序列,建立相应的邻接表。

(2) 查找邻接表中入度为零的顶点,让入度为零的顶点进栈。

(3) 当栈不空时:

(a) 使用退栈操作,取得栈顶的顶点 j,并输出顶点 j。

(b) 在邻接表的第 j 个链表中,查找顶点 j 的所有后继顶点 k,将顶点 k 的入度减 1。若顶点 k 的入度变为零,则顶点 k 进栈,转(3)。

(4) 当栈空时,若有向图的所有顶点都输出,则拓扑排序过程正常结束;否则,有向图存在回路。

在实现上述算法的函数中,不需要另外设置存放入度为零的顶点的链接栈,而可用入度为零的头指针中的 count 字段作为链接栈的结点。注意:这种特殊的链接栈只有指针字段,而没有存放结点值的字段。程序 8-9 给出实现拓扑排序算法的函数:

```
程序 8-9  拓扑排序
class Graph {
    friend class < int, float > VertexNode;
    friend class < float > EdgeNode;
    private:
        VertexNode < int, float > * NodeTable;
        //邻接表的顶点表,设顶点数据及边上的权均为整数
        int * count;   //入度数组,用于记录各顶点的入度
        int n;    //顶点个数
    public:
        Graph(const int vertices = 0): n(vertices)
        {
            NodeTable = new VertexNode < int, float >[n];   //建立顶点表数组
            count = new int [n];   //建立入度数组
        }
        void Topppol_Order();
};
void Graph :: Toppol_Order()
```

```
{   //对 n 个顶点的 AOV 网络进行拓扑排序,其中 top 是入度为零顶点栈的栈顶指针
    int top = -1;          //建立空栈
    for(int i = 0; i < n; i++)   //建立入度为零顶点的链接栈
        if (count[i] == 0)
        {   //入度为零的顶点依次进栈
            count[i] = top;
            top = i;
        }
    for(i = 0; i < n; i++)
        if (top == -1)
        {   //存在有向环,未能形成拓扑序列,直接返回
            cout << " Network has a cycle! " << endl;
            return;
        }
        else {
            int j = top;
            top = count[top];    //入度为零的顶点出栈
            cout << j << endl;   //输出入度为零的顶点信息
            EdgeNode < float > * l = NodeTable[j].adj;   //顶点 j 的边链表的头指针
            while (l)
            {   //l≠0,存在出边
                int k = l.dest;   //取该边的终止顶点 k,该顶点的入度减 1
                if (--count[k] == 0)
                {   //入度减 1 为零的顶点进栈
                    count[k] = top;
                    top = k;
                }
                l = l-> link;    //取顶点 j 的下一条边出边
            }
        }
}
```

如果给定的有向图有 n 个顶点和 m 条边,那么建立邻接表的时间为 $O(m)$。在拓扑排序的过程中,查找入度为零的顶点的时间为 $O(n)$,顶点进栈及退栈输出共执行 n 次,入度减 1 的操作执行 m 次,所以总的执行时间为 $O(m+n)$。

8.7 关键路径

现在,介绍一种与 AOV-网络有密切联系的 AOE-网络。若在带权有向图中,顶点表示事件,有向边表示活动,边上的权表示完成这一活动所需的时间,则称此有向图为用边表示活动的网络,即 AOE-网络(Activity on Edges-Network)。

在 AOE-网络中,顶点表示的事件实际上就是以它为头顶点的边所代表的活动均已完

成,以它为尾顶点的边所代表的活动可以开始这样的一种状态。通常,可用 AOE-网络来估算工程的完成时间。例如,图 8-30 表示一个具有 13 个活动 $a_1, a_2, \cdots, a_{13}$ 的假想工程的 AOE-网络。图中有 9 个顶点,它们分别表示事件 v_1 到 v_9,其中 v_1 表示工程"开始",v_9 表示工程"结束"的状态,而边上的权表示完成该活动所需的时间。

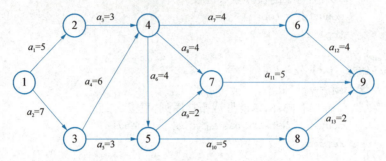

图 8-30 一个假象工程的 AOE-网络

现在,把图 8-30 的 AOE-网络中的事件解释如下:

v_1——表示工程开始;

v_2——表示活动 a_1 完成;

v_3——表示活动 a_2 完成;

v_4——表示活动 a_3 和 a_4 完成;

v_5——表示活动 a_5 和 a_6 完成;

v_6——表示活动 a_7 完成;

v_7——表示活动 a_8 和 a_9 完成;

v_8——表示活动 a_{10} 完成;

v_9——表示活动 a_{11}、a_{12} 和 a_{13} 完成,此时表示整个工程完成。

因为边上的权表示完成该活动所需的时间,所以边 a_1 的权 5,表示活动 a_1 需要 5 天(假设以天为单位)完成。类似地,活动 a_4 需要 6 天完成,等等。通常,这些时间仅仅是估计的。当工程开始后,活动 a_1 和 a_2 可以同时进行,而活动 a_3 要等到事件 v_2 发生后才能进行,a_4 和 a_5 要在事件 v_3 发生后(即在活动 a_2 完成后)才能同时进行,当活动 a_{11}、a_{12} 和 a_{13} 完成后,整个工程就完成了。

表示实际工程 AOE-网络应该没有有向回路,存在唯一的入度为零的开始顶点,如图 8-30 的顶点 1,及存在唯一的出度为零的结束顶点,如图 8-30 的顶点 9。

与 AOV-网络不同,对 AOE-网络来讲,所关心的问题是:

(1) 完成整个工程至少需要多少时间?

(2) 哪些活动是影响工程进度的关键?

由于一个 AOE-网络中某些活动可以并行地进行,所以完成工程的最小时间是从开始顶点到结束顶点的最长的路径长度。在这里,路径的长度等于完成这条路径上各个活动所需时间之和。称从开始顶点到结束顶点的最长路径为关键路径(critical path)。例如,在图 8-30 的 AOE-网络中,<1, 3, 4, 5, 7, 9>就是一条关键路径,这条路径的长度为 24;也就是说,整个工程至少 24 天才能完成。一个 AOE-网络可以有多条关键路径,如<1, 3, 4, 5, 8, 9>也是图 8-30 的 AOE-网络的一条关键路径,它的长度也是 24。

关键路径上的所有活动是**关键活动**(critical activity)。为了找出给定的 AOE-网络上的关键路径,先找出所有的关键活动。为了找关键活动,先定义几个有关的量。

(1) 事件 v_i 能够发生的最早时间 $ee[i]$ 是从开始顶点 1 到顶点 i 的最长路径的长度。

(2) 事件 v_i 允许的最迟发生时间 $le[i]$ 是在保证结束顶点 n 在 $ee[n]$ 时刻发生的前提下,事件 v_i 允许发生的最迟时间。$le[i]$ 等于 $ee[n]$ 减去顶点 i 到顶点 n 的最长路径长度。

(3) 如果活动 a_i 是由边 $<j,k>$ 表示的,那么 a_i 的最早开始时间 $e[i]$ 等于从开始顶点 1 到表示事件 v_j 的顶点 j 的最长路径长度,即 $e[i]=ee[j]$。

(4) 活动 a_i 允许的最迟开始时间 $l[i]$ 等于 $le[k]-a_i$ 所需的时间。

称 $e[i]=l[i]$ 的活动 a_i 为关键活动,若 a_i 拖延时间,则整个工程也要拖延时间。$l[i]-e[i]$ 为活动 a_i 的最大可利用时间(即时间余量),它就是在不增加完成工程所需的总时间的情况下,活动 a_i 可以拖延的时间。$l[i]-e[i]>0$ 的活动 a_i 不是关键活动,即使提早完成 a_i 的时间小于等于 $l[i]-e[i]$ 天,也不能加快整个工程的进度。若 a_i 提早完成的时间大于 $l[i]-e[i]$ 天,则关键路径就可能发生变化。

可以采用下面步骤求出上面定义的几个量,从而找到关键活动。

$ee[k]$ 和 $le[k]$ 分别用向前和向后两个阶段进行计算。在向前阶段中,用下面的递推公式计算:

$$\begin{cases} ee[l]=0 \\ ee[k]=\max\{ee[k],ee[j]+<j,k>上的权 \mid j\in p(k)\} \end{cases} \quad (8.7.1)$$

其中,$p(k)$ 为邻接到顶点 k 的所有顶点的集合,即 $p(k)$ 是以顶点 k 为头顶点的所有有向边的尾顶点的集合。因为求 $ee[k]$ 必须在顶点 k 的所有前驱顶点所表示的事件的最早发生时间都已求得的前提下进行的。因此,可利用上节的拓扑排序来求 $ee[k]$。这时,需对图的邻接表稍加修改,给链表中的每个结点增加一个存放活动持续时间(即边上的权)的字段 Dur;同时,还要增加一个 $ee[n]$ 数组,它的每个元素的初值为零。这样,只要在拓扑排序的函数中的语句:

```
if ( -- count[k] == 0)
{   //入度减 1 为零的顶点进栈
    count[k] = top;
    top = k;
}
```

之后,插入按下式:

ee[k] = max{ee[j] + < j, k > |j∈p(k)上的权}

计算 ee[k] 的语句,就可以在产生拓扑排序的同时把 ee[k] 计算出来。其实只要插入语句:

```
if (ee[k] < ee[j] + t - >Dur)
ee[k] = ee[j] + t - >Dur;
```

就可以了。(请读者想一想,这是为什么?)

图 8-30 的 AOE-网络的修改过的邻接表如图 8-31 所示。表 8-2 给出按修改过的拓扑排序计算各个事件的最早发生时间的变化过程。在表 8-2 中,输出顶点的次序就是处理

顶点的次序。开始时,各顶点所表示的事件的最早发生时间都为零,最后求得 $ee[9]=24$,它就是关键路径的长度。新语句的插入并不改变整个计算时间。因此,求解 ee 所需的时间仍然为 $O(n+m)$。

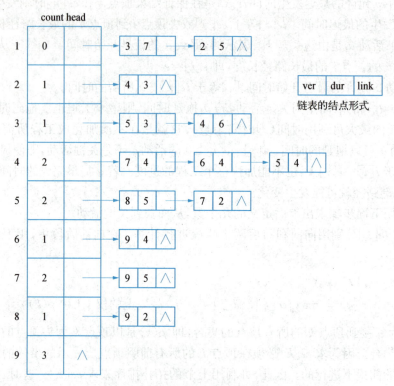

图 8-31 AOE-网络的邻接表

表 8-2 求解 ee 的过程

$ee[i]$ \ i	1	2	3	4	5	6	7	8	9	栈
初 态	0	0	0	0	0	0	0	0	0	1
输出顶点 1	0	5	7	0	0	0	0	0	0	3,2
输出顶点 2	0	5	7	8	0	0	0	0	0	3
输出顶点 3	0	5	7	13	10	0	0	0	0	4
输出顶点 4	0	5	7	13	17	17	17	0	0	6,5
输出顶点 5	0	5	7	13	17	17	19	22	0	6,8,7
输出顶点 7	0	5	7	13	17	17	17	22	24	6,8
输出顶点 8	0	5	7	13	17	17	17	22	24	6
输出顶点 6	0	5	7	13	17	17	17	22	24	9
输出顶点 9	0	5	7	13	17	17	17	22	24	

在计算 $le[k]$ 的向后阶段中,采用下面的递推公式:

$$\begin{cases} le[n] = ee[n] \\ le[k] = \min\{le[k], le[j] - <k,j> \text{上的权} \mid j \in s(k)\} \end{cases} \quad (8.7.2)$$

其中,$s(k)$是邻接于顶点 k 的所有顶点的集合,即 $s(k)$是以顶点 k 为尾顶点的所有有向边的头顶点的集合。在开始时,置 $le[i]$($1 \leq i \leq n$)为结束顶点所表示的事件的最迟发生时间,因为按拓扑排序排列顶点时,结束顶点是最后一个顶点。求 $le[k]$ 必须在顶点 k 的所有后继顶点的最迟发生时间都已求得的前提下进行的。因此,用类似于求解 $ee[k]$ 的方法来计算 $le[k]$ 时,必须用逆邻接表表示图。在逆邻接表中,结点的 count 字段记录相应顶点的出度。图 8-30 的逆邻接表如图 8-32 所示。同时,插入的函数语句段改为(8.7.2)式。

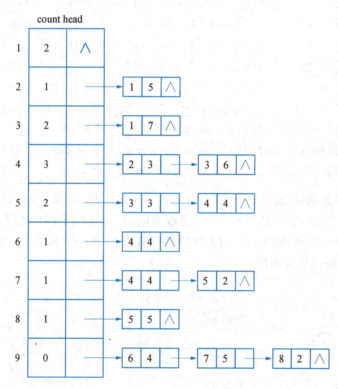

图 8-32 图 8-30 的逆邻接表

实际上,总是按照修改过的拓扑排序函数求出 ee,并同时得到顶点的拓扑序列。这样,只要把这个拓扑序列倒排,就得到顶点逆拓扑序列。例如,上例的拓扑序列为 1,2,3,4,5,7,8,6,9。由此,马上可以得到的相应的逆拓扑序列 9,6,8,7,5,4,3,2,1。然后,按所求得的逆拓扑序列的次序,利用原来的邻接表(不用逆邻接表)直接用公式 8-2 计算 le。下面列出由各顶点所代表的事件的最迟发生时间:

i	1	2	3	4	5	6	7	8	9
$le[i]$	0	10	7	13	17	20	19	22	24

在求出 AOE-网络中所有顶点所代表的事件的最早发生时间 ee 和最迟发生时间 le 后,如果活动 a_i 用边 $<j,k>$ 表示,那么用下列公式计算 a_i 这个活动的最早开始时间 $e[i]$ 和最

迟开始时间 $l[i]$：

$$\begin{cases} e[i] = ee[i] \\ l[i] = le[k] - <j,k>\text{上的权} \end{cases} \tag{8.7.3}$$

因此，有

$e[1] = ee[1] = 0$	$l[1] = le[2] - 5 = 10 - 5 = 0$	$l[1] - e[1] = 5$
$e[2] = ee[1] = 0$	$l[2] = le[3] - 7 = 7 - 7 = 0$	$l[2] - e[2] = 0$
$e[3] = ee[2] = 5$	$l[3] = le[4] - 3 = 13 - 3 = 10$	$l[3] - e[3] = 5$
$e[4] = ee[3] = 7$	$l[4] = le[4] - 6 = 13 - 6 = 7$	$l[4] - e[4] = 0$
$e[5] = ee[3] = 7$	$l[5] = le[5] - 3 = 17 - 3 = 14$	$l[5] - e[5] = 7$
$e[6] = ee[4] = 13$	$l[6] = le[4] - 4 = 17 - 4 = 13$	$l[6] - e[6] = 0$
$e[7] = ee[4] = 13$	$l[7] = le[6] - 4 = 20 - 4 = 16$	$l[7] - e[7] = 3$
$e[8] = ee[4] = 13$	$l[8] = le[7] - 4 = 19 - 4 = 15$	$l[8] - e[8] = 2$
$e[9] = ee[5] = 17$	$l[9] = le[7] - 2 = 19 - 2 = 17$	$l[9] - e[9] = 0$
$e[10] = ee[5] = 17$	$l[10] = le[8] - 5 = 22 - 5 = 17$	$l[10] - e[10] = 0$
$e[11] = ee[7] = 19$	$l[11] = le[9] - 5 = 24 - 5 = 19$	$l[11] - e[11] = 0$
$e[12] = ee[6] = 17$	$l[12] = le[9] - 4 = 24 - 4 = 20$	$l[12] - e[12] = 3$
$e[13] = ee[8] = 0$	$l[13] = le[9] - 2 = 24 - 2 = 22$	$l[13] - e[13] = 0$

从上面列出的数据可以看出：a_2，a_4，a_6，a_9，a_{10}，a_{11} 和 a_{13} 都是关键活动。从图 8-30 中删去所有非关键活动，就得到图 8-33 的带权有向图。在这个图中，从顶点 1 到顶点 9 的路径都是关键路径。因此，图 8-30 的关键路径有两条：<1，3，4，5，7，9>和<1，3，4，5，8，9>，它们的路径长度都是 24。

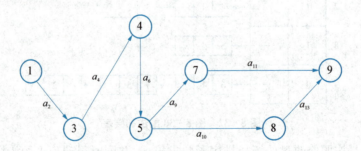

图 8-33　两条关键路径

并不是加快任何一个关键活动都可以缩短整个工程的完成时间，只有加快那些包含在所有的关键路径上的关键活动才能达到这个目的。例如，在图 8-30 中，a_{11} 是关键活动，它在关键路径<1，3，4，5，7，9>上，但不在另一条关键路径<1，3，4，5，8，9>上。如果加快 a_{11} 的速度，使之由 5 天变成 4 天完成，这样并不能把整个工程所需的时间缩短为 23 天。如果一个活动处于所有的关键路径上，那么提高这个活动的速度，就能缩短整个工程的完成时间。例如，加快处于所有关键路径上的活动 a_2 的速度，由原来的 7 天变成 5 天，那么整个工程用 22 天就能完成。但是，a_2 的完成时间不能缩短太多，否则会使原来是关键路径变成不是关键路径，这时必须重新寻找关键路径。

8.8 进阶导读

图是一种较线性表和树更为复杂的数据结构。在图形结构中,结点之间的关系是任意的,任意两个数据元素之间都可能相关,因此,图的应用非常广泛,已渗入到诸如语言学、逻辑学、物理、化学、电信工程、计算机科学及数学的其他分支中。

有关图的理论研究最早起源于一些数学游戏难题,如欧拉所解决的哥尼斯堡七桥问题[1],以及在民间广泛流传的一些游戏难题,如迷宫问题、博弈问题[2][3]、棋盘上马的行走路线问题等等。在这些问题研究的基础上,又继续提出著名的四色猜想[4]和汉米尔顿(环游世界)[5]数学难题。之后,图应用于分析电路网络,这是它最早应用于工程科学;以后随着科学的发展,图在解决运筹学、网络理论、信息论、控制论、博弈论以及计算机科学等各个领域的问题时,发挥出越来越大的作用。图已成为解决自然科学、工程技术、社会科学、生物技术以及经济、军事等领域中许多问题的有力工具之一。本章只是介绍一些有关图的基本概念、原理、一些典型算法及其应用实例,目的是在今后对工程技术或者相关学科的学习研究时,可以把图的基本知识、方法作为求解的基础工具。

参考文献

[1] Biggs, N. L. Lloyd, E. K &Wilson, R. J. *Graph Theory 1736 - 1936*. Clarendon Press, Oxford, 1976.

[2] J. F. Nash, Jr. *Equilibrium Points in N - Person Games*. Proc. Nat. Acad. Sci. USA. 36(1950) 48 - 49.

[3] 〔美〕Nash. J. F 著,张良桥等译.《纳什博弈论论文集》.首都经济贸易大学出版社,2000.11。

[4] http://en.wikipedia.org/wiki/Four_color_theorem.

[5] Chuzo Iwamoto and Godfried Toussaint. *Finding Hamiltonian circuits in arrangements of Jordan curves is NP - complete*. Information Processing Letters, Vol. 52, 1994, pp. 183 - 189.

习 题

1. 对于图 8 - 34 的无向图,给出:
(1) 表示该图的邻接矩阵;
(2) 表示该图的邻接表;
(3) 图中每个顶点的度。

2. 对于图 8 - 34 的无向图,给出:
(1) 从顶点 1 出发,按深度优先查找法遍历图时所得到的顶点序列;
(2) 从顶点 1 出发,按广度优先查找法遍历图时所得到的顶点序列。

图 8 - 34

3. 对于图 8 - 35 的有向图,给出:
(1) 表示该图的邻接矩阵;
(2) 表示该图的邻接表;

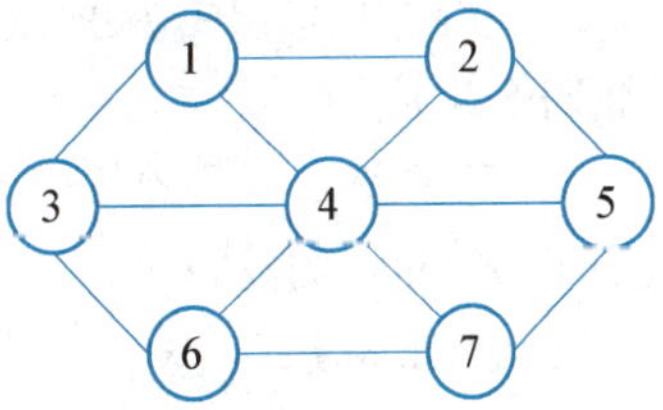

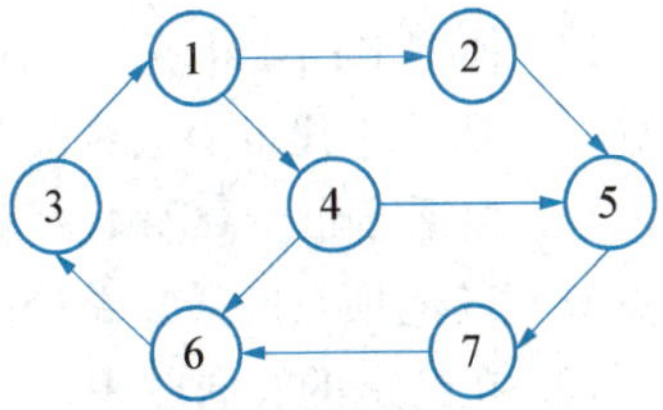

图 8 - 35

(3) 图中每个顶点的入度和出度。

4. 对于图 8-35 的有向图,给出:

(1) 从顶点 1 出发,按深度优先查找法遍历图时所得到的顶点序列;

(2) 从顶点 1 出发,按广度优先查找法遍历图时所得到的顶点序列。

5. 对于图 8-34 的无向图,试问它是:

(1) 连通图吗?

(2) 完全图吗?

6. 对于图 8-35 的有向图,试问它是:

(1) 弱连通图吗?

(2) 强连通图吗?

7. 图 8-36 是有向图,试问其中哪个图是:

(1) 弱连通的?

(2) 强连通的?

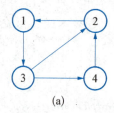 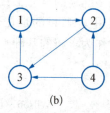

图 8-36

8. 具有 n 个顶点的连通无向图至少有几条边?

9. 具有 n 个顶点的强连通有向图至少有几条边?

10. 分别写出用深度和广度优先查找法遍历具有六个顶点的完全无向图的顶点序列。(假设都以顶点 1 出发)

11. 改写以深度优先查找法遍历给定的连通图的 DFS 程序。要求不用递归方法,而用一个栈来实现。

12. 在图 8-34 中,从顶点 1 出发,分别画出其 DFS 生成树和 BFS 生成树。

13. 对于图 8-37 的带权无向图,按照:

(1) Kruskal 算法;

(2) Prim 算法(假设以顶点 1 作为出发顶点)。

分别给出一棵最小代价生成树,并且用图的序列来表明最小代价生成树的形成过程。

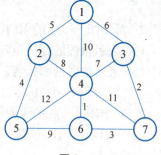

图 8-37

14. 根据 Kruskal 算法,编写一个在连通的带权无向图中寻找一棵最小代价生成树的程序。

15. 根据 ShortestPath 程序所求的数组 Path[ ] 中的前 n 个元素的值,编写一个获得从源点 v 到其他顶点的最短路径的程序 NewPath(v, pre, n)。

16. 在给定的有向图中,用拓扑排序方法求得的顶点的拓扑序列不是唯一的。对于图 8-38 的有向图的顶点进行拓扑排序,可得到许多不同的拓扑序列,试写出其中的十种。

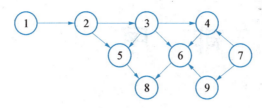

图 8-38

17. 假设用图 8-39 的 AOE-网络表示一个工程的进度计划,图中边上的权重表示活动所需的时间(以天为单位):

(1) 求出每个顶点所表示的事件的最早发生时间和最迟发生时间;
(2) 求出每个活动的最早开始时间和最迟开始时间;
(3) 完成该工程需要多少天?
(4) 哪些活动是关键活动?
(5) 给出所有关键活动。

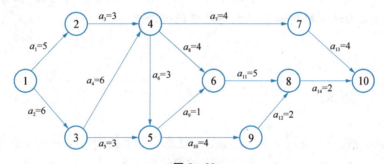

图 8-39

第 9 章

排 序

> 排序(sorting)是计算机程序设计中的一个重要问题。几十年来,排序问题获得广泛关注,并成为计算机科学中研究得最多的问题之一。

9.1 问题定义

排序的功能是将一个数据元素(或记录)的任意序列重新排列成一个按关键字有序的序列。假设序列 $a_0, a_1, a_2, \cdots, a_{n-1}$ 的关键字的值依次为 $k_0, k_1, k_2, \cdots, k_{n-1}$,对该序列的排序过程就是确定一组下标排列 $p[0], p[1], \cdots, p[n-1]$ ($0 \leqslant p[i] \leqslant n-1, 0 \leqslant i \leqslant n-1$),使得当 $i \neq j$ 时,$p[i] \neq p[j]$,且相应的序列的关键字的值满足如下的关系:

$k_{p[0]} \leqslant k_{p[1]} \leqslant \cdots \leqslant k_{p[n-1]}$(升序),或者 $k_{p[0]} \geqslant k_{p[1]} \geqslant \cdots \geqslant k_{p[n-1]}$(降序)。

如果没有特殊指明,本章所述的排序方法总是按关键字的值将序列排为升序。

若序列中关键字的值相等的结点经过某种排序方法进行排序之后,仍能保持它们在排序前的相对顺序;也就是说,在排序前,如果 $i < j \wedge k_i = k_j$,且排序后,a_i 仍在 a_j 之前,则称这种排序方法是稳定的;否则,称这种排序方法是不稳定的。

特别说明的是:在一些教材及资料中,排序也常被称为分类。

根据对内存的使用情况,排序方法分为内部排序和外部排序两种。内部排序是指排序期间全部结点都存储于内存,并在内存中调整等待排序结点的存放位置;外部排序是指排序期间大部分结点存储于外存中,排序过程借助内存,调整那些存放在外存、等待排序的结点的存放值。

根据排序实现的手段,排序方法分为基于"比较-交换"的排序和基于"分配"的排序。其中,基于"比较-交换"的排序包括:插入排序、冒泡排序、选择排序、快速排序、希尔排序、堆排序等;基于"分配"的排序包括:基数排序等。

根据实现的难易程度,排序方法又可分为基本排序方法和高级排序方法。通常,我们认为插入排序、冒泡排序和选择排序为基本排序方法。

9.2 基本排序方法

9.2.1 插入排序

插入排序(insertion sort)是一种基本的排序方法。本小节讨论的方法为直接插入排序(为描述方便,以下的插入排序方法除特殊说明均为直接插入排序),其基本思想是将一个记录插入到已排好顺序的序列中,形成一个新的、记录数增 1 的有序序列。

假设待排序的 n 个结点的序列为 $a_0, a_1, a_2, \cdots, a_{n-1}$,我们依次对 $i = 1, 2, \cdots, n-1$ 分别执行下面的插入步骤:

假设 $a_0, a_1, \cdots, a_{i-1}$ 已排序,故有 $a_0 \leqslant a_1 \leqslant \cdots \leqslant a_{i-1}$。首先,让 $t = a_i$,然后将 t 依次与 $a_{i-1}, a_{i-2}, \cdots$ 进行比较,将比 t 大的结点依次右移一个位置,直到发现某个 j ($0 \leqslant j \leqslant i-1$),使得 $a_j \leqslant t$,则令 $a_{j+1} = t$;如果这样的 a_j 不存在,那么在比较过程中,$a_{i-1}, a_{i-2}, \cdots, a_0$ 都依次后移一个位置,此时令 $a_0 = t$。

经过执行程序 9-1 的函数实现上述的排序算法:

程序 9-1 插入排序方法
```
template < class Item >
void InsertionSort(Item a[], int l, int r)
{
    int i,j;Item t;
    for (i = l + 1; i < = r; ++ i) //从左边界开始,依次获取每个记录
    { //将获取到的记录插入到前面已排好序的序列的合适位置
        //方法是:从当前记录开始逐个比较前面的记录
        //若当前记录小,则把前面的记录向后移一个位置
        for (j = i - 1,t = a[i]; j > = 0&&t < a[j]; j -- )
            a[j + 1] = a[j];
        //将最初获取的记录复制到相应位置
        a[j + 1] = t;
    }
}
```

我们用图 9-1 的示例来说明插入排序的执行过程。

现在,我们分析一下插入排序的比较次数和记录移动次数。当待排序的结点序列 a_0, $a_1, a_2, \cdots, a_{n-1}$ 按照关键字非递减的顺序排列时,对于自变量为 j 的循环,每执行一次,只要进行一次结点比较,故整个排序过程只进行 $(n-1)$ 次比较,且不需要移动记录;当待排序结点序列 $a_0, a_1, a_2, \cdots, a_{n-1}$ 按关键字非递增的顺序排列时,对于 j 循环,每执行一次,需要进行 j 次比较,故整个排序过程需进行的比较次数和记录移动次数分别为:

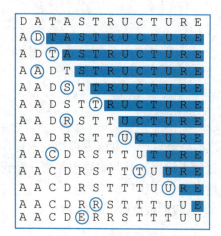

图 9-1 插入排序过程

$$\sum_{i=1}^{n-1} i = \frac{n(n-1)}{2},$$

$$\sum_{i=1}^{n-1} (i+1) = \frac{(n+2)(n-1)}{2},$$

从上述分析可知,插入排序的运行时间和待排序记录的顺序密切相关。若记录出现在待排序序列中的概率相同,则可取上述最好情况和最坏情况的平均情况。此时,比较次数和记录移动次数约为 $n^2/4$。因此,插入排序的时间复杂度为 $O(n^2)$。

需要强调的是:插入排序方法是稳定的,该方法适用于结点个数较少的场合。

9.2.2 冒泡排序

冒泡排序(bubble sort)是另一种基本的排序方法,其基本思想是依次比较相邻的两个元素的顺序,如果顺序不对,则将两者交换,重复这样的操作直到整个序列被排好序。假设待排序的序列为 $a_0, a_1, a_2, \cdots, a_{n-1}$,起始时排序范围是从 a_0 至 a_{n-1}。冒泡排序是在当前排序范围内,自右向左对相邻的两个结点进行比较,让键值较大的结点向右移,让键值较小的结点向左移。当自右向左比较完成当前排序范围后,键值最小的元素被移动到序列的 a_0 位置,故 a_0 无需再参加下一次比较,下一次比较的范围为 a_1 至 a_{n-1}。循环上述的比较过程,直到比较范围为 a_{n-2} 至 a_{n-1} 完成。在整个排序过程中,执行了 $n-1$ 次比较过程。经过执行程序 9-2 所示的函数实现上述的排序算法:

程序 9-2 冒泡排序方法
```
template < class Item >
// 函数:交换记录
void swap(Item& A, Item& B)
{
    Item temp = A; A = B; B = temp;
}
template < class Item >
void BubbleSort(Item a[], int l, int r)
{
    //1. 比较相邻的元素。如果最右一个比最右第二个大,就交换它们。
    //2. 对每一对相邻元素作同样的工作,从开始最右一对到开始的第一对
    // 这时,第二个元素应该会是最小的数。
    //3. 针对所有的元素重复以上的步骤,除了第一个。
    //4. 持续每次对越来越少的元素重复上面的步骤,直到没有任何一对数字需要比较。
    for (int i = 1; i < r; ++i)              // 进行 r-1 趟过程
        for (int j = r-1; j > l; --j)        // 从右至左比较相邻记录
            if (a[j] > a[j+1])               // 若 a[j] > a[j+1]
```

```
            swap(a[j],a[j+1]);            //交换 a[j]和 a[j+1]
    }
```

我们用图 9-2 的示例来说明冒泡排序的执行过程。

假设待排序的结点有 n 个,那么冒泡排序最多执行 $n-1$ 遍。第一遍最多执行 $n-1$ 次比较和 $n-1$ 次交换;第二遍最多执行 $n-2$ 次比较和 $n-2$ 次交换;…;第 $n-1$ 遍最多执行一次比较和一次交换。因此,整个排序过程最多需要的比较和交换次数为:

$$\sum_{i=1}^{n-1} i = \frac{n(n-1)}{2}$$

需要强调的是,冒泡排序是稳定的,因为相邻结点键值相同不会发生数据的交换。

图 9-2 冒泡排序过程

9.2.3 选择排序

选择排序(selection sort)也是一种基本的排序方法,其基本思想是:首先选出序列中键值最小的项,将它与序列的第一个项交换位置;然后选出键值次小的项,将其与序列的第二个项交换位置;…;直到整个序列完成排序。

假设待排序的序列为 $a_0, a_1, a_2, \cdots, a_{n-1}$,我们依次对 $i=0,1,\cdots,n-2$ 分别执行如下的选择步骤:在 $a_i, a_{i+1}, \cdots, a_{n-1}$ 中选择一个键值最小的项 a_k,然后将 a_k 与 a_i 交换。

在上述步骤执行完成后,序列 $a_0, a_1, a_2, \cdots, a_{n-1}$ 完成排序。

经过执行程序 9-3 所示的函数实现上述的排序算法:

程序 9-3 选择排序方法
```
template < class Item >
void SelectionSort(Item a[], int l, int r)
{
    int i,j,min;
    for (i = l; i < r; ++i){
        //依次从剩余的未排序序列中选取一个最小的记录
        for (min = i, j = i + 1; j < = r; ++j)
            if (a[j] < a[min])
                min = j;
        //将当前的最小记录放入已排序好的队列的末尾
        swap(a[i],a[min]);
    }
}
```

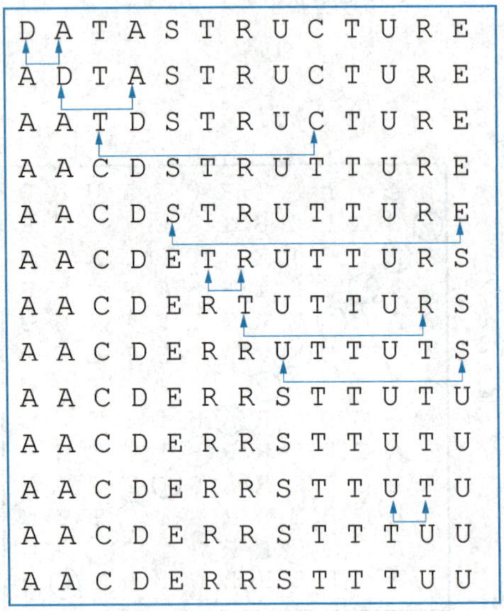

```
D A T A S T R U C T U R E
A D T A S T R U C T U R E
A A T D S T R U C T U R E
A A C D S T R U T T U R E
A A C D S T R U T T U R E
A A C D E T R U T T U R S
A A C D E R T U T T U R S
A A C D E R R U T T U T S
A A C D E R R S T T U T U
A A C D E R R S T T U T U
A A C D E R R S T T U T U
A A C D E R R S T T T U U
A A C D E R R S T T T U U
```

图 9-3 选择排序过程

我们用图 9-3 的示例来说明选择排序的执行过程。

类似地，我们可得到最坏情况下选择排序的比较次数和数据交换次数，分别为：$n(n-1)/2$ 和 $(n-1)$。

选择排序有两个特点：

(1) 它的运行时间和待排序中记录的顺序关系很小，因为每次从序列中选出最小键值的项都需要依次比较序列中剩余所有项的键值。

(2) 需要很少的数据交换次数。因此，选择排序对数据项较大、键较小的序列进行排序时效果较好。

需要强调的是：选择排序方法是不稳定的。例如，对于序列 2,2,1，经过选择排序后，两个整数 2 的位置颠倒了。选择排序也适用于数据项较少的场合。

9.3 归并排序

归并排序(merging sort)是一类不同的排序方法，其基本思想是将两个或两个以上的有序序列合并为一个新的有序序列。

在本小节，我们首先介绍 2 路归并的基本思想，然后介绍两种常用的归并排序方法（折半归并排序和自然归并排序）。

对两个已经排好序的序列，分别取出这两个序列中键值最小的项，并选出两个数据项中最小的放置到新的序列中；循环上述动作，直到两个序列中的所有数据都已被放置到新的序列中。此时，新的序列即为排序结果。上述对两个有序序列的合并方法被称为"**2 路归并**"，其过程可用程序 9-4 给出的函数描述：

程序 9-4 2 路归并方法
```
template <class Item>
void mergeAB(Item c[], Item a[], int n, Item b[], int m)
{
    //归并,直到 a 序列和 b 序列中没有待排序的记录
    for (int i=0,j=0,k=0;k<n+m; ++k){
        //如果 a 序列已经无记录,直接将 b 序列中的记录放入最终序列
        if (i==n) {c[k]=b[j++];continue;}
        //如果 b 序列已经无记录,直接将 a 序列中的记录放入最终序列
        if (j==m) {c[k]=a[i++];continue;}
        //取 a、b 两个序列中"小"的记录放入最终序列
```

```
            c[k] = (a[i] < b[j]) ? a[i++] : b[j++];
    }
}
```

如果需要合并的有序序列个数超过两个时,被称为多路归并(我们将在第 10 章的外排序方法中讨论多路归并问题)。

利用上述归并的思想来实现的排序算法被称为归并排序。根据归并的次序,归并排序方法又可分为自顶向下和自底向上两种。程序 9-5 给出的是自顶向下的归并排序方法。其基本思想是采用分治法将序列 $a_0, a_1, a_2, \cdots, a_{n-1}$ 分为 $a_0, a_1, a_2, \cdots, a_m$ 和 $a_{m+1}, a_{m+2}, \cdots, a_{n-1}(m = \text{ceil}((n-1)/2))$ 两部分,对它们独立进行归并排序,然后将排好序的序列合并。

程序 9-5 归并排序方法

```
//自顶向下的归并排序
template <class Item>
void merge(Item a[], int l, int m, int r)
{ //2 路归并过程
    int i, j;
    //重新形成一个序列:序列的左半部分升序,右半部分降序
    static Item aux[N];
    for (i = m+1; i > l; i--)     aux[i-1] = a[i-1];
    for (j = m; j < r; j++)       aux[r+m-j] = a[j+1];
    //将 aux 数组中的两个序列归并到 a 数组
    for (int k = l; k <= r; k++)
        if (aux[j] < aux[i])
            a[k] = aux[j--];
        else
            a[k] = aux[i++];
}
template <class Item>
void MergeSort(Item a[], int l, int r)
{
    //递归退出条件:如果区间内只有一个记录,直接返回
    //同时,也是一个参数合理与否的判断条件
    if (r <= l) return;
    //将待排序序列按中心位置划分为两个待排序序列
    int m = (r+l)/2;
    //对序列的前半段进行递归的归并排序
    MergeSort(a,l,m);
    //对序列的后半段进行递归的归并排序
    MergeSort(a,m+1,r);
```

```
        //对两个已排好序的序列进行归并
        merge(a,l,m,r);
}
```

我们用图 9-4 的示例来说明自顶向下的归并排序的执行过程。

```
D A T A S T R U C T U R E
A D
    A T
A A D T
        S T
        R S T
A A D R S T T
            C U
            C T U
                R U
                E R U
            C E R T U U
A A C D E R R S T T T U U
```

图 9-4 归并排序过程

我们可以将程序 9-5 给出的归并方法改造成程序 9-6 所示的非递归方式。

程序 9-6 自底向上归并排序方法
```
inline int min(int A, int B)
{
    return (A<=B)? A:B;
}
template <class Item>
void MergeSortBU(Item a[], int l, int r)
{
    //归并：首先按步长为1进行归并，然后按步长×2进行归并，
    //     …，直到步长大于当前序列
    for (int m=1; m<=r-l; m=m+m)
        //内层循环，对当次归并：从左至右，按步长依次两两归并
        for (int i=l; i<=r-m; i+=m+m)
            merge(a, i, i+m-1, min(i+m+m-1,r));//右边界不要超出序列范围
}
```

我们用图 9-5 的示例来说明自底向上的归并排序的执行过程。

按照归并排序的算法，对具有 n 个结点的序列进行归并共需 $[\log_2(n-1)+1]$ 遍归并。在每遍归并中，参加合并的结点个数不超过 n。因此，整个归并排序的执行时间为：

$$O(n)*O(\lfloor \log_2(n-1) \rfloor + 1) = O(n\log_2 n)$$

类似地，归并排序需要执行大约 $n\log_2 n$ 次比较。

除此之外，归并排序有如下特点：

(1) 它的运行时间和待排序中记录的顺序关系很小。

(2) 需要使用与序列长度成正比的额外内存空间。

(3) 归并排序是稳定的排序方法。

```
D A T A S T R U C T U R E
A D
    A T
        S T
            R U
                C T
                    R U
A A D T
        R S T U
            C R T U
A A D R S T T U
        C E R T U
A A C D E R R S T T T U U
```

图 9-5 自底向上归并排序过程

9.4 快速排序

快速排序(quick sort)是一种所需比较次数较少、速度较快的排序方法，其基本思想是：取待排序序列中的某个项的键值作为控制值，采用某种方法把该控制值放到适当的位置，使得这个位置左面的所有项的键值都小于这个控制值，而这个位置右面的所有项的键值都大于这个控制值；也就是说，对于序列 $a_0, a_1, a_2, \cdots, a_{n-1}$，如果我们把 a_{n-1} 作为控制值，那么根据 a_{n-1} 把原来的序列排成 $b_0, b_1, \cdots, b_s, a_{n-1}, c_0, c_1, \cdots, c_t$，其中，$s+t+3=n$，$b_0, b_1, \cdots, b_s$ 的值都小于或等于 a_{n-1}，$c_0, c_1, \cdots, c_t$ 都大于 a_{n-1}。这时，a_{n-1} 在新序列中的位置也正是它在排好序的队列中的位置。

9.4.1 基本算法

正如上面所描述的那样，快速排序方法首先选取一个控制值作为基准，并将这个控制值放置到序列的合适位置；然后利用分治法分别对该位置两侧的序列递归进行快速排序。

程序 9-7 快速排序方法
```
template < class Item >
int partition(Item a[], int l, int r)
{
    int i = l-1, j = r;
    //选取控制值，这里选择当前序列的最后一个记录作为控制值
    Item t = a[r];
    for (;;){
        //从序列的最左向右扫描数据，直到找到一个比控制值大的项 a_i
        while (a[++i] < t);
        //从序列的最右向左扫描，直到找到一个比控制值小的项 a_j
        while (t < a[--j]) if (j == l) break;
        //此时，a_j < t < a_i，交换 a_i 和 a_j，继续上述的扫描和交换过程，直到 i >= j
        if (i >= j) break;
        swap(a[i], a[j]);
    }
```

```
            //这时,i-1以左小于等于控制值t,i位置以右大于等于t
            //    交换a_i和a_r,并退出函数
            swap(a[i],a[r]);
            return i;
}

template < class Item >
void QuickSort(Item a[], int l, int r)
{
    int i;
    if (r< = l)return;                    //边界判定,递归退出条件
    //选取控制值,并将该值放置在队列的合适的位置上,该位置存放在i中.
    //    同时将小于等于该值的记录放在该位置的左边;大于等于的放在该位置右边
    i = partition(a,l,r);
    //递归对 i 左边的序列做快速排序
    QuickSort(a,l,i-1);
    //递归对 i 右边的序列做快速排序
    QuickSort(a,i+1,r);
}
```

程序 9-7 给出快速排序基本算法的一种实现。在该实现中,用待排序队列的最末项作为基准,即选择 $t = a[r]$ 作为控制值。为了找到 t 在序列中的最终位置,我们从序列的最左向右扫描数据,直到找到一个比控制值大的项 a_i;同时,从序列的最右向左扫描,直到找到一个比控制值小的项 a_j。显然,$a_j < t < a_i$,交换 a_i 和 a_j。继续上述的扫描和交换过程,直到 $i \geqslant j$。这时,$a_l, a_{l+1}, \cdots, a_{i-1}$ 小于等于控制值 t, $a_i, a_{i+1}, \cdots, a_{r-1}$ 大于等于 t。这时,交换 a_i 和 a_r,并递归对序列 $a_l, a_{l+1}, \cdots, a_{i-1}$ 和序列 $a_{i+1}, a_{i+2}, \cdots, a_r$ 实行快速排序。其原理如图 9-6 所示:

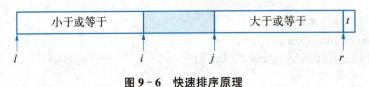

图 9-6　快速排序原理

我们用图 9-7 的示例来说明快速排序的执行过程。

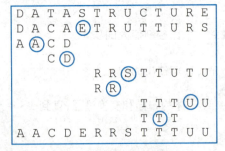

图 9-7　快速排序示例

9.4.2　性能

下面分析一下快速排序的性能。

(1) 最坏情况下,快速排序需要 $O(n^2)$ 的比较次数。

对于已经排序好的序列 $a_0, a_1, \cdots, a_{n-1}$,我们选择队列最右的项 a_{n-1} 作为基准,这时 a_{n-1} 逐个与序列中的其他所有项进行比较;然后选择 a_{n-2} 为基

准,逐个与 a_0, a_1, $\cdots$, a_{n-3} 进行比较;……;直到序列长度为 1。这样,需要的比较次数为 $O(n^2)$。类似地,如果序列为逆序,划分也将退化,需要 $O(n^2)$ 的比较次数。

(2) 平均情况下,快速排序需要 $2n \times \ln n$ 次比较。

令 $C(n)$ 表示用快速排序对长度为 n 的序列对序列的所有可能排列进行排序所需的总比较次数。而序列顺序出现的所有可能为 $n!$,这样排序长度为 n 的序列所需的平均比较次数为 $C(n)/n!$。

在快速排序算法中,如果排序过程中控制值是第 k 大的键值,那么把结点序列分成两部分需要进行 n 次比较,对于 $n!$ 种可能的排列总共需要做 $n \times n!$ 次比较。结点序列分成两部分的长度为 $(n-k)$ 和 $(k-1)$。类似地,为排序长度为 $(n-k)$ 和 $(k-1)$ 的序列的所有可能出现,分别需要 $C(n-k)$ 和 $C(k-1)$ 次比较,而所有可能的排序数分别为 $(k-1)!C_{n-1}^{n-k}$ 和 $(n-k)!C_{n-1}^{k-1}$,即分别为

$$\frac{(n-1)!}{(n-k)!} \text{ 和 } \frac{(n-1)!}{(k-1)!}$$

于是,我们有

$$C(n) = n \times n! + \sum_{k=1}^{n} \left[C(n-k) \frac{(n-1)!}{(n-k)!} + C(k-1) \frac{(n-1)!}{(k-1)!} \right]$$

$$= n \times n! + (n-1)! 2 \sum_{k=0}^{n-1} \frac{C(k)}{k!}$$

因而

$$\frac{C(n)}{(n-1)!} = n^2 + 2 \sum_{k=0}^{n-1} \frac{C(k)}{k!}$$

用归纳法可以推出

$$\frac{C(n)}{(n-1)!} = n^2 + 2n(n+1) \sum_{i=1}^{n} \frac{1}{i+1}$$

当 $n \geqslant 3$ 时,可证明

$$\sum_{i=1}^{n} \frac{1}{i+1} < \ln n$$

故有

$$\frac{C(n)}{n!} - \frac{C(n)}{n(n-1)!}$$

$$= -n + 2(n+1) \sum_{i=1}^{n} \frac{1}{i+1}$$

$$= -\sum_{i=1}^{n} \frac{i+1}{i+1} + 2 \sum_{i=1}^{n} \frac{1}{i+1} + 2n \sum_{i=1}^{n} \frac{1}{i+1}$$

$$= -\sum_{i=1}^{n} \frac{i-1}{i+1} + 2n \sum_{i=1}^{n} \frac{1}{i+1}$$

$$< 2n \sum_{i=1}^{n} \frac{1}{i+1}$$

$$< 2n \cdot \ln(n)$$

因此，平均情况下，快速排序需要 $2n\ln n$ 次比较。

9.4.3 快速排序的一些改进策略

目前，对于基本的快速排序方法有很多改进策略，最主要的包括：栈的使用、划分基准的选择、短子列表。

(1) 栈的使用

注意到，我们在快速排序基本方法的实现中，采用程序递归调用的方式。这时，系统将维护一个栈。理想情况下，对一个长度为 n 的序列，栈的大小为 $\log_2 n$；但对特定情况（划分退化的情况），栈的大小可能增长到 n。如果待排序的序列很长，这时系统栈的增长会因为缺少内存空间而非正常结束。

针对这种情况，需要对栈的使用进行如下改进：

① 将递归程序改为非递归程序，以避免递归调用时系统栈的溢出。这时栈里存放待排序序列的范围。

② 当划分完成时，比较两个子序列的大小，先把长序列的信息压进栈里。这使得栈中存放的每个待排序序列的范围都比它下面的一半要小，所以栈的深度最多为 $\log_2 n$；这种最大的情况出现在每次划分都划分在序列中间时。对于排列随机的序列，栈的深度都比较小；而对于退化的情况，栈的深度会更小。

经过执行程序 9-8 所示的函数实现上述的排序算法：

```
程序9-8  自底向上的快速排序方法
inline void push_interval(stack< int >&s, int a, int b)
{s.push(b);s.push(a);}

template < class Item >
void QuickSortBU(Item a[], int l, int r)
{
    stack< int > s;int i;
    //将初始区间(l,r)压栈
    push_interval(s,l,r);
    //如果栈不空，循环；栈空：说明初始区间(l,r)已经排好序，并被弹出栈外.
    while(! s.empty()){
        //获取当前栈顶存放的区间
        l=s.top();s.pop();
        r=s.top();s.pop();
        //如果当前区间左右边界重合，则结束当前循环(并开始下次循环)
        if (r<=l) continue;
        //调用程序9-7中的partition函数
        i=partition(a,l,r);
        //比较两个序列的长度，将长的区间范围先压入栈中后，再将短序列的区间压进栈
        //    以保证栈的深度比较小
        if (i-l > r-i){
            push_interval(s,l,i-1);push_interval(s,i+1,r);
```

```
        }
        else{
            push_interval(s,i+1,r);push_interval(s,l,i-1);
        }
    }
}
```

我们用图 9-8 的示例来说明自底向上的快速排序方法的执行过程。

（2）划分基准的选择

在基本的快速排序方法中，我们选取序列的最右项作为基准。这时，对已经排好序的序列，排序方法将产生退化。因此，对快速排序方法的另一个改进是选择一个尽可能适合的控制值。为避免最坏情况，常用的策略是从序列中选出三个项，使用这三个项的中间项作为划分基准。

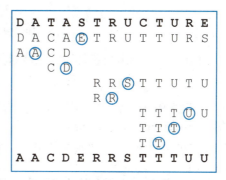

图 9-8 自底向上的快速排序示例

（3）短子列表

经验表明，对于短序列而言，简单排序方法（如插入排序）的效率比快速排序方法的效率要好。为此，对于序列长度小于某个中止值 M 的情况，我们可以使用插入排序。对基本快速排序，可将程序 9-7QuickSort 函数中的代码"**if**(r<=l) **return**;"替换成"**if**(r-l<=M) insertion(a,l,r);";对程序 9-8 的实现，可将 QuickSortBU 函数中的代码"**if**(r<=l) **continue**;"替换为"**if**(r-l<=M){insertion(a,l,r); **continue**;}"。

中止值 M 的选取是利用短子列表改进快速排序时需要考虑的一个重要问题。一些研究表明，当 M 取值在 5~25 区间内时，程序的运行效率比 M=1 快 10% 以上。经验表明，M 在 8~10 这个区间内时，快速排序算法效率更高。

9.4.4 重复值

对于大量的实际应用，待排序序列中的项往往存在大量重复。根据前文对快速排序方法的示例及讨论，我们可以发现，对重复值较多的序列，快速排序的执行会产生局部退化的情况。为此，我们有必要讨论如何对带有大量重复值的序列进行排序。

基本快速排序的划分方法将序列分为两部分：划分点左侧部分为小于或等于控制值的项；右侧部分为大于或等于控制值的项。当对划分点左右两侧的子序列继续进行划分时，由于存在大量与控制值相当项的存在，导致了划分的局部退化。为有效解决这一问题，一个直观的想法是"划分时将序列划分为三部分"：一部分是比控制值小的项，另一部分是与控制值相等的项，最后一部分是大于控制值的项（如图 9-9 所示）。该思路被称为三路划分方法。

图 9-9 快速排序的三路划分

为快速进行三路划分,需将快速排序的两路划分方法加以改进,具体而言:在划分过程中,① 扫描左子序列时,将与控制值相等的项放置在该子序列的最左端;② 扫描右子序列时,将与控制值相等的项放置在该子序列的最右端(如图9-10所示);③ 当i和j相遇后,循环将等于控制值的项交换到序列中央,使其满足图9-9所示的三路划分。

图9-10 快速排序的三路划分实现方法

程序9-9给出快速排序的三路划分的算法实现。

程序9-9 快速排序的三路划分实现
```
template <class Item>
int operator==(const Item &A, const Item &B)
{
    return !less(A,B)&&!less(B,A);
}

template <class Item>
void QuickSort(Item a[], int l, int r)
{
    int k; Item v=a[r];              //控制值选取
    if (r<=l)return;                 //递归退出条件

    int i=l-1, j=r, p=l-1, q=r;
    for(;;){
        //从序列的最左向右扫描数据,直到找到一个比控制值大的项 a_i
        while (a[++i]<v);
        //从序列的最右向左扫描,直到找到一个比控制值小的项 a_j
        while (v<a[--j]) if (j==l) break;
        //此时, a_j<t<a_i, 交换 a_i 和 a_j, 继续上述的扫描和交换过程,直到 i>=j
        if (i>=j) break;
        swap(a[i],a[j]);
        //将与控制值相等的记录交换到左侧队列的最左端,同时调整 p
        if (a[i]==v) {p++; swap(a[p],a[i]);}
        //将与控制值相等的记录交换到右侧队列的最右端,同时调整 q
        if (v==a[j]) {q--; swap(a[q],a[j]);}
    }
    swap(a[i],a[r]);j=i-1;i=i+1;
    //重复值交换:将与控制值相同的记录交换到序列正中
    for (k=l; k<=p; k++,j--)    swap(a[k],a[j]);
    for (k=r-1; k>=q; k--,i++)  swap(a[k],a[i]);
```

```
    //三路划分完成,递归对左子序列和右子序列做快速排序
    QuickSort(a,l,j);    //左子序列三路划分快速排序
    QuickSort(a,i,r);    //右子序列三路划分快速排序
}
```

需说明的是:三路划分的快速排序算法不仅可以有效处理重复值问题,对于重复值很少的序列,其执行效率也很好。

9.5 堆排序

堆是一种数据结构,而堆排序(heap sort)是借助堆的排序方法。本小节首先介绍堆及其基本操作,然后介绍堆排序方法。

9.5.1 堆及其基本操作

假定 n 个元素的序列 $\{k_1, k_2, \cdots, k_n\}$,当且仅当满足下列关系时,称之为堆:

$$\begin{cases} k_i \leqslant k_{2i} \\ k_i \leqslant k_{2i+1} \end{cases} \text{或} \begin{cases} k_i \geqslant k_{2i} \\ k_i \geqslant k_{2i+1} \end{cases} \left(i = 1, 2, \cdots, \left\lfloor \frac{n}{2} \right\rfloor \right)$$

我们称第一组条件所构成的堆为最小堆,而第二组条件的堆为最大堆。

我们可将序列存储于一维数组中,并将该一维数组看作完全二叉树。那么对最大堆而言,树中每个结点的关键字都大于或等于该结点所有子树上结点的关键字;类似地,对最小堆,树中每个结点的关键字都小于或等于该结点所有子树上结点的关键字。

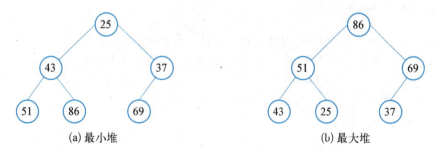

图 9-11 最小堆和最大堆

程序 9-10 给出了最大堆的类定义。

程序 9-10 最大堆的类定义
```
template <class Item>
class Heap
{
public:
    //重载的构造函数:根据堆的最大容量申请存储空间
```

```cpp
    Heap(int MaxSize){pHeap = new Item[maxSize + 1]; m_nSize = 0;}
    //析构函数：释放存储空间
    virtual ~Heap(){delete []pHeap;}
    //判断当前堆是否为空：空，则返回1.
    int IsEmpty() const {return m_nSize == 0;}
    //判断当前堆是否已满：满，则返回1.
    int IsFull()   const {return m_nMaxSize == m_nSize;}
    //将当前堆设置为空
    void MakeEmpty(){m_nSize = 0;}
    //向堆中插入一个记录：记录插入堆的末尾，自底向上调整堆
    int Insert(Item t){pHeap[++ m_nSize] = t; FixUp(pHeap, m_nSize);}
    //获取堆中的最大记录：同时自顶向下调整堆
    int GetMax(){
        Item t = pHeap[1]; pHeap[1] = pHeap[m_nSize];
        pHeap[m_nSize] = t;
        FixDown(pHeap, 1, m_nSize - 1);
        return pHeap[-- m_nSize];
    }

private:
    Item *pHeap; //指向堆空间的指针
    int m_nSize; //当前堆的大小
};

template < class Item >
void FixUp(Item a[], int k)
{
    //从堆的下方开始向上依次比较堆底元素与其父结点的大小
    //      如需要则将两者交换(子 > 父)，直到无法进行交换操作为止
    for (Item t; k > 1 && a[(k-1)/2] < a[k]; k = (k-1)/2){
        t = a[k]; a[k] = a[(k-1)/2]; a[(k-1)/2] = t;
    }
}

template < class Item >
void FixDown(Item a[], int k, int N)
{
    //从堆的上方开始向上依次比较堆顶元素与其子结点的大小
    //   将大于堆顶的子结点与堆顶交换(若两个子结点均大于堆顶，则选择较大的一个)
    //   自顶向下执行，直到无法进行交换操作为止
    while (N >= 2*k){
        int j = 2*k;
        if (j < N && a[j] < a[j+1]) j++;
        if (!(a[k] < a[j])) break;
```

```
            Item t = a[k];a[k] = a[j];a[j] = t;
            k = j;
        }
    }
```

注意到,在程序 9-10 中,我们采用数组对堆进行存储,同时对堆的最大容量做出假定。由于本书已经详细讲解过二叉树,这里我们只对堆上的两个特殊操作 FixUp 和 FixDown 进行讲解。

任何基于堆的优先队列算法都会先破坏堆的结构,然后重新构造堆,以确保堆的结构。这个过程称为"**堆的调整**"或者"**堆修复**"。当一个结点的优先级升高了(或者有新的结点加入堆的底部),我们可以使用 FixUp 操作进行自底向上堆修复;当一个结点的优先级降低了,我们使用 FixDown 操作进行自顶向下的堆修复。

进行 FixUp 操作时,为了修复堆,我们从堆的下方开始向上依次比较堆底元素与其父结点的大小。根据最大堆的定义,如果需要则将两者交换,直到无法进行交换操作为止。图 9-12 描述了新加一个结点 Y 至最大堆后,FixUp 操作的执行过程。

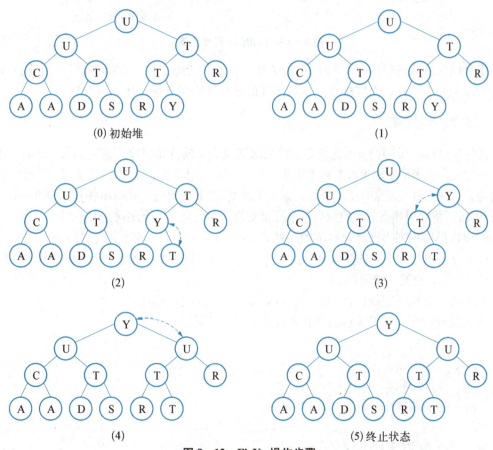

图 9-12　FixUp 操作步骤

进行 FixDown 操作时,为了修复堆,我们从堆的上方开始向上依次比较堆顶元素与其子结点的大小。根据最大堆的定义,将大于堆顶的子结点与堆顶交换(若两个子结点均大于堆顶,则选择较大的一个)。自顶向下执行,直到无法进行交换操作为止。图 9-13 描述了将一个最大堆的堆顶元素改为 K 后，FixDown 操作的执行过程。

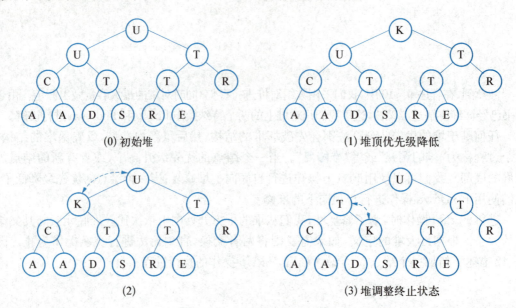

图 9-13　FixDown 操作步骤

堆是优先级队列的各种实现中最高效的一种数据结构。利用堆结构，可以快速查找到堆中的最大元素所在。而堆排序正是利用堆的这种性质对选择排序加以改进。

9.5.2　堆排序

堆排序(Heap Sort)的基本思想是：首先将规模为 n 的待排序序列建立为最大堆结构(这时序列的最大元素位于堆顶)；然后将堆顶元素与最后一个堆底元素交换(交换后，序列的末尾元素为该序列的最大元素)；由于堆顶元素发生改变，接下来利用 FixDown 操作对堆($0\sim n-2$)进行修复；再将堆顶和当前堆的最后一个元素交换；……；直到整个序列完成排序。

假设待排序序列为已经建好堆的序列 $a_0, a_1, a_2, \cdots, a_{n-1}$，我们依次对 $i = n-1, n-2, \cdots, 1$ 分别执行如下的选择步骤：在 $a_0, a_1, \cdots, a_i$ 中选择一个键值最大的项 a_0(堆顶)，然后将 a_0 与 a_i 交换并修复堆。

在上述步骤执行完成后，序列 $a_0, a_1, a_2, \cdots, a_{n-1}$ 完成排序。

经过执行程序 9-11 所示的函数实现上述的排序算法：

程序 9-11　堆排序
```
template <class Item>
void HeapSort(Item a[], int l, int r)
{
    int k, N = r - l + 1;
    Item t, *pHeap = a + l - 1;
    //创建初始堆
    for (k = N/2; k > = 1; k--)
        FixDown(pHeap, k, N);
```

```
    //基于堆的排序
    while(N>1){
        t = pHeap[1]; pHeap[1] = pHeap[N];pHeap[N] = t;
        FixDown(pHeap,1,--N);
    }
}
```

程序 9-11 所示的堆排序方法分为两步:第一步是创建初始堆;第二步是利用堆结构进行堆排序。

初始堆的创建时,该方法从右至左,且自底向上判断所有具有子结点的堆,并对当前堆进行堆修复,其过程如图 9-14 所示。

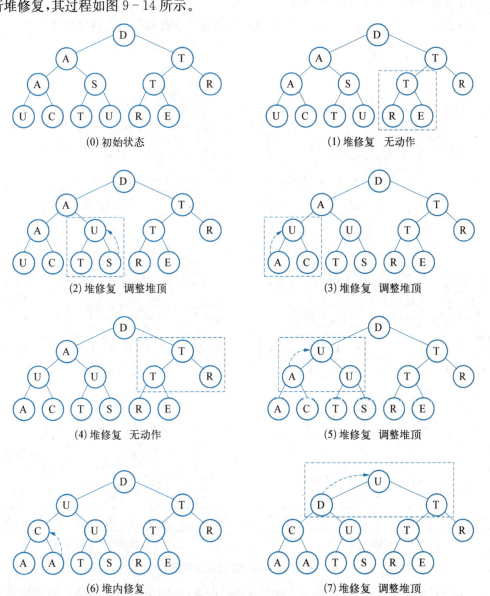

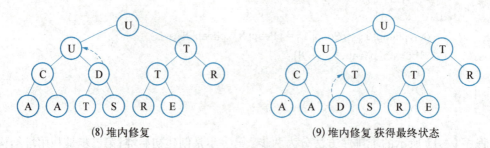

(8) 堆内修复 　　　　　　　　(9) 堆内修复 获得最终状态

图 9-14　初始堆创建

对于图 9-14 给出 n 个结点的初始堆，其堆排序过程的示意图如图 9-15 所示。首先，将堆顶和堆底的最右元素对调，并将结点编号为 $0 \sim n-2$ 的结点视为初始堆；由于堆顶元素的优先级发生了变化，进行 FixDown 操作进行堆修复。如此操作直至排序结束。

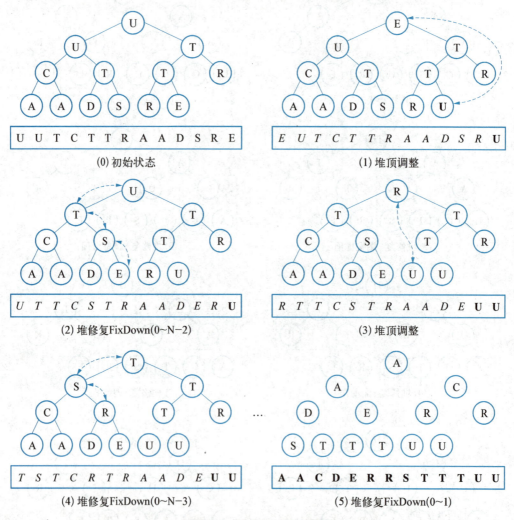

图 9-15　堆排序过程示意图

对 n 个元素进行堆排序，建立初始堆需要线性时间，排序过程中需要的比较次数至多为

$2n \cdot \log n$。

此外,需要说明的是:堆排序是对选择排序方法的一种改进,但对记录数较少的排序需求并不值得提倡,因为建立初始堆和堆修复操作将消耗大部分运行时间。

9.6 希尔排序

插入排序只比较相邻的结点,一次比较最多把结点移动一个位置。**希尔排序**(Shell sort)的基本想法是:对位置相隔较大距离的结点进行比较,使得结点在比较后能够一次跨过较大的距离。这样处理可以把值较小的结点尽快向前移动,值较大的结点尽快向后移动,希望以此提高排序的速度。

在执行希尔排序之前,首先给定一组严格递减的正整数增量 $d_0, d_1, \cdots, d_{t-1}$,且取 $d_{t-1} = 1$。然后,对于 $i = 0, 1, \cdots, t-1$,依次进行下面各遍的处理:将当前序列中的结点按当前增量 d_i 分成 d_i 组,每组中结点的下标相差 d_i,对每组中的结点用插入排序方法进行排序。

下面我们用一个实例说明希尔排序的执行过程。假设具有九个结点的待排序序列为 46,26,22,68,48,42,36,84,66。首先选定增量序列,在这里,我们假定 $t = 3$,且取 $d_0 = 4, d_1 = 3, d_2 = 1$。第一遍取增量 $d_0 = 4$,把序列中的结点分成四组,在图 9-16(a)中,我们用连线把同一组结点连接起来,然后对各组中的结点分别进行插入排序,得到图 9-16(b)中的新序列。第二遍取增量 $d_1 = 3$,把新序列中的结点分成三组,在图 9-16(b)中,我们用连线把同组的结点连接起来,然后对各组中的结点分别进行插入排序,得到图 9-16(c)中的新序列。第三遍取增量 $d_2 = 1$,把新序列中的所有结点看成一组,如图 9-16(c)所示,把所有结点连接起来,然后用插入排序方法进行排序,得到图 9-16(d)中的新序列。这时整个排序过程结束。

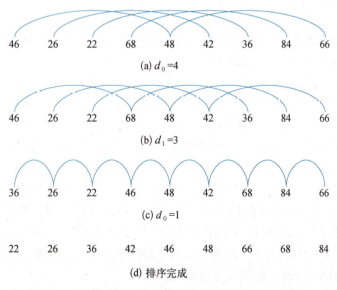

图 9-16 希尔排序示例

程序9-12给出了希尔排序方法的示例。

程序9-12 希尔排序方法
```cpp
const int d[] = {4,3,1};
const int t = 3;
template < class Item >
void ShellSort(Item a[], int l, int r)
{
    int h,m,i,j;Item v;
    for (m=0;m<t;m++) //总计包括3种步长,循环3次
        //依次对每个步长所确定的子序列进行插入排序
        for (h=d[m],i=l+h;i<=r;i++,a[j]=v){
            for (j=i,v=a[i];j>=l+h && v<a[j-h];j-=h)
                a[j]=a[j-h];
            a[j]=v;
        }
}
```

要分析希尔排序方法所需的比较次数是困难的,这是因为其比较次数取决于增量序列;也就是说,增量序列不同,其所需的比较次数也不相同。同时,在求希尔排序所需的比较次数时,还涉及一些尚未解决的数学问题。几十年来,有关希尔排序的增量序列的研究一直在进行。

此外,希尔排序方法是一种不稳定的排序方法。

9.7 基数排序

前面所介绍的几种排序方法都是基于"比较-移动"的排序方法,本节将介绍一种基于"分配"的排序方法:**基数排序**(radix sort)。

对于两个 d 元组$(x_0, x_1, \cdots, x_{d-1})$和$(y_0, y_1, \cdots, y_{d-1})$,当且仅当 $x_0 = y_0$, $x_1 = y_1$, $\cdots$, $x_i = y_i (0 \leq i < d-1)$,且 $x_{i+1} < y_{i+1}$ 时,元组$(x_0, x_1, \cdots, x_{d-1})$ 小于$(y_0, y_1, \cdots, y_{d-1})$,记为$(x_0, x_1, \cdots, x_{d-1}) < (y_0, y_1, \cdots, y_{d-1})$;当且仅当 $x_0 = y_0$, $x_1 = y_1$, $\cdots$, $x_i = y_i (0 \leq i < d-1)$,且 $x_{i+1} > y_{i+1}$ 时,元组$(x_0, x_1, \cdots, x_{d-1})$ 大于$(y_0, y_1, \cdots, y_{d-1})$,记为$(x_0, x_1, \cdots, x_{d-1}) > (y_0, y_1, \cdots, y_{d-1})$。

对于结点序列 $v_0, v_1, \cdots, v_{n-1}$,假设结点 v_i 的关键字是由 d 元组 $k_i = (k_i^0, k_i^1, \cdots, k_i^{d-1})$ 组成,其中 k_i^0 视为关键字的最高位,k_i^{d-1} 视为关键字的最低位。如果我们采用某种方法,按结点的关键字各位进行比较,使得序列中任意两个结点 v_i 和 $v_j (i<j)$ 都有$(k_i^0, k_i^1, \cdots, k_i^{d-1}) \leq (k_j^0, k_j^1, \cdots, k_j^{d-1})$(升序),这样的排序方法为基数排序。

为了实现基数排序,通常使用的方法有两种:

(1) 首先按关键字最高位 k^0 排序,结果可得到若干个序列,每个序列的 k^0 值都相同;接

着对每个序列分别按关键字 k^1 进行排序,即将其再分成若干个子序列,每个子序列的 k^0 和 k^1 的值都相同;再对这些子序列按关键字 k^2 进行排序;……;然后对其余各位,从高位到低位重复上述过程;最后再把各序列拼在一起。按这种方法进行的排序,称为最高位优先(most significant digit first,缩写为 **MSD**)排序。

(2) 首先按关键字最低位 k^{d-1} 的值的大小将结点序列分成若干个子序列,再按 k^{d-1} 的值,从小到大依次将各个子序列收集起来,产生一个新序列;再对新的结点序列按 k^{d-2} 位值的大小分成若干个子序列,再按 k^{d-2} 值从小到大依次将各个子序列收集起来,又产生了一个新的序列;然后,再按 k^{d-3},k^{d-1},…,k^1,k^0 的值依次重复上述过程。最后可得到排好序的结点序列。按这种方法进行的排序,称为最低位优先(least significant digit first,缩写为 **LSD**)排序。

假设待排序序列中每个结点的关键字是一个十进制整数,则可以把每个十进制位作为一个关键字位。因此,假如所有关键字的范围是 $0 \leqslant k \leqslant 999$,按三个关键字位 k^0,k^1,k^2,其中为 k^0 百位,k^1 为十位,k^2 为个位,并且 $0 \leqslant k^j \leqslant 9$ ($j = 0, 1, 2$)。因为 0~9 共计 10 个数字,所以在基数排序中称关键字以 10 为基数。

根据 MSD 和 LSD 的思想,我们在程序 9-13 和 9-14 中分别给出这两个排序方法的一种实现。

在 MSD 基数排序实现中,我们选取 256 作为基数,即逐字节进行比较;因此,对于 32 位寻址的机器,每个机器字长为 4 个字节。getDigit 函数按从高到低的顺序获取 A 关键字第 B 个字节。程序 9-13 中,我们做了若干注释以说明 MSD 基数排序的过程。需要强调的是,我们利用 count 数组记录每个桶中元素的个数,利用 aux 数组完成递归调用的区间调整。RadixSort_MSD 函数首先判断递归条件 d,如果 d 已大于关键字的长度,则直接返回;(r−l+1<=M)用来判断当前待排序的元素个数,若待排序的元素数目小于 M,则直接使用插入排序(我们在快速排序的改进中已讨论过)。

程序 9-13 MSD 基数排序
```
#define bin(A) l + count[A]
const int radix = 256;  //基数
const int M = 3;
const int maxN = 1000;
const int bytes = 4;
template <typename Item>
inline int getDigit(Item &A, int B) {return A + B;}
template <typename Item>
void RadixSort_MSD(Item a[], int l, int r, int d)
{
    int i,j,count[radix + 1];
    static Item aux[maxN];
    if (d > bytes) return;
    if (r − l + 1 < = M) {InsertionSort(a,l,r); return;}
    //统计各桶元素个数
```

```
    for (j = 0; j < radix; j++)    count[j] = 0;
    for (i = l; i < = r; i++)      count[getDigit(a[i],d) + 1]++;
    //安排各桶元素的放置位置
    for (j = 1; j < radix; j++)    count[j] + = count[j - 1];
    //将各桶元素按桶的顺序放置在辅助数组 aux 中
    for (i = l; i < = r; i++)      aux[count[getDigit(a[i],d)]++] = a[i];
    //将 aux 数组写回原数组
    for (i = l; i < = r; i++)      a[i] = aux[i - 1];
    //递归调用 MSD 基数排序
    RadixSort_MSD(a,l,bin(0) - 1,d + 1);
    for (j = 0; j < radix - 1; j++)
        RadixSort_MSD(a,bin(j),bin(j + 1) - 1,d + 1);
}
```

MSD 基数排序的时间复杂性为 $O(n + radix)$。

在 LSD 基数排序实现中，我们同样选取 256 为基数。按照 LSD 的原理，按从低到高的顺序逐字节进行元素的分配和收集。

程序 9-14 LSD 基数排序
```
template < typename Item >
void RadixSort_LSD(Item a[], int l, int r)
{
    static Item aux[maxN];
    int i,j,d,count[radix + 1];
    if (r - l + 1 < = M) {InsertionSort(a,l,r); return;}
    for (d = bytes - 1; d > = 0; d -- ){
        //统计每个桶中元素个数
        for (j = 0; j < radix; j++)    count[j] = 0;
        for (i = l; i < = r; i++)
            count[getDigit(a[i],d) + 1]++;
        //安排元素的安放位置
        for (j = 1; j < radix; j++)
            count[j] + = count[j - 1];
        //将所有元素按所在的桶分配到辅助数组 aux 中
        for (i = l; i < = r; i++)
            aux[count[getDigit(a[i],d)]++] = a[i];
        //将辅助数组 aux 中的元素收集到原数组中
        for (i = l; i < = r; i++)
            a[i] = aux[i - 1];
    }
}
```

LSD 基数排序对所有 n 个结点进行 d 遍分配和收集,每遍运行时间为 $O(n+radix)$。因此,总的运行时间为 $O(d(n+radix))$。

对基数排序的研究表明:对整数和字符串,基数排序的效率优于快速排序。

此外,需要特别说明的是:基数排序是稳定的。

9.8 内部排序方法的比较

本章我们介绍了若干经典的排序方法,包括:插入排序、冒泡排序、选择排序、归并排序、快速排序、堆排序、希尔排序和基数排序。

在上述方法中,我们通常认为前三种排序方法为基本排序方法。它们具有的共同特点是实现方法比较简单,只需要一个辅助单元即可,时间复杂性相对较高($O(n^2)$)。

归并排序、快速排序和堆排序是三种平均复杂性为 $O(n\log n)$ 的高效排序方法。

快速排序是一种高效、不稳定的排序方法。在某些情况下(如待排序序列已经接近排序完成时),其时间复杂性会变为 $O(n^2)$,并占用 $O(n)$ 的存储空间。

堆排序是对插入排序的改进,利用堆结构快速实现堆内最大元素的查找,其排序过程不需要额外的存储开销,且排序所需时间比较稳定。其排序是不稳定的。

归并排序是一种稳定的排序方法,且排序所需时间与待排序序列的顺序无关。该方法也常用于外排序过程。

希尔排序是一种介于基本排序方法和高效排序方法之间的方法,其时间复杂性依赖于增量序列的选取,还有待研究。

基数排序是一类特殊的排序方法,并具有线性的时间复杂性。对于整数和字符串排序,基数排序具有很高的效率。由于基数排序实现时需要很多内部循环,且关键字的抽取取决于具体数据类型,使得其实际效率和通用性不如其他基于"比较-交换"的排序方法。

在表 9-1 中,我们给出了各种排序方法的比较(由于希尔排序的复杂性还有待研究,在表 9-1 中并未给出)。

表 9-1 排序方法比较

排序方法	平均时间	最坏时间	辅助空间	稳定性
插入排序	$O(n^2)$	$O(n^2)$	$O(1)$	稳定
冒泡排序	$O(n^2)$	$O(n^2)$	$O(1)$	稳定
选择排序	$O(n^2)$	$O(n^2)$	$O(1)$	稳定
归并排序	$O(n \cdot \log n)$	$O(n \cdot \log n)$	$O(n)$	稳定
快速排序	$O(n \cdot \log n)$	$O(n^2)$	$O(\log n)$	不稳定
堆排序	$O(n \cdot \log n)$	$O(n \cdot \log n)$	$O(1)$	不稳定
基数排序	$O(d(n+rd))$	$O(d(n+rd))$	$O(rd)$	稳定

9.9 进阶导读——＜algorithm＞中的 sort() 函数

STL 中同样对排序算法进行了封装。为此，本部分对 STL 中的 sort 函数进行简单介绍。与本章所讨论的若干排序方法类似，所有的 sort 算法的参数都需要输入一个范围（即 [begin, end]）。

表 9-2 给出 STL sort 算法提供的函数并注明功能。

表 9-2 STL sort 算法提供的函数

函数	功能
sort	对给定区间的所有元素进行排序
stable_sort	对给定区间的所有元素进行稳定排序
partial_sort	对给定区间的所有元素部分排序
partial_sort_copy	对给定区间复制并排序
nth_element	找出给定区间的某个位置对应的元素
is_sorted	判断一个区间是否已经排好序
partition	使得符合某个条件的元素放在前面
stable_partition	相对稳定的使得符合某个条件的元素放在前面

需要强调的是，STL 中的 sort 算法采用的是成熟的"快速排序算法"（结合短子列表等优化方法）。这样，可以保证很好的平均性能、复杂度为 $n \cdot \log(n)$，由于单纯的快速排序在理论上有最差的情况，性能很低，其算法复杂度为 $n \cdot n$，因此目前大部分的 STL 版本都已经在这方面做了优化。stable_sort 采用的是"归并排序"，分派足够内存时，其算法复杂度为 $n \cdot \log(n)$，否则其复杂度为 $n \cdot \log(n) \cdot \log(n)$，其优点是会保持相等元素之间的相对位置在排序前后保持一致。partial_sort 采用的是"堆排序"，适合用于从大量无序数据中按顺序取最大的 m 个数据，其算法复杂度为 $n \cdot \log(n)$；当 m 远小于 n 时，其实际执行时间小于对全体数据排序的 sort 函数。

表 9-3 给出 STL sort 算法提供的比较函数并注明功能。

表 9-3 sort 算法的比较函数

函数	功能
equal_to	等于
not_equal_to	不等于
less	小于
greater	大于
less_equal	小于等于
greater_equal	大于等于

利用 STL 提供的 sort 算法进行程序设计的话题，请参阅 STL 的相关书籍，限于篇幅，本部分不再详细讨论。

习 题

1. 分别对待排序列(24,86,48,56,72,36)进行：1) 插入排序，2) 选择排序，3) 冒泡排序，4) 归并排序，5) 快速排序，6) 堆排序，7) 希尔排序，8) 基数排序。给出详细的排序过程图示。

2. 什么排序方法是稳定的？什么排序方法是不稳定的？并为每一种不稳定的排序方法举出一个不稳定的实例。

3. 在执行某种排序算法的过程中出现了排序码朝着最终排序序列相反的方向移动，从而认为该排序算法是不稳定的，这种说法对吗？为什么？

4. 设有 5 个互不相同的元素 a、b、c、d、e，能否通过 7 次比较就将其排好序？如果能，请列出其比较过程？如果不能，则说明原因。

5. 快速排序、堆排序、合并排序、希尔排序中哪种排序平均比较次数最少，哪种排序占用空间最多？

6. 已知某文件的记录关键字集为{50,10,50,40,45,85,80}，选择一种从平均性能而言是最佳的排序方法进行排序，且说明其稳定性。

7. 排序有各种方法，如插入排序、快速排序、堆排序等。设一数组中原有数据如下：15,13,20,18,12,60。下面是一组由不同排序方法进行一遍排序后的结果：

（   ）排序的结果为：12,13,15,18,20,60

（   ）排序的结果为：13,15,18,12,20,60

（   ）排序的结果为：13,15,20,18,12,60

（   ）排序的结果为：12,13,20,18,15,60

8. 输入 40 个学生的记录（每个学生的记录包括学号和成绩），组成记录数组，然后按成绩由高到低的次序输出（每行 5 个记录）。排序方法采用选择排序。

9. 叙述基数排序算法，编程实现对整数序列(179,208,93,306,55,859,984,9,33)的基数排序。

10. 编写一程序，随机产生 50 个随机数，分别用冒泡排序、直接插入排序、简单选择排序、快速排序和希尔排序五种方法进行排序，比较它们的关键字比较次数以及移动的次数。

11. 对于有 n 个字的关键字排序，试证明：

(1) 平均情况下，其时间复杂度为 $O(n \cdot \log n)$。

(2) 从空间上看，快速排序需要一个栈空间来实现递归，栈的最大递归深度为 n，最小深度为 $\log n + 1$。

12. 试证明：利用比较的方法进行排序，在最坏的情况下，能达到的最好时间复杂性是 $O(n \cdot \log n)$。

13. 请给出基于单链表结构的基数排序算法。

14. 双向冒泡排序（鸡尾酒混合排序）。编写一个双向冒泡排序的算法，即相邻两遍向相反方向冒泡。

15. 设计一个基于单链表存储结构的直接插入排序算法。

16. 给出非递归的快速排序算法。

17. 请给出一个时间复杂度为 $O(n)$ 的算法，将一个整数序列中所有负数都放于所有非负数之前,要求算法中交换次数最少。

18. 若有 n 个元素已经构成一个小根堆,那么如果增加一个元素为 K_{n+1},请用文字简要说明你如何在 $\log n$ 的时间内将其重新调整为一个堆?

19. 若在 10^6 个记录中找出两个最小记录,你认为采用什么排序方法所需要的关键字比较次数最少?共计多少?

20. 将十进制的关键字用二进制数表示,对基数排序所需要的时间和附设空间分别有何影响,各是什么?

21. 试问:

(1) 若在记录数 n 很大且记录本身信息最大时,用快速排序有何提高排序效率的措施?

(2) 设有 300 个关键字小于 1 000 的正整数且各不相同,试设计一种排序方法以尽可能少的比较次数和移动次数实现排序。

22. 假设定义堆为满足下列性质的三叉树:(1) 空树为堆;(2) 根结点的值不小于所有子树根的值,且所有子树均为堆。编写一个利用上述定义的堆进行排序的算法,并分析其时间复杂度。

23. 若有大写字母、小写字母和数字组成的集合存放在一维数组中,请写一个算法使得数组中的字符按大写字母、数字和小写字母的顺序排列,要求其时间复杂度为 $O(n)$,辅助空间为 $O(1)$。

24. 试证明:当输入序列已经基本有序时,快速排序的时间复杂度为 $O(n^2)$。

25. 试证明:对于一个长度为 n 的序列进行排序至少需要做 $n \cdot \log n$ 次比较。

第 10 章 外部排序

> 第 9 章讨论了内部排序方法,内部排序法的共同特点是:排序过程中,排序数据均存放于内存中。但是,如果待排序数据的规模很大,以至于在内存中容纳不下所有数据,第 9 章所讨论的内部排序方法就不再适用。这时,数据需要存储在外部存储设备中,排序时再把数据分块调入内存进行处理。在整个排序过程中,内存与外存之间不断进行数据的调度。这种基于外部存储设备的排序方法被称为**外部排序**(external sorting)方法。

10.1 外部存储设备

最常用的外部存储设备有磁盘、磁带等。外部存储设备有两类:一是顺序存取的设备(如传统的磁带);另一类是直接存取的设备(如磁盘)。下面以磁盘和磁带为例作简要的介绍。

10.1.1 磁带存储设备

计算机的磁带设备在原理上与磁带录音机相类似。磁带绕在一个卷盘上,使用时将磁带装在磁带机上,由磁带机的驱动器控制磁带的转动。磁带向前移动时,控制读/写头就可以读出磁带上的信息或把信息写入磁带(见图 10-1)。

传统的磁带是一种顺序存取的外部存取设备,宽度为 1/2 英寸,一盘新的磁带长 2 400 英寸。在 1/2 英寸的磁带上载有磁道,一般可分为七道和九道两种。七道磁带每一横排有六个二进位和一个奇偶校验位;九道磁带每一排有八个二进位和一个奇偶校验位。一英寸长的磁道可写入的位数称为磁带密度(bpi),标准磁道的密度为 800 bpi 和 1 600 bpi。磁带不是连续运转的设备,而是一

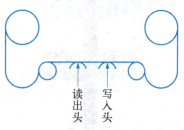

图 10-1 磁带机原理

种可以随时启动和停止的设备,启停时间约为 5 毫秒。由于磁带从停止状态启动时需要一个加速的过程才能达到正常的读/写速度,类似地,从正常的读/写状态到停止状态也需要一个减速过程,这就是说,磁带的启停需要一个缓冲时间。因为文件经常以记录作为存取单位,所以在记录之间要有一个间隔,其长度通常为 1/4～3/4 英寸。为减少磁带的间隔数,我们可以把若干个记录组织为一个数据块,数据块的长度为内存输入/输出缓冲区的长度。在以后的存取操作中均以数据块作为存取单位,所以在数据块间应留有间隔(见图 10-2)。

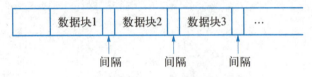

图 10-2 磁带上的数据块和间隔

如果数据块大,那么写入的信息多,磁带的利用率高,存放同一个文件的数据块的数目少,读/写磁带时越过间隔的次数也少,这样可以缩短读/写时间。从提高使用磁带的效率和缩短输入/输出时间的观点来看,数据块越大越好。但是,数据块太大,一次读/写的时间太长,出错率增大,可靠性降低;同时,所需的缓冲区也要大,内存空间耗费也随之增加。

因为磁带是一种顺序存取的设备,存取时间与读/写头当前位置到所要存取的数据的位置间的距离有关,其距离越大,存取时间就越长。如果读/写头当前位于磁带的第一块,而所要存取的数据在第 i 块,那么磁带必须向前移过($i-1$)才能进行存取;如果读/写头当前位置在第 i 块,所要存取的数据在第一块,那么必须把磁带倒转到第一块才能进行存取。

传统磁带是严格的顺序存取,存储密度低、读写速度慢。随着存储技术的快速发展,出现了一些新的磁带技术,如蛇型磁带技术和锯齿型磁带技术等。新型磁带技术存储密度高、读写速度快,并具有新的物理特性。

10.1.2 磁盘存储设备

磁盘是一种直接存取的存储设备,不仅可以进行顺序存取,还可以直接存取任一记录。磁盘的存取速度比磁带快得多。磁盘有硬盘和软盘两种,磁盘与软盘相比,不仅容量大,而且存取速度也快。下面仅对硬盘做简要的介绍。

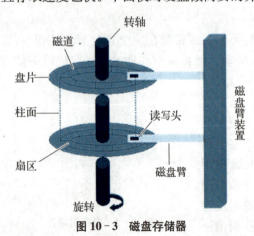

图 10-3 磁盘存储器

磁盘存储器主要由磁盘驱动器和盘片构成(见图 10-3)。磁盘驱动器的功能是控制磁盘的读/写。盘片组是由固定在同一轴上的若干张盘片所组成,每张盘片是可装卸的。每张盘片两面都可以存放信息,盘片组最上面和最下面一面不用,其余的面都可以用来存放信息。每一面都配备一个读/写头,所有的读/写头固定在一起,可作同步移动。读/写时,盘片高速旋转,而磁头则暂时固定不动。在一个盘片上,读/写头的轨道称为磁道,每个盘面上有很多磁道,各个盘面上半径相同的磁道构成一个柱面。

在一个磁道上又划分为若干个扇区。扇区是磁道中最小的寻址单位,每个扇区不论其弧段长短,存放的信息是相等的。

因为数据存放在磁盘的磁道上,因此在存放数据时,我们必须确定磁道号(即柱面号)、数据块的起始扇区号以及盘面号。首先把读/写头移到所需的柱面(磁道),然后等待到所要读/写的扇区才开始读/写。这样,存取所需数据的时间由下面三部分所组成:

(1) 寻找时间:它是读/写头移至使用柱面所需要的时间,这部分时间取决于读/写头所经过的柱面数。

(2) 等待时间:它是所需扇区转到读/写头所在位置的时间。

(3) 传送时间:它是将数据块送至磁盘或从磁盘送出数据块所需的时间。

由于磁盘的旋转速度很快,所以存取时间主要花在寻找所使用的柱面。因此,为了缩短存取时间,必须尽量减少磁头的移动,以减少所需的寻找时间。

10.2　外排序的基本过程

由于待排序数据的规模很大,以至于内存无法容纳所有数据,这直接导致内部排序算法无法直接应用该场景。因此,外排序的基本思想是:

第一阶段,将数据划分为若干长度适合的段,依次读入内存利用高效的内部排序方法对该段进行排序(已排序的段称为有序段);然后将该有序段再写回外存。这样,外存上就生成了若干个初始有序段。第二阶段,对这些初始有序段使用合并方法进行多遍合并,最后在外存上生成一个包含所有数据的有序段。这时,外排序的过程也就结束了。

对于外排序的两个阶段,第一阶段主要应用内部排序方法;而由于不同的外存介质具有不同的物理特性,这使得外排序的第二阶段的合并方法需要考虑到外存储介质的特性。因此,10.3 节和 10.4 节将分别介绍磁盘文件和磁带文件的外排序方法。

10.3　磁盘文件的外排序方法

我们先举例说明磁盘文件的外排序过程。假设磁盘上存放着一个包含 4 500 个记录的输入文件,把这个文件分成 18 个数据块,每块包含 250 个记录,一个数据块存放在一个扇区中。再假设我们所使用的计算机内存一次至多对这个文件的 750 个记录进行排序,输入/输出缓冲区可以容纳 250 个记录。所以我们每次从输入文件读取三个数据块到内存进行排序,比如,采用快速排序法进行排序。这样,我们可得到六个初始有序段 $S_1 \sim S_6$,如图 10-4 所示。每个初始有序段有三个数据块,共有 750 个记录。在合并阶段使用三个缓冲区,每个缓冲区可容纳 250 个记录,其中两个作为输入缓冲区,另一个作为输出缓冲区。然后,对这两个数据块进行合并,同时把合并后的记录放置在输出缓冲区,然后写到磁盘上。如果一个输入缓冲区的数据处理完,则从相应的有序段中读取下一个数据块,继续进行合并,直到有序段 S_1 和 S_2 合并完为止。此时,可得到一个新的有序段 S_{11},它包含 1 500 个记录。用同样的方法对有序段 S_3 和 S_4,以及 S_5 和 S_6 进行合并,可分别得到新的有序段 S_{12} 和 S_{13},它们都包含1 500个记录。然后,再用同样的方法对有序段 S_{11} 和 S_{12} 进行合并,得到一个新的有序段 S_{21},它包含3 000个记录。最后,再对有序段 S_{21} 和 S_{13} 进行合并,得到 S_{31},它包含整个文件的所有记录。这样,我们就实现了对输入文件的排序过程,合并过程如图10-5所示。

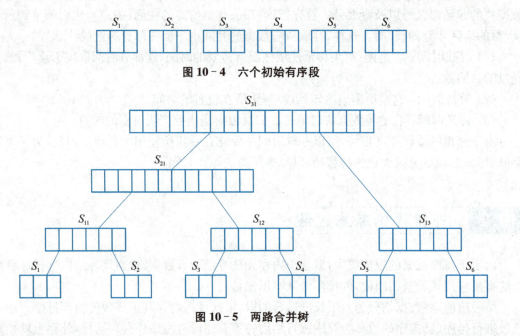

图10-4 六个初始有序段

图10-5 两路合并树

如果我们对输入文件的所有记录逐段地从磁盘读进内存,再把文件逐段写到磁盘各一次的操作称为对文件的一次扫描,那么对文件进行外部排序所需要的时间主要取决于对输入文件的扫描遍数。这是因为内存中对文件进行内部排序所需的时间往往比在内外存之间对文件进行扫描所需的时间要小得多。现在,让我们分析一下上面的合并方法所需的扫描遍数。在生成初始有序段 $S_1 \sim S_6$ 时作了一遍扫描;对 S_1 和 S_2,S_3 和 S_4,以及 S_5 和 S_6 进行合并时又扫描一遍;对 S_{11} 和 S_{12} 进行合并时,扫描2/3遍;对 S_{21} 和 S_{13} 进行时又扫描一遍数据。这样,共计扫描数据11/3遍。

综上所述,为了提高外部排序的速度,必须减少对输入文件的扫描次数。如果采用 k ($k > 2$)路合并的方法,我们就能减少扫描的遍数。k 路合并的外部排序过程和上面所述的两路合并过程相类似。对于具有 m 个初始有序段的文件,如果采用上述的两路合并,那么可用合并树(如图10-6所示)表示两路合并的执行过程,这样的合并树共有 $[\log_2 m] + 1$ 层,需要对文件

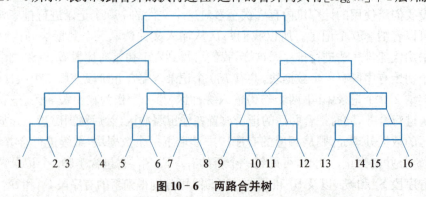

图10-6 两路合并树

进行$\lceil \log_2 m \rceil$遍扫描(不包括生成初始排序段的一遍)。如果对具有 16 个初始有序段的文件进行四路合并时,可用图 10-7 的四路合并树来表示其合并过程,共需要对文件扫描两遍。

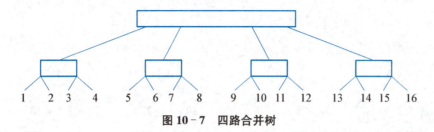

图 10-7 四路合并树

在内存里进行 k 路合并的方法有多种,最简单的方法是对参加合并的 k 个有序段的当前记录进行比较,经过$(k-1)$次比较可确定其中具有最小键值的记录,把此记录送到输出缓冲区(当缓冲区满时,将缓冲区写入磁盘),然后让此记录所在的有序段的下一个记录参加比较。这样的过程一直进行到 k 个有序段的所有记录输出为止。此时,若输出缓冲区未满,还要把输出缓冲区的记录写入磁盘。经过这样处理之后就生成一个新的有序段。如果使用这样的合并方法,那么对于总共有 n 个记录的 k 个有序段的合并过程所需的比较次数为$(k-1) \times n$。

为了减少合并时的比较次数,我们可采用比赛树来进行合并。其合并过程如下:首先用参加合并的 k 个有序段的第一个记录构造出一棵初始比赛树。在构造比赛树时,首先用这 k 个记录作为叶子结点,然后把相邻的两个结点进行比较,把键值小的记录(优胜者)作为这两个结点的父结点,按此方法自下而上逐层产生比赛树的结点。为了节省内存空间,非叶结点可不包含整个记录,只要存放记录的键值及指向该记录的指针即可。当比赛树构造完毕,树中的根结点就是全胜者,它是这 k 个记录中具有最小键值的记录。此时可以把根结点所代表的记录送到输出缓冲区。然后让输出记录所在的有序段的下一个记录参加比赛。此时可能要重新调整比赛树的结点,调整仅在从根到新参加比赛的叶子结点的树枝上的结点及它们的兄弟结点之间进行,按自下而上进行比较调整其父结点。这样的过程进行到 k 个有序段的所有记录都输出为止。对于 $k=8$,我们用图 10-8 给出所创建的初始比赛树,在输出第一个记录之后,我们用图 10-9 给出新记录参加比赛并重新调整后的比赛树。

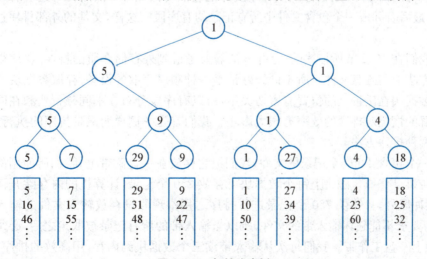

图 10-8 初始比赛树

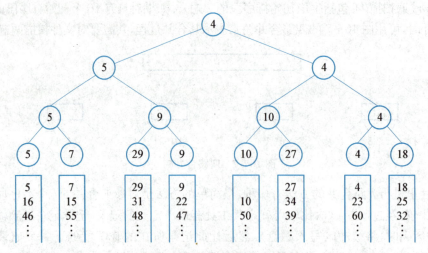

图 10-9 第一次调整后的比赛树

现在我们分析一下在内存中对 k 个有序段的 n 个记录进行合并时所需的时间。建立初始比赛树所需的时间为 $O(k-1)=O(k)$，以后每个新记录参加比赛时所需要的调整比赛树的有关结点一次，调整时所花的时间为 $O(\log_2 k)$，这是因为比赛树的层数为 $\lceil \log_2 k \rceil+1$，因此，合并 n（$n \gg k$）个记录所需的时间为 $O(k)+O(n\log_2 k)=O(n\log_2 k)$。如果文件的记录总数为 N，那么对于 k 路合并树，每层合并所需的时间为 $O(N\log_2 k)$，因为 k 路合并树有 $\lceil \log_k m \rceil+1$ 层，所以在内存中实现整个文件的合并所需的时间为 $O(N\log_2 k \times \log_k m) = O(N\log_2 m)$。从上式可看出，在内存中进行合并的时间与 k 无关。

10.4 磁带文件的外排序方法

总体而言，磁带文件的排序过程类似于磁盘文件的排序过程：首先把文件的记录分段输入内存进行内部排序，生成若干个有序段并把它们写回磁带。然后再对这些有序段进行反复合并，最后合并成一个包含文件中所有记录的有序段。这样，文件的外部排序过程就结束了。

正如我们在 10.2 节所描述的，合并方法需要考虑到外存储介质的特性，这使得磁带文件在合并方法上与磁盘文件有所不同。磁带是一种顺序存取的设备，存取数据块的时间与所存取的数据块在磁带上的位置有密切关系，所以有序段分布在不同磁带上和在同一磁带的不同位置的情况对排序的效率有很大影响。我们首先举例说明磁带排序的执行过程，然后再介绍两种排序方法。

现有一个包含 4 500 个记录的文件，我们把它存放在一盘磁带上，我们所使用的计算机有四台磁带机 $T_1 \sim T_4$，磁带上每个数据块可存放 250 个记录，计算机的内存除开辟作为输入/输出缓冲区外，只够供 750 个记录进行排序之用。现假设存放输入文件的输入带装在 T_4 上，因为要求不能破坏输入带的文件，所以当输入带的所有记录被取走之后，必须把输入带卸下，换上一盘工作带。我们每次从输入带读三个数据块到内存，用高效的排序方法（比如快速排序）进行排序，生成一个初始有序段并把它写到磁带上。在所有初始有序段生成之

后,采用两路合并法对这些有序段进行合并。现在把执行排序的步骤叙述如下:

(1) 将存放输入文件的磁带装在 T_4 上,并反绕 T_1、T_2、T_3 和 T_4。

(2) 生成初始有序段。每次从 T_4 读取三个数据块(共 750 个记录)到内存进行内部排序,每次产生一个初始有序段,并交替写到 T_1 和 T_2 上,直到 T_4 的数据块被读完。此时,T_4、T_1 和 T_2 的数据分布状态如图 10-10 所示,图中▲指出读/写头所在位置(下同)。

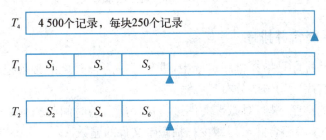

图 10-10 T_4、T_1 和 T_2 上的数据分布状态

(3) 从 T_4 取下输入带,装上工作带,并反绕 T_1、T_2 和 T_4。

(4) 使用两路合并法将 T_1 和 T_2 的初始有序段进行合并,产生新的有序段,每个有序段有 1 500 个记录,并把它们交替写到 T_3 和 T_4 上。合并结束后,$T_1 \sim T_4$ 的数据分布状态如图 10-11 所示。

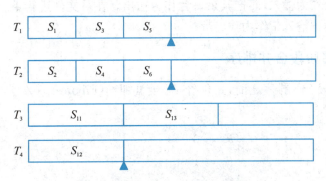

图 10-11 $T_1 \sim T_4$ 上的数据分布状态

(5) 反绕 $T_1 \sim T_4$。

(6) 合并 T_3 和 T_4 的有序段 S_{11} 和 S_{12},得到一个具有 3 000 记录的有序段 S_{21},把 S_{21} 写到 T_1 上。此时,T_1、T_3 和 T_4 上的数据分布状态如图 10-12 所示。

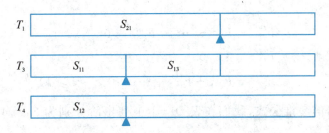

图 10-12 T_1、T_3 和 T_4 上的数据分布状态

(7) 反绕 T_1 和 T_4。

(8) 合并 T_1 和 T_3 的 S_{21} 和 S_{13}，得到一个具有 4 500 个记录的有序段 S_{31}，把 S_{31} 写到 T_2 上，T_2 上的有序段 S_{31} 就是排序的结果（如图 10-13 所示）。

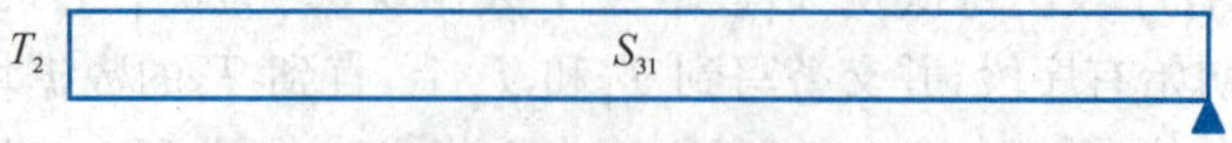

图 10-13 排序结果

10.4.1 平衡合并排序

所谓平衡合并排序是指在排序过程中，进行下一遍合并之前必须把初始有序段或上一遍合并所产生的有序段均匀地分布到各输入带上。

与磁盘文件的排序一样，对磁带文件进行排序所需的时间与扫描磁带文件的遍数有密切关系，采用 k($k \geqslant 2$)路合并可以减少扫描磁带文件的遍数。

为避免太多的磁带寻找时间，当前被合并的有序段须放在各台不同的磁带机上。这时，k 路合并在合并期间至少需要 k 台磁带机作为输入；此外，还需要一台作为输出。这样，进行 k 路合并至少需要有($k+1$)台磁带机。如果用($k+1$)台来实现 k 路合并，那么需要对输出带另外做一遍扫描，把上一遍合并时所生成的有序段均匀地分布到 k 台机上作为下一遍合并之用。如果使用 $2k$ 台就可以避免上述的重新分布有序段的问题，因为进行 k 路合并时，可用其中 k 台作为输入，而把其余 k 台作为输出。在对文件进行下一遍合并时，把输出带作为输入带，而把输入带作为输出带。

10.4.2 多阶段合并排序

在介绍多阶段合并排序之前，先介绍一下斐波那契(Fibonacci)数列，这个数列可用下面的递推公式给出：

$$\begin{cases} F_0 = 0 \\ F_1 = 1 \\ F_i = F_{i-1} + F_{i-2} \quad (i \geqslant 2) \end{cases}$$

因此可得斐波那契数列为：

$$0, 1, 1, 2, 3, 5, 8, 13, 21, 34, 55, 89, 144, \cdots$$

我们可以把上面的斐波那契数列加以推广，得到 k($k \geqslant 2$)阶斐波那契数列的递推公式：

$$\begin{cases} F_0^{(k)} = F_1^{(k)} = \cdots = F_{k-2}^{(k)} = 0 \\ F_{k-1}^{(k)} = 1 \\ F_i^{(k)} = F_{i-1}^{(k)} + F_{i-2}^{(k)} + \cdots + F_{i-k}^{(k)} \quad (i \geqslant k) \end{cases}$$

根据上面所给出的递推公式，我们在表 10-1 中列出阶分别为 2，3，4，5，6 的斐波那契数列。

现在，我们讨论多阶段合并排序。在 10.4.1 小节中，我们介绍了平衡合并排序，如果使用 k 路合并，那么为了避免对输出有序段重新分布所进行的扫描，就需要有 $2k$ 台磁带机。

表 10-1　k 阶斐波那契数列

$F_i^{(k)}$ \ i / k	0	1	2	3	4	5	6	7	8	9	10	11	12	13	14	…
2	0	1	1	2	3	5	8	13	21	34	55	89	144	233	377	…
3	0	0	1	1	2	4	7	13	24	44	81	149	274	504	927	…
4	0	0	0	1	1	2	4	8	15	29	56	108	208	401	773	…
5	0	0	0	0	1	1	2	4	8	16	31	61	120	236	464	…
6	0	0	0	0	0	1	1	2	4	8	16	32	63	125	248	…

如果利用 k 阶斐波那契数列的特性，对 k 路合并来讲，只需要 $(k+1)$ 台就可以避免对输出有序段重新分布所进行的扫描。

在这里，我们假定初始有序段的长度为可在内存进行一次内部排序的记录个数，随着合并的进行，新产生的有序段的长度也逐渐增加。我们用记号 s^n 表示在某台磁带机目前有 n 个有序段，其中每个有序段的长度等于 s 个初始有序段长度之和。如果每个初始有序段有 l 个记录，那么这台机上共有 $l \times s \times n$ 个记录。为了叙述方便，我们在下面也用 s^n 表示记录个数，它是实际记录个数的 l 分之一。

现在以 $k=2$ 为例说明多阶段合并排序的执行过程。对于两路合并来讲，需要三台磁带机，记为 T_1、T_2 和 T_3。假定输入文件在内存中可用内部排序法产生 2×1 个初始有序段，那么多阶段合并排序的过程可由七个阶段组成：

(1) 从输入文件产生 21 个初始有序段，并把 13 个初始有序段分布在 T_1 上，把 8 个初始有序段分布在 T_2 上，T_3 保持空带。这样，T_1 上有 1^{13}（$s=1$，$n=13$）个记录，T_2 上有 1^8 个记录，T_3 上没有记录。

(2) 把 T_1 的 1^8 个记录与 T_2 的 1^8 个记录合并，把合并后的 2^8 个记录送 T_3，这时 T_1 剩下 1^5 个记录，T_1 变成空带。

(3) 把 T_3 的 2^5 个记录与 T_1 的 1^5 个记录合并，把合并后的 3^5 个记录送 T_2，这时 T_3 剩下 2^3 个记录，T_1 变成空带。

(4) 把 T_2 的 3^3 个记录与 T_3 的 2^3 个记录合并，把合并后的 5^3 个记录送 T_1，这时 T_2 剩下 3^2 个记录，T_3 变成空带。

(5) 把 T_1 的 5^2 个记录与 T_2 的 3^2 个记录合并，把合并后的 8^2 个记录送 T_3，这时 T_1 剩下 5^1 个记录，T_2 变成空带。

(6) 把 T_3 的 8^1 个记录与 T_1 的 5^1 个记录合并，把合并后的 13^1 个记录送 T_2，这时 T_3 剩下 8^1 个记录，T_1 变成空带。

(7) 把 T_2 的 13^1 个记录与 T_3 的 8^1 个记录合并，把合并后的 21^1 个记录送 T_1，这时 T_2 和 T_3 都是空带，合并排序的过程结束。

由表 10-2 表示上述合并过程，记号 s_i^n 表示第 i 台磁带机中的 s^n 个记录，$s_i^n + t_j^n = (s+t)^n \rightarrow T_k$ 表示第 i 台中的 s^n 个记录与第 j 台中的 t^n 个记录进行合并而将得到的 $(s+t)^n$ 个记录送第 k 台。

由表 10-2 可知，除最后阶段外，在其余各个阶段中有且只有一台磁带机变成空带，且各阶段的空带的台号依次取 3,2,1 循环轮换的。上一阶段出现的空带正好作为下一阶段的输出带,这就避免了有序段的重新分布。同时,各台非空磁带参加合并的有序段的个数就是这些磁带中具有最少有序段的个数,因此执行某个阶段之后必定出现一台空带。在各阶段中,各台非空的磁带机参加合并的有序段的个数正好是某个斐波那契数。如果上一阶段各台非空的磁带机参加合并的有序段个数是 $F_i^{(k)}$(在上面的三带两路合并中,$k=2$),那么下一阶段各台非空磁带机参加合并的有序段个数是 $F_{i-1}^{(k)}$。

表 10-2 三带两路的合并过程

阶段号	T_1	T_2	T_3	执 行 的 操 作	空带号	有序段总数
1	1^{13}	1^8	0	分布初始有序段	T_3	21
2	1_1^5	0	2^8	$1_1^8 + 1_2^8 = 2^8 \to T_3$	T_2	13
3	0	3^5	2^3	$2_3^5 + 1_1^5 = 3^5 \to T_2$	T_1	8
4	5^3	3^2	0	$3_2^3 + 2_3^3 = 5^3 \to T_1$	T_3	5
5	5^1	0	8^2	$5_1^2 + 3_2^2 = 8^2 \to T_3$	T_2	3
6	0	13^1	8^1	$8_3^1 + 5_1^1 = 13^1 \to T_2$	T_1	2
7	21^1	0	0	$13_2^1 + 8_3^1 = 21^1 \to T_1$	T_2 & T_3	1

实现正确合并的关键在于选择一种正确的初始有序段的分布。为此,我们先以 $k=2$ 的情况为例找出一般的规律,然后再加以推广。我们根据表 10-2,在表 10-3 中列出执行排序各阶段中有序段的分布情况。在表 10-3 中,我们从最后阶段开始往前考察各个阶段,从当前所考察的阶段中出现的空带的右边开始按循环转动的方式依次收集相邻 k 台磁带机的有序段的个数,由这些个数所构成的 k 元组就得到了一种所需的分布。注意:对于 $(k+1)$ 台磁带机来讲,与第 $(k+1)$ 台相邻的下一台是第一台;当 $k=2$ 时,与第三台相邻的下一台是第一台。在表 10-4 中,我们列出了由表 10-3 所示的各阶段中按上述办法所收集的各种分布。利用表 10-4 中任一行所表示的分布来分配初始有序段都可以通过三带两路合并来完成排序的整个过程。

表 10-3 各阶段中有序段的分布情况

阶 段 号	T_1	T_2	T_3	有 序 段 总 数
1	13	8	0	21
2	5	0	8	13
3	0	5	3	8
4	3	2	0	5
5	1	0	2	3
6	0	1	1	2
7	1	0	0	1

表 10-4 三带两路合并的有序段分布表

序 号	T_1	T_2	有序段总数	最后输出带
0	1	0	1	T_1
1	1	1	2	T_3
2	2	1	3	T_2
3	3	2	5	T_1
4	5	3	8	T_3
5	8	5	13	T_2
6	13	8	21	T_1
⋮	⋮	⋮	⋮	⋮
n	a_n	b_n	t_n	T_i
$n+1$	a_n+b_n	a_n	t_n+a_n	T_i'
⋮	⋮	⋮	⋮	⋮

根据表 10-4,我们有如下的递推公式:

$$\begin{cases} b_n = a_{n-1} \\ a_n = a_{n-1} + b_{n-1} = a_{n-1} + a_{n-2} \end{cases}$$

因为 $a_0 = 1$,再令 $a_{-1} = 0$,所以有

$$\begin{cases} a_n = F_n \\ b_n = F_{n-1} \end{cases}$$

又因为

$$t_n = a_n + b_n$$

所以

$$t_n = F_n + F_{n-1}$$

上面给出的三带两路合并排序是一种特殊情况。在表 10-5 中,我们给出了五带四路合并排序的执行过程,初始有序段为 1 297 个。

表 10-5 五带四路合并排序的执行过程

阶段号	T_1	T_2	T_3	T_4	T_5	执 行 的 操 作	有序段总数
1	1^{401}	1^{372}	1^{316}	1^{208}	0	分布初始有序段	1 297
2	1^{193}	1^{164}	1^{108}	0	4^{208}	$1_1^{208}+1_2^{208}+1_3^{208}+1_4^{208}=4^{208} \to T_5$	673
3	1^{85}	1^{56}	0	7^{108}	4^{100}	$1_1^{108}+1_2^{108}+1_3^{108}+4_5^{108}=7^{108} \to T_4$	349
4	1^{29}	0	13^{56}	7^{52}	4^{44}	$1_1^{56}+1_2^{56}+7_4^{56}+4_5^{56}=13^{56} \to T_3$	181

(续表)

阶段号	T_1	T_2	T_3	T_4	T_5	执 行 的 操 作	有序段总数
5	0	25^{29}	13^{27}	7^{23}	4^{15}	$1_1^{29} + 13_3^{29} + 7_4^{29} + 4_5^{29} = 25^{29} \to T_2$	94
6	49^{15}	25^{14}	13^{12}	7^8	0	$25_2^{15} + 13_3^{15} + 7_4^{15} + 4_5^{15} = 49^{15} \to T_1$	49
7	49^7	25^6	13^4	0	94^8	$49_1^8 + 25_2^8 + 13_3^8 + 7_4^8 = 94^8 \to T_5$	25
8	49^3	25^2	0	181^4	94^4	$49_1^4 + 25_2^4 + 13_3^4 + 94_5^4 = 181^4 \to T_4$	13
9	49^1	0	349^2	181^2	94^2	$49_1^2 + 25_2^2 + 181_4^2 + 94_5^2 = 349^2 \to T_3$	7
10	0	673^1	349^1	181^1	94^1	$49_1^1 + 349_3^1 + 181_4^1 + 94_5^1 = 673^2 \to T_2$	4
11	1297^1	0	0	0	0	$673_2^1 + 349_3^1 + 181_4^1 + 94_5^1 = 1297^1 \to T_1$	1

根据表10-5的执行过程，我们在表10-6中列出在执行排序各阶段中有序段的分布情况。

表10-6 各阶段有序段的分布情况

阶段号	T_1	T_2	T_3	T_4	T_5	有序段总数
1	401	372	316	208	0	1 297
2	193	164	108	0	208	673
3	85	56	0	108	100	349
4	29	0	56	52	44	181
5	0	29	27	23	15	94
6	15	14	12	8	0	49
7	7	6	4	0	8	25
8	3	2	0	4	4	13
9	1	0	2	2	2	7
10	0	1	1	1	1	4
11	1	0	0	0	0	1

按照由表10-3产生表10-4的办法可从表10-6产生表10-7。

表10-7 五带四路合并的初始有序段分布表

序号	T_1	T_2	T_3	T_4	有序段总数	最后输出带
0	1	0	0	0	1	T_1
1	1	1	1	1	4	T_5
2	2	2	2	1	7	T_4
3	4	4	3	2	13	T_3
4	8	7	6	4	25	T_2

(续表)

序号	T_1	T_2	T_3	T_4	有序段总数	最后输出带
5	15	14	12	8	49	T_1
6	29	27	23	15	94	T_5
7	56	52	44	29	181	T_4
8	108	100	85	56	349	T_3
9	208	193	164	108	673	T_2
10	401	372	316	208	1 297	T_1
...	...	...	...	...	...	...
n	a_n	b_n	c_n	d_n	t_n	T_i
$n+1$	a_n+b_n	a_n+c_n	a_n+d_n	a_n	t_n+3a_n	T_i'
...	...	...	...	...	...	...

根据表 10-7 我们有如下的递推公式：

$$\begin{cases} d_n = a_{n-1} \\ c_n = a_{n-1} + d_{n-1} = a_{n-1} + a_{n-2} \\ b_n = a_{n-1} + c_{n-1} = a_{n-1} + a_{n-2} + a_{n-3} \\ a_n = a_{n-1} + b_{n-1} = a_{n-1} + a_{n-2} + a_{n-3} + a_{n-4} \end{cases}$$

因为 $a_0 = 1$，再令 $a_{-1} = a_{-2} = a_{-3} = 0$，所以有

$$\begin{cases} a_n = F_{n+3}^{(4)} \\ b_n = F_{n+2}^{(4)} + F_{n+1}^{(4)} + F_n^{(4)} \\ c_n = F_{n+2}^{(4)} + F_{n+1}^{(4)} \\ d_n = F_{n+2}^{(4)} \end{cases}$$

又因为

$$t_n = a_n + b_n + c_n + d_n$$

以及

$$F_{n+3}^{(4)} = F_{n+2}^{(4)} + F_{n+1}^{(4)} + F_n^{(4)} + F_{n-1}^{(4)}$$

所以

$$t_n = 4F_{n+2}^{(4)} + 3F_{n+1}^{(4)} + 2F_n^{(4)} + F_{n-1}^{(4)}$$

一般来说，对于 $(k+1)$ 台磁带机的 k 路多阶段合并排序和指定的 n 来说，分布在第 i ($1 \leqslant i \leqslant k$) 台上的初始有序段的个数为

$$T_i^n = \begin{cases} F_{k-i}^{(k)} & \text{（当 } n = 0 \text{ 时）} \\ F_{n+k-2}^{(k)} + F_{n+k-3}^{(k)} + \cdots + F_{n+i-2}^{(k)} & \text{（当 } n > 0 \text{ 时）} \end{cases}$$

而 k 台上的初始有序段的总数为

$$t_n = kF_{n+k-2}^{(k)} + (k-1)F_{n+k-3}^{(k)} + \cdots + F_{n-1}^{(k)}$$

10.5 进阶导读

外排序都是计算机领域的经典问题之一。在 20 世纪 60 年代末和 70 年代初,已有大量对磁带上的外排序算法的研究出现。在《程序设计的艺术》第 3 卷中总结了基于多个磁带驱动器的磁带外排序算法,并对这些算法进行了详细的描述和性能上的对比[1]。

随着海量数据的不断涌现,20 世纪 90 年代兴起一波第三级存储器研发的热潮。具有新物理特性的硬件产品(如机器手磁带库、蛇型磁带、光盘塔等)不断出现,使用三级存储器的技术(如三级存储器上的数据压缩、数据查询处理等)也被大量研究[2~4]。文献[2]研究了在单处理机环境下的磁盘外排序算法。在实时数据库系统中,存在高优先级事务对内存资源的竞争,致使需要长时间完成的排序操作在执行过程中不得不放弃一部分内存,以保证高优先级事务的完成。文献[3]对外排序算法进行调整,使之适应内存变化的情况。文献[4]研究了基于多处理机环境下的并行磁盘排序算法;特别地,文献[4]在算法设计中还考虑了不同存储设备(寄存器、Cache、内存和磁盘等)访问时间不同的因素。

随着数据规模的攀升,信息存储重要性的增加,对外排序方法在海量信息处理的应用中将变得尤为重要。

参考文献

[1] Donald Knuth. *The Art of Computer Programming Vol III: Sorting and Searching*. Addison_Wsclcy Publishing Co. 1973.

[2] H. Pang, M. J. Carey, M. Livny. *Memory-Adaptive External Sorting*. In VLDB'93.

[3] Betty Salzbergl, Alex Tsukerman, Jim Gray, Mchael Stewart, Susan Uren, Bonnie Vaughan. *FastSort: A Distributed Single-Input Single-Output External Sort*. In SIGMOD'90.

[4] Alok Aggarwal, C. Greg Plaxton. *Optimal parallel sorting in multi-level storage*. SODA'94.

习 题

1. 已知 $T_1 = 5,16; T_2 = 7,15; T_3 = 29,31; T_4 = 9,22; T_5 = 1,10; T_6 = 27,24; T_7 = 4,23; T_8 = 18,25$。要求用比赛树对有序段 $T_1 \sim T_8$ 进行合并,从而产生一个新的有序段。试画出初始比赛树,以及每个新结点参加比赛时经过调整的比赛树。

2. 试编写一个用比赛树把 k 个有序段 $S_1, S_2, \cdots, S_k$ 合并成一个有序段 S 的程序。假设 $k = 6$,数组 $S_1 \sim S_6$ 的元素个数都为 $n (n = 100)$,数组 $S_1 \sim S_6$ 的元素是整数。

3. 假设用五台磁带机 $T_1 \sim T_5$ 对 181 个初始有序段进行四路多阶段合并。在合并之前,分布到 $T_1 \sim T_4$ 的初始有序段的个数分别是 56,52,44,29,而 T_5 目前是空带。其实,这种分布是表 10-7 分布表中的一种。试根据所给的初始有序段的分布,用表格形式(参照表 10-5)表示五带四路合并的执行过程。

4. 外排序中为何采用 k 路($k>2$)合并,而不是 2 路合并?这种技术用于内排序有意义么?为什么?

5. 外排序中的"败者树"和堆排序有何区别?若利用败者树求 k 个数中的最大值,在某次比较中得到 $a>b$,那么谁是败者?

6. 设有 N 个记录的文件,经内部排序后得到 650 个初始归并段。

(1) 试问在四台磁带机上分别用平衡合并和多阶段合并进行外排序各需要多少趟合并?

(2) 给出多阶段合并排序前 5 趟合并的情况;

(3) 假设操作系统要求一个程序同时可用的输入、输出文件的总数不超过 13 个,按照多少路归并至少需要多少趟可以完成排序?若限制趟数,可取的最低路数是多少?

图书在版编目(CIP)数据

数据结构教程/施伯乐主编. —上海:复旦大学出版社,2010.12(2020.8 重印)
ISBN 978-7-309-08164-0

Ⅰ. 数…　Ⅱ. 施…　Ⅲ. 数据结构-教材　Ⅳ. TP311.12

中国版本图书馆 CIP 数据核字(2011)第 103389 号

数据结构教程
施伯乐　主编
责任编辑/黄　乐

复旦大学出版社有限公司出版发行
上海市国权路 579 号　邮编:200433
网址:fupnet@fudanpress.com　http://www.fudanpress.com
门市零售:86-21-65102580　团体订购:86-21-65104505
外埠邮购:86-21-65642846　出版部电话:86-21-65642845
上海春秋印刷厂

开本 787×1092　1/16　印张 17.5　字数 404 千
2020 年 8 月第 1 版第 4 次印刷
印数 6 801—8 400

ISBN 978-7-309-08164-0/T·417
定价:35.00 元

如有印装质量问题,请向复旦大学出版社有限公司出版部调换。
版权所有　侵权必究